近鉄電車

大軌デボ1形から「しまかぜ」「青の交響曲(シンフォニー)」まで
100年余りの電車のすべて

写真：林 基一

まえがき

　大阪・京都・奈良・三重・愛知の2府3県(平成19年までは岐阜県も含めて2府4県)の広大な地域に路線網を展開する「近畿日本鉄道」は、我が国最大規模を誇る民営鉄道である。その営業距離キロ数は501.1km、車両数は1,905両、駅数は294駅、年間輸送人員は562,612千人に及ぶ(平成28年8月現在)。

　その広域路線の骨格は標準軌路線(軌間1,435mm)の大阪線・名古屋線・奈良線・京都線・橿原線、狭軌路線(軌間1,067mm)の南大阪線・長野線・吉野線などの線区から形成されている。これらの幹線・亜幹線は地域間・都市間連絡と観光・行楽・ビジネス・買い物・通勤通学路線の性格を併せ持っているため、路線の性格も多様である。

　近鉄の歴史は多数の私鉄を合併していった歴史でもあった。天理軽便鉄道、大和鉄道、長谷鉄道、伊賀鉄道(初代)、吉野鉄道、伊勢電気鉄道、養老鉄道(初代)、関西急行電鉄(参急系)、大阪鉄道、南和鉄道、三重電気鉄道(三重交通の鉄道部門、近鉄系)、信貴生駒電鉄、北勢電気鉄道、奈良電気鉄道(近鉄系)などの各社を歳月をかけて合併し、近畿から東海にわたる広域ネットワークが完成したものである。

　そのことは、合併した各社から多種多様な施設や個性豊かな車両を引き継ぐことも意味していた。ひと口に「近畿日本鉄道」といっても、合併した社の歴史を物語る施設と車両、およびそれらが醸し出す路線ごとに異なる雰囲気が漂っていた。近鉄規格への統一化は進んでいたものの、各線各様の濃厚な個性は短時日で消えるものではなく、旧会社の持ち味は昭和50

凡例
- 本書は近畿日本鉄道の創業以来の車両全形式を解説しています。掲載順は線区系統ごとに分類し、おもに元会社別、登場順に掲載しています。
- タイトルの形式で、薄アミ部は登場時の形式、白抜きは最終形式を表します。
- 特急編(標準軌線)では、つぎの略号で運転線区を表します。
  ㊊:大阪線　㊋:名古屋線　㊗:奈良線
  ㊍:京都線　㊎:橿原線
- 🚃 は、平成28年(2016)7月現在の現有形式です。

年代まで見られたものであった。それがまた大私鉄・近鉄の魅力の一つでもあった。

近鉄といえば民鉄最大規模の「特急ネットワーク」で知られている。個性的な車両が疾走する特急は別格として、一般型車両のほうは近鉄独自の統一化が進んでいる。昭和50年代より前ほどの見た目の楽しさは減っているが、それでも大所帯ならではの尽きない興味がわいてくる。古参の車両も1〜2回の車両更新を行って大切にしているため、この半世紀に近い期間に投入された車両は現在もほぼ見ることができる。これも他社に例は少ない。

近鉄の魅力は何事にも進取的で、車両に限らず路線の建設、駅舎・駅構内の優れた設計とデザイン、各線の実情に合わせた特急から普通に至るきめ細かな列車種別が見られることである。その企業努力には高く評価すべきものがある。「近鉄はいつも何かしら工事をしている」という笑いにまぶした評言もあるが、良い意味でそのとおりなのである。

しかし、それは外部の近鉄ファンにとっては、規模の大きさからくる複雑で分かりにくい一面もつきまとうものであった。そこで、世に多数の近鉄特急や近鉄車両の本は出ているが、過去・現在の全ての形式を取り上げて、簡潔にまとめてみたのが本書である。

近鉄資料室に残る貴重な写真と、各位の撮られた「物語る写真」と簡潔な文で、近鉄という一つの「小宇宙」に見立ててまとめてみた。お気軽にお目通しをいただければ幸いである。

橿原線の春を行く　平端〜ファミリー公園前- 平成26.4.26　写真：福田静二

近鉄電車　目次

近畿日本鉄道路線図 ································ 前見返し

カラーグラビア〈魅惑の近鉄電車〉
上質な移動空間へ、快適な旅を演出　特急型車両 ············ 6
近畿・東海二府三県 人々の生活を彩る　一般型車両 ········ 129

カラーグラビア〈回想の近鉄電車〉
昭和を飾った名車たち ································· 138
我が心の2200・6301系時代 ························· 後見返し

近鉄略史 ―路線の形成から特急ネットの完成まで― ······ 16

特急型車両 ································· 21

① 大阪・名古屋・奈良・京都線系統 ······ 22
◆戦前の特別料金不要特急 ····················· 22
2200系 ····································· 22
6231系 ····································· 23
モ6301 ····································· 24
◆戦後の近鉄特急の登場と発展 ················· 25
❶大阪・名古屋線系統の特急
モ2227・サ3000・モニ2300 ··············· 25
モ6301・モ6311・ク6471 ················· 27
モ6401・ク6551・
モ2250・サ3020・サ2600 ················· 28
モ6421・ク6571・サ6531 ················· 30
10000系 ··································· 31
6431系 ····································· 32
10100系 ··································· 33
10400系・11400系 ························ 35
12000系・12200系 ························ 36
12400系・12410系 ························ 38
12600系 ··································· 39
30000系 ··································· 40
21000系 ··································· 41
21020系 ··································· 42
22000系 ··································· 43
22600系 ··································· 44
23000系 ··································· 45
50000系 ··································· 46
❷奈良・京都線系統の特急と京伊特急
680系・683系 ··························· 47
18000系・18200系 ······················ 48
18400系 ································· 49
❸団体専用特急
20100系「あおぞら」・20000系「楽」··· 50
18200系「あおぞらⅡ」················· 51
18400系「あおぞらⅡ」················· 52
15200系「あおぞらⅡ」
15400系「かぎろひ」

② 南大阪線系統 ···················· 53
モ5820・16000系 ····················· 53
16010系 ································· 54
26000系 ································· 55
16400系・16600系・16200系 ········ 56

一般型車両 ···························· 59

① 奈良線・京都線系統 ············ 59
奈良・京都・橿原線系統の概況 ········ 60
❶旧大阪電気軌道(大軌)の車両
モ200 ·································· 61
モ51・モ260 ························· 63
モ250 ·································· 64
木造車の派生形式 概観
クボ30・デボ150・デボ400・
デボニ61 ····························· 65
❷「モ400」形を形成した諸形式
モ401～410・モ411～416 ········· 66
モ417～419・モ420～424 ········· 67
❸旧性能小型車
モ601～602・モ603～608 ········· 68
モ609～628・モ629～645 ········· 69
モ646～648・モ649～658 ········· 70
サ501 ································· 71
サ502～514・サ551～554・
サ555～559 ························ 72
モ660 ································· 72
モ460系 ······························· 73
❹旧奈良電気鉄道(奈良電)の車両
モ430 ································· 74
ク580・ク590 ······················ 75
モ670・ク570・モ680 ············ 76
モ409・ク309 ······················ 77
モ683ほか ··························· 78
❺高性能中型18m車
800系 ································· 79
820系 ································· 80

⑥ 高性能大型20m車
900系・920系 ······················ 81
8000系 ······························· 82
8400系・8600系 ··················· 84
3000系 ······························· 85
8800系・8810系 ··················· 86
9000系・9200系 ··················· 87
3200系 ······························· 88
1021系・1026系・1031系 ······· 89
1233系・1249系・1252系 ······· 90
5800系 ······························· 91

⑦ シリーズ21(奈良・京都線)
3220系 ······························· 92
5820系 ······························· 93
9020系・9820系 ··················· 94

けいはんな線 ······················· 95
けいはんな線の概況 ··············· 95
7000系 ······························· 95
7020系 ······························· 96

② 大阪線系統 ······················ 99
大阪線系統の概況 ················· 100
◆区間運転車両
❶旧大阪電気軌道(大軌)の車両
モ1000 ···························· 101
ク1100・モ1200 ················ 102
モ1300 ···························· 103
モ1321・モ1400・ク1500 ····· 104
サ1521・1522 ···················· 105
❷旧性能車時代の新造車両
モ2000・ク1550・ク1560 ····· 106
◆直通運転車両
❶旧参宮急行電鉄(参急)の車両
モ2200系 ·························· 107
モ2227系 ·························· 108
サ2600 ···························· 109
❷近鉄成立後の特急車
2250系 ···························· 110
◆高性能区間運転車両・直通運転車両
❶初期高性能カルダン駆動の車両
1450系・1460系 ················ 111
❷本格的カルダン駆動の車両
1470系・1480系 ················ 112
2470系 ···························· 113
2400系・2410系 ················ 114
2430系 ···························· 115

2600系・2680系 ……………	116	
2610系 …………………………	117	
2800系・1400系 ……………	118	
1420系 …………………………	119	
1422系・1430系・1435系・ 1436系・1437系・1440系	120	
1620系・1220系 ……………	122	
1253系・1254系 ……………	123	
5200系 …………………………	124	
5800系 …………………………	125	
8810系・9200系 ……………	126	
5820系・9020系 ……………	127	

③名古屋線系統 …………… 147

名古屋線系統の概況 …………… 148
◆区間運転車両
❶旧伊勢電気鉄道(伊勢電)の車両
モニ5101・モニ5111 ………… 149
モニ5121・モニ5131 ………… 150
モニ6201・モニ6221 ………… 151
モニ6231 ………………………… 152
ク6451・ク6461・ク6471 …… 153
❷旧参宮急行電鉄(参急)の車両
モ6251 …………………………… 154
❸旧関西急行電鉄(関急電)の車両
モ6301 …………………………… 155
モ6241 …………………………… 156
❹旧関西急行鉄道(関急)の車両
モ6311 …………………………… 157
❺近鉄 旧性能時代の車両
モ6261・モ6331 ………………… 158
モ6401・ク6551 ………………… 159
6411系
モ6421・ク6571・サ6531 ……… 160
モ6431・モ6581
モ6441・ク6541 ………………… 161
ク6561・ク6501 ………………… 162
ク1560・モ1421 ………………… 163
❻高性能時代の車両
モ1600・モ1650・ク1700・
ク1750・ク1780 ………………… 164
モ1800・ク1900・ク1950・
2470系 …………………………… 165
モ1450・モ1460・1480系 …… 166
モ1810・ク1910・サ1960・サ1970 … 167
2600系・2680系 ………………… 168
2610系・2800系 ………………… 169

1000系・1200系初代・1010系 …	170	
2430系・2444系 ……………	171	
2000系・2013系・1201系・ 1200系Ⅱ代目	172	
2050系 …………………………	173	
1230系・1430系・1440系 …	174	
5200系・5209系・5211系 …	175	
5800系・9000系 ……………	176	

④南大阪線系統 …………… 179

南大阪線系統の概況 …………… 180
❶旧大阪鉄道(大鉄)の車両
モ5601 …………………………… 181
モ5612・モ5631 ………………… 182
モ5621 …………………………… 183
モ5651 …………………………… 184
モ6601 …………………………… 185
モ6651 …………………………… 186
モ6661・ク6671 ………………… 187
❷吉野鉄道の車両
モ5151 …………………………… 188
モニ5161・ク5421・クニ5431 … 189
モ5201・モ5211 ………………… 190
ク6501 …………………………… 191
❸近鉄 旧性能時代の車両
モ6411・ク6521 ………………… 192
モ5800・サ5700 ………………… 193
モ5820 …………………………… 194
❹高性能時代の車両
モ6800・モ6850 ………………… 195
6000系・6020系 ………………… 196
6200系・6600系 ………………… 198
6400系 …………………………… 199
6620系・6820系 ………………… 200

その他線区の車両
伊賀線(伊賀鉄道)・養老線(養老鉄道)
①伊賀線
伊賀線の概況 …………………… 202
❶伊賀電気鉄道の車両
モニ5181 ………………………… 202
❷信貴山急行電鉄の車両
モ5251 …………………………… 202
❸吉野鉄道の車両
モ5151・モニ5161・クニ5431 … 203
❹伊勢電気鉄道の車両
モニ6201 ………………………… 203
クニ5361・モ5000・ク5100 … 204
モ880系 ………………………… 205
モ860系・伊賀鉄道 …………… 205

②養老線		
養老線の概況 …………………	206	
❶旧養老電気鉄道の車両		
モ5001・モ5011 ……………	206	
モニ5021・モ5031・モニ5040・ ク5401・ク5411	207	
クニ5320・クニ5330 ………	208	
❷旧伊勢電気鉄道の車両		
モニ5101・モ5111・モ5121	208	
モ5131・モニ6201・モニ6221・ クニ5421・クニ6481	209	
モ6241・モ5820 ……………	210	
❸旧大阪鉄道の車両		
モ5631・モ5651 ……………	210	
モ5800 ………………………	211	
❹旧吉野鉄道の車両		
ク6501 ………………………	211	
❺旧三重交通の車両		
①サ5940・5945 ……………	211	
②サ5930・③サ5960 ………	212	
❻関西急行電鉄の車両		
モ5301・ク5301 ……………	212	
❼大阪線からの車両		
ク1560・サ1560 ……………	212	
❽名古屋線からの車両		
モ561・ク561 ………………	212	
◆1970年代以降の転入車両		
①モ420・ク470・サ530・②モ430・ ク590・③モ440・ク540・ク550	213	
養老鉄道		
①600系・②610系・③620系 …	214	

貨物電車・電気機関車
◆電動貨車
モワ10(初代)・モワ20・
モト50(初代)・モト60・モト70 …… 216
モト75・モワ87・旧モワ10・
新モワ10・クワ750・モワ80 …… 217
モワ80・モト90 ………………… 218
モワ26 …………………………… 219
◆大阪線の鮮魚列車 …………… 219
◆電気機関車
デ1・デ11・デ21 ……………… 220
デ25・デ31・デ35・デ40・
デ51・デ61・デ71 ……………… 221
近鉄関連の合併・廃止・譲渡された
路線と車両たち ………………… 222

〈コラム〉きんてつ あらかると

ターミナル駅 ‥	57	車庫・工場‥	128
乗換駅 …………	58	幌 ……………	146
鋼索線・索道‥	97	高層鉄柱 ……	177
駅名標 …………	98	特急 …………	178

◆資料編 ………………………… 227
①現有車両 編成表・②形式別車庫別 現有車両
一覧・③奈良線・京都線系統 昇圧改造車改番表

魅惑の近鉄電車 ①

上質な移動空間へ、快適な旅を演出

21020系「アーバンライナー next」 山間部を高速で駆け上がる　室生口大野～三本松　平成28.4.26　（福田）

23000系　春真っ盛りの山田線を行く　漕代～斎宮　平成28.3.26　（福田）

特急型車両

12200系・30000系　頻発するだけに、特急同士の交換シーンもよく見られる　　近鉄富田　平成25.5.2　（福田）

特急型車両は総数456両あり、広軌線（奈良・京都線、大阪・名古屋・山田線など）430両、狭軌線（南大阪・吉野線）29両となっている。21000系、21020系、23000系、26000系、50000系は先頭が非貫通型の流線型で、それぞれ固定の運用をもっている。その他の特急車は貫通型で、自在に連結して2～10両に編成し、各線区で共通運用を行う。車両は、共通して大型固定窓、明るい客室、リクライニングシートなど、快適な旅が楽しめるよう工夫されている。

22000系　汎用特急車では約60年ぶりにカラーリングが一新されることになった　　漕代～斎宮　平成28.3.26　（福田）

大阪~名古屋を早く快適に〈名阪特急〉

21000系　リニューアルして「アーバンライナーplus」となった。後継車両に押されているとはいえ、まだ名阪特急の主役、山田・志摩線にも入る　室生口大野~三本松　平成28.4.26　（福田）

21020系　「アーバンライナー」の進化型として登場、2編成あり、6両固定編成で名阪ノンストップ特急の限定運用に就く　大和高田~松塚　平成23.2.11　（林）

昭和22年（1947）10月、軌間の違いを乗り越えて、大阪・名古屋間を結ぶ有料・座席定員制の特急が運行を開始した。以来、画期的な車両を投入、現在も近鉄特急の看板として大阪と名古屋を結ぶ。以前のような名阪ノンストップ特急は、需要の変化で見られなくなったが、各路線に平日往復60本余りが運転されている。

〈上〉　22600系・30000系・12200系　多様な形式を自在に組み合わせるのも近鉄特急の魅力
　　　　赤目口〜名張　平成22.12.4　（林）

〈左〉　12200系　近鉄特急では最古参に属するが、まだまだ名阪特急で活躍
　　　　室生口大野〜三本松　平成23.2.12　（林）

〈左下〉22000系　「汎用特急」の代表であり、86両といまや特急の最大勢力に
　　　　箕田〜伊勢若松　平成28.3.25　（福田）

〈下〉　21000系　エッジのきいた独特の先頭形状が夕陽に浮かび上がる
　　　　阿倉川〜川原町　平成28.3.25　（福田）

楽しさを乗せて伊勢・鳥羽・志摩へ〈観光特急〉

歴史と自然に抱かれた美し国、伊勢・鳥羽・志摩へ。豪華で多彩な室内空間、気配りの設備・サービスで、とっておきの移動時間を楽しめる。

50000系 "最高級のくつろぎ"をテーマに、大阪・京都・名古屋から賢島へ向かう「しまかぜ」
鳥羽〜中之郷　平成28.3.26（福田）
豪華な室内　洋風個室(上)、カフェ(下)
提供：近畿日本鉄道

〈上〉23000系　志摩スペイン村の開業に合わせて登場、豪華な室内は、伊勢志摩観光のシンボル特急となった
　　　赤目口～名張　平成21.4.12　（林）

〈右〉大阪難波駅で「アーバンライナー」と並ぶ23000系
　　　　　　　　　　平成25.5.17　（福田）

〈下〉23000系　全編成がリニューアルされて「赤」と「黄」にカラーリングが分けられた
　　　　　ファミリー公園前～結崎　平成25.11.23　（福田）

沿線の主要駅を便利に結ぶ〈汎用特急〉

固定編成で決められた運用をもつ特急以外の車両は、輸送実態に合わせて自在に編成を組み、運用効率の向上をはかっている。異なる系統を乗換駅で何回も乗り継ぎが可能で、特急の活躍が末端まで広がる。

〈上〉30000系　Ⅲ代目ビスタカーで、「ビスタEX」としてリニューアル、多彩な活躍はまだ続く
　　　桔梗が丘～美旗　平成25.12.2
　　　　　　　　　　　　　（涌田）

〈中〉12200系　長編成の特急が勾配に掛かる　大和高田～松塚
　　　　　　　平成21.1.2　（林）

〈下〉12400系　「サニーカー」とも呼ばれた。正面の塗り分けがこの形式から変更された
　　　平端～ファミリー公園前
　　　平成28.4.26　（福田）

〈上〉12410系　春の小川に影を落して走り去る　　三本松〜赤目口
　　　　　平成20.4.6　（涌田）

〈左〉12200系　単線区間の賢島線にも足を延ばす　　志摩赤崎〜船津
　　　　　平成26.5.22　（涌田）

〈下〉22600系　快適性を追求した次世代の汎用特急「Ace」として、活躍の場を広げる
　　　　　伊勢中川〜伊勢中原
　　　　　平成28.8.9　（福田）

大阪南部と奈良・吉野を結ぶ〈南大阪線〉

狭軌線の南大阪線、吉野線にも日中30分ヘッドで特急が運転される。桜のシーズン、吉野行きはひときわ賑わいを見せる。

〈上〉 16200系 "上質な大人旅へ"と銘打って、デビューした観光特急「青の交響曲(シンフォニー)」(Blue Symphony)。3両編成で中間車両はバーカウンターのあるラウンジスペース
吉野口〜薬水　平成28.8.27　(福田)

〈左〉 26000系　「さくらライナー」として飛鳥や吉野へ観光客をいざなう
尺土〜高田市　平成28.4.2　(福田)

〈左下〉 16000系　南大阪線の特急運転開始で導入された最古参の特急
今川　平成22.8.27　(福田)

〈下〉 16600系　「Ace」の狭軌線版として2編成がデビュー
飛鳥〜壺阪山　平成22.7.10　(林)

〈上〉16000系　金剛山をバックに彼岸花咲く秋の飛鳥路を行く
　　　　　壺阪山〜市尾　平成24.9.25　（福田）

〈下〉16400系　暮れなずむ吉野川を渡り終えると、いよいよ吉野へ
　　　　　入っていく　大和上市〜吉野神宮　平成28.3.27　（福田）

■写真：林 基一・福田静二・涌田 浩

近 鉄 略 史

―路線の形成から特急ネットの完成まで―

■直系の前身「大軌」の開通とその発展

　大正3年(1914)4月30日、難工事だった生駒トンネル(3,388m)の完成により、大阪電気軌道(大軌)の上本町～奈良間30.8kmが開業した。軌間1,435mmの標準軌、架線電圧直流600V、全線複線で、14m級のデボ1形木造電車18両が1期生として新製投入された。

　生駒トンネルの建設に膨大な資金が投入されたことと、利用客の伸び悩みから、第1次世界大戦による"大戦景気"が訪れるまで、大軌では苦しい経営が続いた。

　大正期の後半から業績が向上し、奈良県下の社寺への参詣客を輸送するための路線拡大に取り掛かった。その第1弾として畝傍線(現・橿原線)の建設に着手し、その途上の大正11年(1922)1月25日には「生駒鋼索鉄道」を買収して奈良線の集客力を高めている。

　畝傍線は大正12年(1923)3月21日に八木(現・八木西口)まで全通した。中間地点の平端で交差する「天理軽便鉄道」(新法隆寺～天理間8.6km、軌間762mm、蒸気)は大正10年1月に大軌がすでに合併していた。西半分は「法隆寺線」として残し、東半分の平端～天理間4.5kmは改軌・電化して支線の天理線と改め、上本町からの直通運転を開始している。畝傍線は昭和14年(1939)7月28日に現・橿原神宮前駅まで達して、橿原線と改称した。

　続いて大軌では橿原神宮への最短経路として八木線の建設に着手する。大正13年(1924)10月に足代(現・布施)から着工し、昭和2年(1927)7月1日に布施～大軌八木(現・八木西口)間が全通した。八木線経由で上本町～橿原神宮前(旧駅)・久米寺(後に新・橿原神宮前駅に統合)間に急行の運転を開始している。

　さらに大軌では伊勢方面への進出を企てて、桜井線として昭和4年(1929)1月5日に大軌八木(現・大和八木)～桜井間を1,500Vで開業、併せて八木線も1,500Vに昇圧した。昇圧後の車両は19m車、20m車のデボ1000～1300系が投入された。

　当時の大軌は各地で拡張を続けていた。昭和3年(1928)11月には京阪電気鉄道と共同で設立した「奈良電気鉄道」の西大寺(現・大和西大寺)～京都間が開通(後の近鉄京都線)、昭和4年(1929)3月には「伊賀電気鉄道」(現・伊賀

大阪電気軌道開業時に登場したデボ1形、ポール集電、大きな救助網をつけて、単車で走った。今も1両が保存されている

鉄道)を合併し、後に参急へ賃貸している。

また、昭和5年(1930)12月15日には八木線の山本(現・河内山本)〜信貴山口間2.8kmの信貴線を開業し、同じ日に系列の「信貴山電鉄」(翌昭和6年11月に「信貴山急行電鉄」と改称)の信貴山口〜高安山間の鋼索線、高安山〜信貴山門間2.1kmの鉄道線(軌間1,067㎜、単線)が開通して、信貴山朝護孫子寺への短絡ルートを開設している。

■東への鉄路は「参急」と「伊勢電」・「関急電」で

大軌の伊勢進出は大正末期からの構想だったが、「大和鉄道」(新王寺〜桜井間17.6km、軌間1,067㎜、蒸気)がすでに桜井〜名張間の免許を所有していたので、大軌では競合を避けるため大正14年(1925)に大和鉄道を傘下に収め、同社の名義で名張〜山田(現・伊勢市)間の免許を申請した。昭和2年(1927)4月に大和鉄道に免許が下りると、同年9月に系列の「参宮急行電鉄」(参急)を設立し、同社にこの免許を譲渡して建設に当たらせた。

また、参急と並行路線となる「長谷鉄道」(明治42年開業。桜井〜初瀬間5.6km。軌間1067㎜、蒸気)を合併している(昭和13年に廃止)。

参宮急行電鉄は昭和5年(1930)12月20日に桜井〜山田(現・伊勢市)間が開通し、上本町〜山田間の直通運転を開始した。このとき参急に投入されたのが我が国最初の長距離電車デ2200系の4形式56両である。参急が直通急行を担当し、大軌は当初桜井以西の近距離列車を担当した。参急は昭和6年(1931)3月17日に宇治山田まで全通して、現在の大阪線・山田線の原型が完成している。

参急では昭和3年(1928)5月に「中勢鉄道」(明治41年〔1908〕開業。岩田橋〜伊勢川口間20.6km、軌間762㎜、蒸気。昭和18年3月1日廃止)を傘下に収め、同社名義で得た参急中川(現・伊勢中川)〜久居間の免許を譲受して建設した津支線(参急中川〜津間、現・名古屋線の一部)が昭和5〜7年(1930〜32)に開通し、名城連絡への第一歩を踏み出した。

この時期には大軌の付帯事業も発展を遂げていた。大正15年(1926)9月には初代の上本町ターミナルビルが竣工し、三笠屋百貨店に賃貸(昭和11年〔1936〕から全館が大軌百貨店〔現・近鉄百貨店〕となる)。奈良線の沿線には、あやめ池遊園地(大正15年)、「生駒山上遊園地」(昭和4年)を開園している。

同じ昭和4年8月1日には「吉野鉄道」(大正元年〔1912〕創業、久米寺〜吉野間25.2km・畝傍〜久米寺間3.0km、軌間1,067㎜、1,500V電化済み)を合併している。大阪鉄道(大鉄)の大阪天王寺(現・大阪阿部野橋)〜吉野間の直通運転を昭和4年3月29日から開始したばかりであったが、大軌吉野線となってからも大鉄の乗り入れは続行され、今日の近鉄南大阪・吉

大軌は東へ延長されて桜井〜長谷寺間が開通、当時の長谷寺駅の光景、現在でもこの雰囲気が残っている　　　　　　昭和4.10

17

野線の運行の基本となった。

一方、参急が進出した伊勢平野では、地元資本の「伊勢鉄道」が大正4年(1915)9月の一身田町(現・高田本山)〜白子間を軌間1,067㎜、蒸気運転で開業したのを皮切りに延伸を続け、大正15年(1926)に「伊勢電気鉄道」と改称して1,500Vで電化、昭和4年(1929)に「養老電気鉄道」(桑名〜揖斐)を合併し、昭和5年12月25日に桑名〜大神宮前間が全通するなど、伊勢地区は同社の独占状態になっていた。昭和5年(1930)12月に伊勢へ乗り込んだ参宮急行電鉄とは、伊勢神宮への参拝客を輸送するライバル路線となった。

しかし、伊勢電は過剰な投資が原因で経営不振に陥り、昭和11年(1936)9月15日に参急と合併して同社の伊勢線となった。伊勢電が所有していた桑名〜名古屋間の免許は、大軌・参急系の「関西急行電鉄」(関急電)が建設に当たった。その全通直前の昭和13年(1938)6月20日に、参急では津支線を伊勢線の江戸橋まで延伸している。

その6日後の昭和13年(1938)6月26日に、関西急行電鉄の関急名古屋(現・近鉄名古屋)〜桑名間23.7kmが開業した。旧伊勢電と同じ軌間1,067㎜、架線電圧1,500V、全線複線で、桑名で伊勢線(旧伊勢電)に接続し、関急名古屋〜大神宮前間の直通運転が開始された。

この昭和13年の12月には、津支線の参急中川〜江戸橋間の軌間を1,435㎜⇒1,067㎜に狭軌化して、名阪連絡は参急中川(現・伊勢中川)駅で乗り継ぎが行われるようになった。これ

で大阪〜名古屋間の私鉄による新しいルートが完成したのである。

■合併＋戦時統合で「関急」から「近鉄」へ

上本町〜宇治山田間、参急名古屋〜大神宮前間に運転されていた特別料金不要の「特急」は、日中戦争による戦時体制の施行によって昭和13年(1938)12月に廃止された。

皇国史観と軍国主義が強化される中で伊勢神宮、橿原神宮への参拝客は増加の一途をたどっていたため、大軌の畝傍線と吉野線、大鉄本線の一部線路を付け替えて、昭和14年(1939)7月28日に大軌・大鉄両社の総合駅として「橿原神宮前」駅を開設した(神社建築風の駅舎が神宮と混同されたため、昭和15年4月に駅名を「橿原神宮駅」と改称。昭和45年〔1970〕3月に「橿原神宮前」駅にもどる)。

昭和13年(1938)8月に施行の「陸上交通事業調整法」による鉄道会社の統合が強化され、昭和15年(1940)1月に参宮急行電鉄は関西急行電鉄を合併し、同年8月に旧伊勢電から分離していた「養老電鉄」を合併した。さらに昭和16年(1941)3月15日に「大軌」が「参急」を合併して「関西急行鉄道」(関急)が誕生した。

不要不急路線や並行路線の休止・廃止も行われ、昭和17年(1942)8月11日に旧伊勢電が築いた伊勢線の新松阪〜大神宮前間が山田線との並行路線として廃止された。

統制はさらに強化され、昭和18年(1943)2月1日に関連会社になっていた「大阪鉄道」(現・近鉄南大阪線区)を合併し、昭和19年

関西急行電鉄開業時の名古屋駅の地上駅舎　昭和13.6

お召列車用のサ2600形貴賓車の室内、昭和15年に製造された

(1944)1月には「南和電気鉄道」(現・御所線)、信貴山急行電鉄(鋼索線。鉄道線は休止中)を合併した。

そして昭和19年(1944)6月1日に「関西急行鉄道」と「南海鉄道」が合併して「近畿日本鉄道」が成立した。

昭和18～19年(1943～44)には「陸上交通事業調整法」によって三重県下の私鉄4社(神都交通、北勢電気鉄道、三重鉄道、松阪電気鉄道、志摩電気鉄道)とバス会社を統合して「三重交通」が成立した。奈良県下のバス会社を統合して「奈良交通」が誕生し、岐阜県の「大垣自動車」(現・名阪近鉄バス)も地域のバスを統合してそれぞれが県内の大手バス会社となった。これらの社は戦後、近鉄系として発展していく。

■戦後の復興と特急ネットワークの構築

昭和20年(1945)8月15日に終戦となり、平和は取り戻したが、占領下にある敗戦後の社会は、食糧と物資の不足、モラルの低下で混沌としていた。そうした中で、昭和22年(1947)6月1日付けで旧南海鉄道の路線すべてを南海電気鉄道として分離が行われたのは、戦中の強制的な統合の解消を意味していた。

同じ昭和22年10月8日から、まだ時期尚早と言われながらも有料・座席定員制の「近鉄特急」(伊勢中川乗り継ぎの名阪特急)が運行を開始した。大阪線は新旧2200系、名古屋線は6301系が美しく整備され、疲弊した日本人の心に希望を与えた。

昭和28年(1953)からは大阪・名古屋線に特急専用車が投入され、「近鉄特急」の人気を高めた。一般型車両も昭和23年度(1948)から奈良・大阪・南大阪・名古屋線に新造車が登場して輸送力増強に貢献した。昭和20年代末期から30年代にかけては、車両の高性能化、特急車両の開発、路線の整備(複々線化、高架化など)に専念する時期が続いた。

高性能化は昭和29年(1954)に1450系試作車から高性能車の時代に入り、昭和30年に奈良線の特急800系、昭和32年に南大阪線の高加減速「ラビットカー」6800系が登場して近鉄通勤型車両の基礎を作った。

昭和33年(1958)には大阪線特急に我が国初の2階建て車両を連結した「ビスタカー」10000系が登場して「近鉄特急」の名を高めた。

昭和34年(1959)9月26日の「伊勢湾台風」では当時狭軌線であった名古屋線が大被害を受けた。その復旧工事と並行して改軌工事(軌間1,067⇒1,435mm)も行われて11月27日に完了、12月12日から連接車体の「ビスタカーⅡ世」10100系が名阪特急にデビューした。

昭和36年(1961)3月、伊勢中川駅の短絡線の完成により名阪特急のスイッチバックが解消して、スピードアップに貢献した。昭和39年(1964)10月の東海道新幹線の開業で近鉄の名阪特急は打撃を受けたが、名伊・阪伊特急を増発、京奈・京橿・吉野特急などを新設して観光客の受け入れ態勢を強化した。

昭和38年(1963)10月1日には系列の奈良電気鉄道を合併して京都線とし、昭和39年10月1日には信貴生駒電鉄(旧大和鉄道残存区間を

竣工した上本町～布施間の高架複々線を走る奈良線800系、大阪線2227系の特急車　　　　　　　　　昭和31.12

伊勢湾台風の復興で、名古屋線の改軌工事が前倒しで行われた。塩浜駅構内の線路工事の様子　　　　昭和34

併合済み)を合併して生駒線、田原本線としている。昭和40年(1965)4月には三重電気鉄道(旧三重交通の鉄道部門。昭和39年2月に分社)を合併して湯の山・内部・八王子・北勢・志摩の各線が近鉄線に加わった。昭和45年(1970)3月には鳥羽線の開通と志摩線の改軌が行われて上本町・名古屋〜賢島間の特急運転が開始され、上本町〜難波間2.0kmを地下線で延長した難波線も開通している。

昭和45年(1970)3〜9月に千里丘陵で開催された日本万国博覧会(大阪万博)は近鉄特急にとっては好機であり、観光客を輸送する名阪・阪伊・名伊・阪奈・京奈・京伊・京橿・湯の山・吉野特急のネットワークが完成している。

■ 現在の近鉄　明と暗を乗り越えて

昭和48年(1973)の第4次中東戦争とイラン革命によるオイルショックで高度成長は終わりを告げ、以後は低成長の時代に入る。昭和の末にはバブルの花も咲いたが、平成期に入ると長期不況、少子高齢化の時代となり、鉄道会社にとっては厳しい状況が続いている。

近鉄では東海道新幹線の打撃を受けていた名阪特急が、低運賃による利用増で回復したのを契機に、「魅力のある特急車両」を追求し、「アーバンライナー」21000系、「伊勢志摩ライナー」23000系、「ビスタⅢ世」30000系など斬新な車両を登場させて、平成25年(2013)の豪華特急「しまかぜ」に到達した。汎用特急も10400系エースカーから改良を重ねて22600系に至る高品質の車両が出揃っている。

一般型車両も各線の規格統一を進めて、未来の通勤輸送への一案として3扉オール転換クロスシートの5200系、ロング/クロスのシート切り替えが可能なL/Cカー　5800系、平成12年(2000)からは次世代車両の「シリーズ21」を登場させて高く評価された。

大都市部の通勤輸送では、昭和63年(1988)8月28日から京都市営地下鉄烏丸線、平成21年(2009)3月20日から阪神電気鉄道との相互直通運転を開始し、平成18年(2006)3月27日には、けいはんな線(長田〜学研奈良登美ヶ丘間)が全通して版図を広げている。

その一方で、少子高齢化、人口減の時代を迎えて鉄道各社は対策に苦慮している。不採算路線も抱える近鉄ではワンマン化、無人駅化などで対応してきたが、平成15年(2003)4月に北勢線を三岐鉄道に譲渡、平成19年(2007)10月に伊賀線を「伊賀鉄道」、養老線を「養老鉄道」に移管、平成27年(2015)に内部・八王子線を「四日市あすなろう鉄道」に分離している。

現在の近鉄は、持株会社「近鉄グループホールディングス」傘下の「近畿日本鉄道」として鉄道業に専念している。かつては自社の直営・傘下企業だったバス、タクシー、百貨店、ホテル、劇場、文化施設などは同じ近鉄グループの仲間としてそれぞれが盛業中である。難題に直面しつつも、本来の鉄道事業に邁進しているのが今日の近鉄の姿といえよう。

日本万国博覧会に対応した改良工事が行われた。難波線難波〜上本町の開業式　　　　　　　　　　昭和45.3.15

阪神なんば線が開通、阪神電鉄との相互直通運転が開始され、奈良と神戸がつながった　　　　　　平成21.3.20

写真はすべて近畿日本鉄道提供

近鉄電車のすべて
特急型車両

待望の大阪〜名古屋を直通する新「ビスタカー」10100系が昭和34年(1959)から走り始めた。近鉄の技術の粋を集めた画期的な車両で、現在に通じる近鉄特急の基礎を確立した
鶴橋　昭和35.7.18　写真：沖中忠順

1 大阪・名古屋・奈良・京都線系統

◆戦前の特別料金不要特急

❶ 参宮急行電鉄（参急）2200系の特急

大 参急2200系 ⇨ 近鉄2200系

参急デ2200形2200〜2226 ➡ 近鉄モ2201〜2226
デトニ2300形2300〜2307 ➡ モ2301〜2308
サ3000形3000〜3016 ➡ サ3001〜3017
ク3100形3100〜3104 ➡ ク3101〜3105
（車番は新造・改番当時のもの）

大阪電気軌道（以下、大軌と称す）系列の参宮急行電鉄・桜井〜山田（現・伊勢市）間が仮開業したのが昭和5年（1930）12月20日のこと。それに合わせて投入されたのが2200系57両であった。

基幹のデ2200形は我が国初の長距離用電車で、窓割りはdD16Dd（サ3000形は1D16D1）、20m級2扉の転換クロスシート車だった。車端部半室にトイレがあり、前面窓を鋼板で埋めてあったので、ウインクしているような顔立ちが人気を呼んだ。さらに、特別室と小荷物室を備えたデトニ2300形も魅力を添えていた。塗色は参宮急行電鉄（以下、参急と称す）標準の小豆色1色だった。

参急線内には青山峠ほかに33.3‰の連続した急勾配区間があるため、2200系は150kWの強力な電動機と、抑速用発電ブレーキ、自動空気ブレーキを備えて万全を期していた。

昭和6年（1931）3月17日に参急のターミナル・宇治山田駅が開業して参急線は全通した。昭和7年（1932）1月1日から2200系による上本町〜宇治山田間137.3kmに特別料金不要、自由席の「特急」が最大6両編成で登場し、両駅間を2時間1分で結んだ（ちなみに蒸気運転の関西本線・参宮線経由の列車は準急3時間30分、普通5時間を要していた）。

「お伊勢へ特急!!」の2200系による特急運転開始時の新聞広告 昭和6.12.30付 『大阪朝日新聞』 資料提供：竹田辰男

昭和11年（1936）9月15日に経営不振に陥っていた伊勢電気鉄道（以下、伊勢電と称す）が参宮急行電鉄に合併して、桑名〜大神宮前間を参急の「伊勢線」と改称、同一会社の並行路線が誕生した（昭和17年に伊勢線は江戸橋〜新松阪間を残して廃止）。

昭和12年（1937）5月25日から、上本町〜宇治山田間特急の愛称名を「神風」、参急中川

「急行」のサボを挿入した参急2200形2205　西尾克三郎コレクション／所蔵：湯口 徹

トップナンバー車のモ2201
高安　昭和35.2.24
写真：丹羽 満

2227系特急の前に増結された一般色のモ2200形2212「すずか2号」　　鶴橋　昭和27.6.22　写真：高橋 弘

(現・伊勢中川)から分岐する津行きの併結特急を「五十鈴」と命名した。好評だったが、昭和12年7月に日中戦争が勃発し、やがて日本は戦時体制に入り、昭和13年(1938)4月1日に国家総動員法が施行されると戦争最優先となり、国民の耐乏生活が始まった。

　戦時体制下となった昭和13年6月20日に支線の中川～江戸橋間が全通して、伊勢線との連絡は江戸橋となる。しかし、特急は贅沢と見なされて、各社とも昭和13年の12月をもって廃止された。参急の場合は急行への格下げで存続し、特急なみの高速運転を維持した。

　2200系はその後も近鉄の看板電車の一つとして戦中、戦後と長く活躍を続け、むしろ長距離急行電車の雄として人気を集めるのである(2200系の詳細は大阪線一般型車両の項P.107参照)。

　下記はデ2200形のデータ。特急運用で編成を組んだサ3000形は角カッコで示した。

データ　最大寸法：長20,520×幅2,743×高4,125㎜◆主電動機：三菱MB-211-BF・150kW×4・吊掛◆制御装置：三菱ABF◆制動装置：AMU[ATU]◆台車：住友KS-33L[76L]◆製造年：昭和5～6年(1930～31)◆製造所：日本車輌・汽車製造東京支店・川崎車輛・田中車輛(後の近畿車輛)

❷ 伊勢電気鉄道(伊勢電)231系の特急

名　伊勢電231・471系 ➡ 近鉄6231系

伊勢電モハニ231形・クハ471形 ➡
近鉄モニ6231形・ク6471形
モハニ231～242 ➡ モニ6231～6240
ク471～473 ➡ ク6471～6473
(車番は新造・改番当時のもの。欠番あり)

　参急と同じ、昭和5年(1930)の12月25日に、伊勢電も桑名～大神宮前間82.7kmが全通し、それに合わせてクロスシートのモハニ231形(後の近鉄モニ6231形)12両、クハ471形(後の近鉄ク6471形)3両を投入した。231形の荷物室は手小荷物と沿線事情による自転車積載の

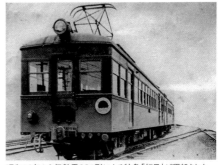

昭和10年から伊勢電231形による特急「初日」が運転された
写真提供：近畿日本鉄道

ためであった。

　相方の471形は純然たるクロスシートの旅客車で、トイレ付きだった。伊勢電の塗色はインペリアル・スカーレット(真紅色)で、伊勢平野を快走する赤い電車は鮮やかであった。

　昭和10年(1935)12月から上記2形式を使用して、桑名〜大神宮前間に特別料金不要の特急「初日(はつひ)」「神路(かみじ)」の運転を開始、同区間を1時間25分で結んだ。

　しかし、伊勢電気鉄道は過大な設備投資によって経営不振に陥り、昭和11年(1936)9月15日に参宮急行電鉄に合併し、桑名〜大神宮前間は参急の伊勢線となる。

　昭和13年(1938)6月26日には大軌・参急系の関西急行電鉄・桑名〜関急名古屋(現・近鉄名古屋)間が開通して、同じ1,067mm軌間の伊勢線と相互直通運転の特急が走り始めた。

　しかし、戦時体制によって昭和13年12月に特急は廃止され、急行に格下げとなったが、名古屋〜大神宮前間の高速運行は続行された(6231系については名古屋線一般車の項P.152参照)。

　下記はモハニ231形(後の近鉄モニ6231形)のデータである。

データ　最大寸法：長17,860×幅2,743×高4,186mm◆主電動機：東洋TDK528A・104・44kW×4・吊掛◆制御装置：東洋ES517A◆制動装置：AMA◆台車：日車D-16◆製造年：昭和5年(1930)◆製造所：日本車輛

❸ 関西急行電鉄(関急電)1形の"緑の弾丸"

名　関急電1形　⇨　近鉄モ6301形

関急電1〜10　⇨　近鉄モ6301〜6310

(車番は新造・改番当時のもの)

　大軌・参急系の関西急行電鉄が建設を進めていた桑名〜関急名古屋(現・近鉄名古屋)間23.7kmの新路線が、昭和13年(1938)6月26日に開通した。それに備えて昭和12年(1937)に関急電が日本車輛で新製した1形10両が颯爽と登場し、伊勢線との相互乗り入れで関急名古屋〜大神宮前間の特急運転が開始された。

"緑の弾丸"の関急1形、昭和13年に名古屋〜大神宮前間で特急運転を開始　　写真提供：近畿日本鉄道

　関急1形は17m2扉の均整のとれた日車タイプの電車で、扉間は転換クロスシートとなっていた。関急名古屋〜大神宮前間を2時間弱で走破する高速運転が好評で、塗色が大軌と同じダークグリーンだったので"緑の弾丸"の愛称で親しまれた。江戸橋での参急乗り継ぎで名阪間は3時間15分で結ばれた。昭和13年(1938)12月に特急は廃止されたが、急行の高速運転は維持された。

　同じ昭和13年12月6日に江戸橋〜参急中川(現・伊勢中川)間の支線が1,435mm⇒1,067mm軌間に改軌され、名阪間の列車は中川乗り継ぎとなり、名古屋〜上本町間は3時間1分まで短縮された。

　その後、昭和15年(1940)1月1日に関西急行電鉄は参宮急行電鉄に合併し、翌昭和16年(1941)3月15日に大軌と参急は合併して「関西急行鉄道」(関急)が成立、1形はモ6301形と改称され、急行系の代表車として活躍を続ける。

　並行路線の伊勢線・新松阪〜大神宮前間は昭和17年(1942)8月11日に廃止となり、伊勢線は江戸橋〜新松阪間の支線となった。さらに、昭和18年(1943)2月1日に関急は大阪鉄道(大鉄)を合併、昭和19年6月1日に南海鉄道と合併して「近畿日本鉄道」が誕生する(その後のモ6301形については、戦後の名古屋線の項P.155参照)。下記は関西急行電鉄時代のモハ1形(⇒近鉄モ6301形)のデータである。

データ　最大寸法：長17,800×幅2,700×高4,100mm◆主電動機：東洋TDK550/2-B・93.2kW×4・吊掛◆制御装置ABF◆制動装置：AMA◆台車：日車D-16◆製造年：昭和12年(1937)◆製造所：日本車輛

◆戦後の近鉄特急の登場と発展

❶ 大阪・名古屋線系統の特急

モ2227形 特急指定車 10両

モ2227〜2230・*2235*・2236〜2238・*2241*・2246

サ3000形 特急指定車 3両

サ3001・3002・*3009*

モニ2300形 「リクリェーションカー」1両

モ*2303*

(斜数字は後に特急車指定を解除された車両)

モ2227形2230　車体に「EXPRESS」のロゴが入った
高安検車区　昭和27.3　写真：和気隆三

2227系による大阪線初の有料特急

●**新製から終戦まで**　参宮急行電鉄では、昭和15〜16年(1940〜41)に、2200系に続く2227系を増備した。モ2227形2227〜2246、ク3110形3110〜3114、貴賓車2600号車の計26両が日本車輌で新製された。

この増備は、戦時下の銃後において国民の愛国心、戦意高揚、必勝祈願のための神社参拝が奨励されたことに応えたものであった。沿線に伊勢神宮のある参急、橿原神宮のある大軌では参拝の団体客、修学旅行生の大輸送を見込んで、参急は2扉クロスシートの2227系、大軌は同系の3扉ロングシートの1400系を新製投入した。

参急のデ2227形は張上げ屋根の2扉クロスシート車で、窓割りはd2D10D2dに変わり、扉間は転換クロスシートを装備、両運転台の第2エンド側車端部前面にトイレを設置し、2200形同様にウインクした表情になっていた。

軍部の意向に沿って、非常時には参急線を狭軌化(または広3線化)して東海道本線の迂回路とするため、2227系は狭軌用の大出力電動機を装備して登場している。そのため車輪径の大きい軸距2,700mmの大型台車となり、2200系と連結すると凸凹編成になった。

戦中は参拝客輸送の急行用としてフル回転の活躍を続けていた。

●**初の近鉄特急に抜擢**　昭和20年(1945)8月15日の終戦によって日本は再び平和を取り戻した。しかし、待ち構えていたのは敗戦国の荒廃と食糧難、住宅難だった。国鉄も私鉄も荒れ果てた車両に買い出し客とヤミ屋が殺到して、鈴なりに乗車する光景が日常化した。

こうした状況下で、近鉄では昭和22年(1947)6月1日に旧南海鉄道の路線を新会社の南海電気鉄道に譲渡して戦中の強制的な合併を解消し、特急運転復活の準備も進めていた。

昭和22年(1947)10月8日、国鉄や他私鉄に先駆けて上本町〜(伊勢中川乗り換え)〜近畿日本名古屋(現・近鉄名古屋)間に1日2往復の座席定員制有料特急の営業を開始した。混

戦後いち早くブルーとクリームに塗り分けられて特急用に改造された2227系、中間車はサ3000形
鶴橋　昭和27.3.20　写真：鹿島雅美

乱期の資材不足のなか、大阪線ではまずモ2227形4両、サ3000形2両が選ばれた。

編成は2235-3001-2236（高安区）、2228-3009-2237（明星区）の2本で、2230が予備車になった。塗色は上半レモンイエロー／下半ブルーのツートンで、車端部腰羽目に「EXPRESS」のロゴが掲出された。同年12月には上本町発が「すゞか」（当初はこの表記）、名古屋発が「かつらぎ」と命名された。

「お伊勢さん」の人気は衰えず、昭和23年（1948）の1月には上本町〜宇治山田間に臨時特急が運転され、7月から定期化された。23年度には塗色変更も行われ、上半レモンイエロー／下半ライトブルーになった。

昭和24年度（1949）には6月から座席指定制となり、8月から名阪特急を3時間25分に短縮、1往復を宇治山田へ延長して阪伊特急を増やした。10月からモニ2303をモ2303に改めたサロン車の「リクリェーションカー」（RECREATION CAR）が登場した。こうして大阪線の特急は順調に実績を重ねていった（以後の2227系は大阪線一般車の項P.108参照）。下記はモ2227形のデータ。ク3110形は角カッコで示した。

愛称名が特急に付けられ、上本町発は「すゞか」（後に「すずか」）、名古屋発は「かつらぎ」となった
鶴橋　昭和27.6.22　写真：高橋 弘

河内国分を通過していく2246後部の「かつらぎ」　昭和24年からは座席指定制となった
昭和26.7.18
写真：鹿島雅美

データ　最大寸法：長20,620×幅2,736×高4,174[3,987]mm◆主電動機：三菱MB-266-AF／東洋TDK595A（ともに狭軌用）・150kW×4・吊掛／制御装置：三菱ABF◆制動装置：AMU◆台車：日車D-22◆製造年：昭和15〜16年（1940〜41）◆製造所：日本車輌

「リクリェーションカー」2303を先頭にした「かつらぎ3号」
関屋〜二上　昭和30.1.2　写真：鹿島雅美

モ2236を先頭に整った6両編成に成長した「すずか2号」
関屋〜二上　昭和30.1.2　写真：鹿島雅美

モ6301形	特急指定車 3両	モ6301〜6303
モ6311形	特急指定車 1両	モ6320
ク6471形	特急指定車 2両	ク6471・6472

6301・6471系による名古屋線の有料特急

　昭和22年(1947)10月8日の上本町〜伊勢中川〜近畿日本名古屋(現・近鉄名古屋)間の特急運転開始に当たっては、狭軌の名古屋線側では戦前の名車モ6301形6301〜6303とク6471形6471・6472の5両を特急仕様に整備して充当した。

　モ6301形は旧関急電1形"緑の弾丸"。相方のク6471形は旧伊勢電出自の急行仕様車で、モ6301形とは形態的に揃わぬ面もあったが、トイレ付きだったので抜擢された。窓割りは6301形がd2D8D2d、6471形が11D10D11(運転室扉なし)で、両形式とも転換クロスシートを備えていた。大阪線の2227系と同様、レモンイエロー/ブルーの塗り分けとなったが、「EXPRESS」のロゴは名古屋線では省略された。大阪線、名古屋線ともに当初は2往復運転で、連絡駅の伊勢中川では同一ホームに同時到着し、それぞれに折り返していくダイヤが組まれたが、戦後の施設の荒廃により上本町〜名古屋間は4時間3〜7分を要した。

　利用客は増加していたが、名古屋線には特

特急車に抜擢されたク6471形(格下げ後)
近畿日本四日市　昭和35.6.8　写真：丹羽 満

急に格上げできる車両が少なく、昭和24年(1949)に入ると一般塗装のダークグリーンのまま6311形(6301形の戦中の増備車)の6314〜6319をクロスシートに改造して増結車とするなど、苦肉の策がとられた(その後の6301系は名古屋線の項P.155参照)。

一般車の6316〜6319も一般色のまま多客時の増結用となった
米野検車区　昭和33.11.28　写真：沖中忠順

名古屋線ではモ6301ク6471が戦後初の特急として使用された
格下げ後の6471ほか
桑名　昭和33.7.27
写真：鹿島雅美

戦後初の名古屋線特急車の6401系、モ・ク計5両が新製された 「かつらぎ2号」モ6402ほか
富田付近　昭和33
写真：奥野利夫／所蔵：鹿島雅美

| モ6401形 | 特急専用車 3両 | モ6401〜6403 |
| ク6551形 | 特急専用車 2両 | ク6551・6552 |

名古屋線に戦後初の特急専用車登場

　名古屋線の特急車不足を救うため、昭和25年(1950)にモ6401形3両とク6551形2両が日本車輌で新製された。昭和19年(1944)の近鉄創立以来、最初の特急専用車の新造であった。

　6401形は6301形(関急電1形)以来のスタイルをそっくり継承していた。外観上の違いは2段上昇式窓の桟が1：2から1：1(上下の中央位置に窓桟)となった程度で、車内は塗りつぶしのオール転換クロスシートになっていた。単独で2〜3連、他形式との併結で4〜6連で特急運用に就いた。

　昭和34年(1959)の名古屋線改軌(1067⇒1435

モ6401形6401　6301形と同じスタイルで、車内はオール転換クロスシートに　写真：永野茂生／所蔵：丹羽 満

mm軌間)後も6401系は名古屋線の急行用として長く活躍を続けた(以下は名古屋線の項P.159参照)。

　下記は名古屋線改軌前のモ6401形のデータ。ク6551形は角カッコで示した。

データ　最大寸法：長17,800×幅2,740×高4,100[3,800]
◆主電動機：三菱MB-148-AF・112kW×4・吊掛　◆制御装置：日立MMC◆制動装置：AMA[ACA]　◆台車：日車D-18[16B]　製造年：昭和25年(1950)◆製造所：日本車輌

モ2250形	特急専用車 10両	モ2251〜2260
サ3020形	特急専用車 9両	サ3021〜3029
サ2600形	旧貴賓車改造 1両	サ2601

大阪線に特急専用車2250系が登場

　特急需要の増加と、昭和28年(1953)10月に行われる伊勢神宮の式年遷宮(昭和24年から延期されていた)の大輸送に対応して、昭和28年3月に大阪線初の特急専用車が2250系が登場した。

　近鉄ではハイデッカーの展望席をもつ連接車体の特急車両を研究中だったので、2250系はそれまでの"つなぎ"と位置づけられ、旧性能のモ2250形(両運転台のMc)とサ3000形(T)

が新製・増備された。

　モ2250形は戦前製の2200形と同じ窓割りの20m2扉車で、dD16Dd(サ3020形は1D17D)、ゆとりのあるオール転換クロスシート車であった。車体は全鋼製で、実用化されたばか

特急用として登場した大阪線の2250系、20両が新製・増備され、車内もオール転換クロスシートとなった　2260+3029+2259
高安検車区　昭和30.10　写真：奥野利夫／所蔵：鹿島雅美

「かつらぎ3号」
伊賀神戸　2259ほか
昭和33.1.26
写真：鹿島雅美

りの蛍光灯を採用していた。性能面も2200系に準じており、三菱電機製の150kW×4の大出力主電動機を備えていた。2200・2227形との併結も可能であった。

製造は**1次車**（昭和28.3）：モ2251〜54（両運転台）、サ3021〜24、**2次車**（昭和28.9）：モ2255〜56（両運転台）、サ3025〜26、**3次車**（昭和30.9）：モ2257〜60（片運転台）、サ3027〜29、の3次にわたって行われた。3次車のサ3020形が1両不足するのは、2227系の貴賓車2600（昭和15年日本車輌製）をサ2601として編成に組み込んだためである。

車体は2227系と同様、上半レモンイエロー/ライトブルー、第1エンドの腰羽目には「EXPRESS」のロゴが掲出された。

昭和32年（1957）にはMc車とT車を1ユニットとした冷房化が行われ、集中冷房装置を搭載した2250形から3000形へ冷風を送るダクトが貫通路上に設けられた。また、シートラジオと公衆電話（2257・2259のみ）が設置された。

サ3020形のうち6両がク3120形に改造された　3122ほか
伊勢市　昭和35.5.21　写真：藤原 寛

元貴賓車サ2600も特急専用車に改造され2250系に組み込まれた　　撮影日不詳　写真：丹羽 満

多客期には2227形を増結するなど、華やかな日々を送っていたが、昭和33年（1958）7月に初代「ビスタカー」10000系の登場、昭和34年11月の名古屋線改軌と「ビスタカーⅡ世」10100系の登場によって早くも予備的な存在となる。サ3020形のうち6両をク3120形に改造して2250形と2連を組み、準特急や山田線の線内特急などに活路を見いだしていた。

2254先頭の「あつた1号」、後に冷房化された　　河内国分　昭和34.10.25　写真：鹿島雅美

しかし、「ビスタカー」10100系および「エースカー」10400系の増備によって昭和35年度(1960)から一般車への格下げが開始され、順次非冷房の3扉セミクロス車に改造して急行用に格下げとなった(以後の2250系は大阪線一般車の項P.110参照)。

下記のデータは特急時代のモ2250形のもの。ク3120(サ3020形改)は角カッコで示した。

データ 最大寸法：長20,270×幅2,744×高4,166[4,010]
◆主電動機：三菱MB-211-BF・150kW×4・吊掛◆制御装置：三菱ABF-204-15DH/15MD/15MDHA◆制動装置：AMA-R[ATA-R]◆台車：住友FS-11/近車KD-5/15◆製造年：昭和28・30年(1953・55)◆製造所：近畿車輛

新装された近畿日本四日市駅を発車する6423ほかの上り特急
昭和35.5 写真：中島忠夫

モ6421形	特急専用車 6両	モ6421〜6426
ク6571形	特急専用車 5両	ク6571〜6575
サ6531形	急行型の格上げ車 1両	サ6531

名古屋線に戦後初の特急専用車6421系登場

昭和28年(1953)の伊勢神宮式年遷宮の大輪送に備えて、大阪線の2250系と同時に狭軌線だった名古屋線用にも同型の6421系が登場した。全車昭和28年の日本車輌製である。

性能は平坦な名古屋線に適した125kWの電動機を備え、台車は住友製のFS-11を使用していた。大阪線の2250系と同型のオール転換クロスシート車だったが、四日市付近に急カーブが残っていたため車体長は19mに抑えられ、窓割りもdD15Ddで2250系より扉間の

窓が1個少なかった。

昭和32年(1957)に大阪線2250系と同じMTcユニット方式で冷房化された。しかし、制御車が1両不足していたため、昭和33年(1958)に急行用のク6561(昭和27年製)を特急仕様に改造したサ6531(窓割りはD15D1)を迎えて補った。名古屋〜伊勢中川間特急の主役として活躍し、昭和34年(1959)の名古屋線改軌後は、宇治山田への名伊特急として活躍を続けた。

しかし、昭和35〜38年(1960〜63)に一般車へ格下げとなり、3扉化、セミクロスシート化、冷房の撤去が行われて、昭和54年(1979)まで名古屋線の各種列車で活躍を続けた(以後の動きは名古屋線の項P.160参照)。

下記は特急時代のモ6421形のデータ。ク6571形は角カッコで示した。

データ 最大寸法：長19,800×幅2,740×高4,095[3,995]
◆主電動機：日立HS-256-BR-28・115kW×4・吊掛◆制御装置：日立MMC-H-20A◆制動装置：AMA-R[ACA-R]◆台車：住友FS-11/モ6426のみ近車KD-16改軌後：近車KD-33[33A] / 日車ND-11◆製造年：昭和28年(1953)◆製造所：日本車輌

モ6421形6423　6421系は2250系の名古屋線版であり、全部で12両が製造された　モ6425ほか6連
伊勢中川付近　昭和34.1.11　写真：鹿島雅美

10000系 1編成 7両 ⼤

モ10001	上本町方Mc車・長20,450mm・定員64人
モ10002	中間M車・長20,000mm・68人
ク10003	2階展望室付きTc車・長17,100mm・上22人・下32人、一般席12人
サ10004	中間座席T車（連接車）・長13,700mm・44人
ク10005	2階展望室付きTc車・長17,100mm・上22人・下32人、一般席12人
モ10006	中間M車・長20,000mm・68人
モ10007	宇治山田方先頭Mc車・長20,450mm・64人

（車番は新造・改番当時のもの）

世界最初の2階建て電車特急「ビスタカー」

上本町方先頭のモ10000形10001　大陸横断鉄道のディーゼル機関車から発想された堂々たるスタイル
明星検車区　昭和38.5.12　写真：丹羽 満

中間3両連接ユニットのク10000形10003　屋根上にビスタドームがあり、近鉄特急としては初めての愛称"VISTA CAR"が付いた　宇治山田　昭和37.8.19　写真：丹羽 満

「ビスタカー」の階上席（上）と階下席
昭和46.5.19　写真：林 基一

宇治山田行き「あつた」が発車を待つ　昭和33年7月改正で10000系は大阪～宇治山田2往復の固定運用を受け持った　上本町　昭和34.7　写真：大西友三郎

試運転に臨む10000系、世界初の2階建て電車、「ビスタカー」の誕生だった　大和朝倉　昭和33.6.25　写真：鹿島雅美

近鉄では昭和20年代半ばから高性能の斬新な特急車両の導入を研究していた。

国鉄が昭和33年度（1958）から東海道本線に151系電車特急、153系電車準急・急行を登場させることになり、名阪間で競合する近鉄では対抗措置として昭和33年7月に登場させたのが2階建て展望車を含む7両編成の特急車「ビスタカー」10000系である。阪伊特急に投入され、名阪連絡の役目も担った。

機器面では三菱電機のMB-3020系主電動機125kW、制御器も三菱のABF-178-15MDH型が採用され、台車も一般車で実績を積んでいた近車のシュリーレン型KD台車が採用された。塗色は紺色/窓周りオレンジのニューカラーでお目見えした。

冷房装置付きの車内は、一般席が2人掛け回転式、2階のビスタドームは進行方向外側にやや向きを変えた背ずりの低い1人掛け／2人掛けシートになっていた。

編成は上本町方から見出しのように多様な車種による7両編成を組んでいたが、固定編成ではなく、利用客の多寡に応じて7連・5連（2種）・4連（平床車のみ）の編成を組むことができた。7両のうちク10003-サ10004-ク10005の3両は連接台車で結ばれており、中間のサ10004は車体長が13,700mmと短かった。運用は上本町～宇治山田間の阪伊特急に限定され、登場時に

塗装は後に窓周りブルー、上下オレンジと、特急の標準色に改められた　また先頭車モ10007は、昭和41年に発生した追突事故により前面が貫通式に改められた
　　　　　　　　　伊勢中川付近　昭和44.5.4　写真：藤本哲男

は1日2往復が設定された。

　2階電車として人気を集め、「ビスタカー」の名を世に広めたが、試作車の扱いにくさもあって、次の10100系が翌昭和34年(1959)に登場すると早々に予備的な存在となる。塗装も10100系に合わせてオレンジ/窓周り紺色に改めて、乙特急用としてワキにまわった。

　試作車だけに運用上、運転上、営業上での支障も多く、昭和46年(1971)5月に廃車となった。電装品は一般車の2680系に転用された。

　下記はパンタグラフ付きモ10002のもの。ビスタドーム付きのク10003は角カッコで示した。

データ　最大寸法：長20,450[17,100]×幅2,736×高4,150[4,060]mm◆主電動機：三菱MB-3020-C・125kW×4・WN◆制御装置：三菱ABF-178-15MDH◆装置：HSC-D[HSC]◆台車：近車KD-26[27]◆製造年：昭和33年(1958)◆製造所：近畿車輛

6431系　(2連×2本)

モ6431＋ク6581　モ6432＋ク6582

名古屋線最後の旧性能特急車

　大阪線の「ビスタカー」10000系阪伊特急と連絡する名古屋～伊勢中川間の特急用として、昭和33年(1958)に登場したのが6431系のモ6431形2両、ク6581形2両である。

　四日市付近の急カーブは昭和31年(1956)に解消していたので、名古屋線初の20m車として近畿車輛で新製された。しかし、名古屋線の狭軌⇒広軌(標準軌)への改軌工事が近々実施される予定で、改軌後は新型特急車両が名阪・名伊特急に投入されることになっていたので、6431系はつなぎ的な「最後の吊掛け駆動の旧性能車」として製造された。

　車体はシュリーレン型の丸みをもったスタイルで、窓割りはdD1(2×7)1D1、シュリーレン式フレームレスの下降窓が並ぶ冷房完備の転換クロスシート車だった。主電動機、制御器は6421系と同じで、併結も可能だった。

　昭和34年(1959)の名古屋線改軌後も名伊特急の仕業に就いていたが、昭和38年(1963)に一般車に格下げされ、昭和40年(1965)に3扉化、ロングシート化された(以下は名古屋線の項P.161参照)。

　下記は特急時代のモ6431形のデータ。ク6581形は角カッコで示した。

データ　最大寸法：長20,720×幅2,736×高4,190[3,970]mm◆主電動機：日立HS-256-BR-28・115kW×4・吊掛◆制御装置：日立MMC-H20B◆制動装置：AMA-R[ACA-R]◆台車：近車KD-34[34A]◆製造年：昭和33年(1958)◆製造所：近畿車輛

6582＋6424＋6423の3両編成　ク6581形は単独で、6421系との併結も行った
　　　　　　伊勢市　昭和35.5.21　写真：藤原 寛

狭軌の名古屋線の最後を飾った6431系　　「あつた1号」6431系のフル編成　6432＋
6582＋6431＋6381　　　　　　　　　　　伊勢中川付近　昭和34.1.11　写真：鹿島雅美

10100系 3編成（3連×18本）大名奈橿

A編成（上本町・名古屋方流線型　山田方貫通型）
←上・名 モ10101〜10105＋サ10201〜10205
＋モ10301〜10305 山田→

B編成（上本町・名古屋方貫通型　山田方流線型）
←上・名 モ10106〜10110＋サ10206〜10210
＋モ10306〜10310 山田→

C編成（上本町・名古屋方貫通型　山田方貫通型）
←上・名 モ10111〜10118＋サ10211〜10218
＋モ10311〜10318 山田→

「ビスタカー」の黄金期を築く

　初代「ビスタカー」を改良した新「ビスタカー」10100系が昭和34年(1959)に登場した。3車体からなる連接車で、3連、6連、9連での運行と、汎用型車両との併結も可能だった。10100系は斬新な出来栄えから昭和35年度の鉄道友の会ブルーリボン賞を受賞している。

　塗色は10000系から反転して、窓周りが紺色でその他がオレンジとなり、以後の近鉄特急の標準カラーとなる。

名古屋線改軌で待望の名阪直通特急が走ることになり、新「ビスタカー」10100系が走り出す
　　　　　上本町　昭和53　写真：中林英信

「2階電車直通運転開始」の告知
　　　　伊勢中川　昭和34.12.6　写真：鹿島雅美

建造中の10100系C編成
　　　　近畿車輛工場　昭和34.12.7　写真：鹿島雅美

　昭和34年(1959)9月の伊勢湾台風で大被害を受けた名古屋線の復旧工事と、広軌(標準軌)への改軌工事が並行して行われ、昭和34年11月に完成、12月12日から10100系による名阪直通特急の営業運転を開始した。このときは伊勢中川駅でのスイッチバックが残されたが、昭和36年(1961)3月29日に中川短絡線(駅に立ち寄らない三角線)が完成し、10100系によるノンストップの名阪甲特急が実現した。

　10100系はMc車に挟まれたサ10200形が2階建てになっていた。2階はゆったりしたクロスシート車で、側窓は1.5m幅の1枚ガラスで眺望も良好だった。階下は小グループ、家族旅行向きで、大きなテーブル付きのクロスシートが備わっていた。

　3車体4台車の連接車なので、各台車に三菱電機製の125kW×4個の主電動機が架装され、制御器は10100形に、MG、CPは10300形に配置、中間の10200形には冷房機を搭載して前後の

10100系は3車体4台車の連接車で、さまざまな組み合せが可能で、近鉄特急の黄金時代を築いていった　1501レ
　　　　安堂〜河内国分　昭和35.9　写真：鹿島雅美

10000系(右)と並走する試運転中の10100系
今里付近　昭和34.9.1　写真：高橋 弘

特徴のあるフォルムを見せて疾走する2階建てのサ10200形
小俣〜宮津　昭和53.5.28　写真：谷口孝志

車両にダクトで送風する方式だった。

名阪間のライバル・東海道本線では151系特急、153系準急・急行が増発を重ねていて、停車駅の少ない準急「伊吹」2往復は大阪〜名古屋間を2時間30分で結んでいた。

対する近鉄「ビスタカー」10100系は下り2時間27分、上り2時間30分で対抗していたが、昭和38年（1963）には名阪甲特急が12往復、乙特急（昭和36年［1961］から中川短絡線経由）が3往復となって、名阪間最速2時間18分で鶴橋停車を実現している（他に阪伊を8往復、名伊を10往復に増便）。名阪間のシェアは近鉄が69％を占める好成績が続いていた。

昭和39年（1964）10月1日の東海道新幹線の開業は、近鉄にとって大打撃だったが、新幹線の利用者を名古屋、京都、大阪から自社沿線の観光地へ誘致する作戦に転換して、昭和41年までに名伊・京奈・京橿・阪伊特急の増発・新設のほか、吉野特急、京伊特急の新設を行った。

貫通型モ10300形を先頭にC+A編成で山越えに掛かる
長谷寺〜榛原　昭和44.11.18　写真：涌田 浩

10100系も京奈・京橿特急に進出して、観光客の憧れに応えた。その一方で名阪特急は利用客が激減したため短編成化と減便が行われた。が、国鉄末期の相次ぐ運賃値上げで再び名阪特急に乗客が戻るようになった。それを見届けて、10100系は昭和52〜54年（1977〜79）に廃車となった。

下記は電動車2形式のデータ。2階建てサ10200形は角カッコで示した。

データ　最大寸法：モ10100形：長17,760/17.300×幅2,800×高4,150mm、サ10200形：長14,100×幅2,800×高4,060mm、モ10300形：長17,760/17.300×幅2,800×高3,600mm◆主電動機：三菱MB-3020-D・125kW×8・WN◆制御装置：三菱ABFM-178-15MDH◆制動装置：HSC-D[HSC]◆端部台車：近車KD-30/41/41F、連接台車：近車KD-30A/41A/41G◆製造年：昭和34〜38年（1959〜63）◆製造所：近畿車輛

「さよなら三重連」運転では、営業運転では陽の目を見なかったA+B+C編成が運転された　小俣〜宮津　昭和53.5.28　写真：谷口孝志

10400系 (旧「エースカー」) 大 名

モ10402・10404(偶Mc) モ10401・10403(奇Mc)
ク10502・10504(偶Tc) ク10501・10503(奇Tc)

名阪乙特急から汎用の「エースカー」に

　名阪乙特急の旧型車置き換え用として、昭和36年(1961)に登場したのが汎用特急車の10400系だった。McMcTcTcの4両編成2本が製造され、大阪線と名古屋線に配置された。

　臨機応変に2〜4両の編成が組めること、「ビスタカー」10100系との増結も両数の加減が自在なことなど、運用効率が良いことから「エースカー」の愛称名が与えられた。

　車体は20m車。前面は10100系の貫通型と同じ、側面はdD8D1、扉間は8枚の広窓。座席はシートラジオ付き回転クロスシートだった。

　昭和49年(1974)に車体更新と4両固定編成化、冷房の集約分散型化を行った。名古屋線富吉区に集約され、名伊乙特急で活躍を続け

主要駅に停車する乙特急用に造られた10400系。Mc2連にク1両または2両を増結できる。「エースカー」と呼ばれた
伊勢中川〜伊勢中原　昭和49.1.15　写真:林 基一

たあと、平成4年(1992)に廃車となった。

　下記はモ10400形奇数車のデータ。ク10500形は角カッコで示した。

[データ] 最大寸法:長20,500×幅2,800×高4,150[4,037]mm◆主電動機:三菱MB-3020-D・125kW×4(→三菱MB-3064-AC・145kW×4に換装)・WN◆制御装置:三菱ABFM-178-15MDH◆制動装置:HSC-D[HSC]◆台車:近車KD-41B[41C]◆製造年:昭和36年(1961)◆製造所:近畿車輛

11400系 (新「エースカー」) 大 名 京 橿

ク11501〜11512(Tc) モ11401〜11429(奇Mc)
モ11402〜11430(偶Mc) ク11521〜11523(Tc)

名阪特急・汎用特急の新「エースカー」

　昭和38年(1963)に10400系の改良型として11400系のMcMcTc編成×10本が登場した。モ11400形2両にク11500形を連結した3連を基本とし、必要に応じてMcMc2連での運行ができるようになっていた。続いて昭和40年(1965)に3連×2本、2連×3本を増備、さらに昭和45年(1970)に開催される日本万国博覧会(大阪万博)の輸送に備えて、昭和44年(1969)に増結用ク11520形3両の追加があった。

　編成は3両が基本だが、Tc車の連結・解放により2〜4連も可能で、東海道新幹線開業後の名阪甲特急が不振に陥った昭和40年代には11400形の2連で乗り切った。

　晩年は大阪線、名古屋線のほか京都線、橿原線での運用が増え、最後の奉仕を続けてい

たが、平成5〜9年(1993〜97)に全車廃車となった。

　下記はモ11400形(奇)のデータ。ク11500形は角カッコで示した。

[データ] 最大寸法:長20,500×幅2,800×高4,150[3,915]mm◆主電動機:三菱MB-3064-AC・145kW×4・WN◆制御装置:三菱ABFM-208-15MDHA◆制動装置:HSC-D[HSC]◆台車:近車KD-47[47A]◆製造年:昭和38〜44年(1963〜69)◆製造所:近畿車輛

10400系の改良型、Tc+Mc+Mcの3両編成を基本とした11400系、10編成が新造された
久居〜津新町　昭和48.6.3　写真:林 基一

スナックカーマーク
写真：林 基一

新幹線開業で打撃の名阪輸送の切り札として登場の12000系、Tc-Mcの2両編成で、軽食コーナーを設け、「スナックカー」と呼ばれた　宮町〜伊勢市　昭和47.10.8　写真：林 基一

12000系（旧「スナックカー」）大名

モ12002〜12006・12008〜12010（Mc）
ク12102〜12106・12108〜12110（Tc）
（12001F・12007Fは事故廃車）

標準汎用特急への道を拓いた「スナックカー」

　昭和39年（1964）の東海道新幹線開業後は、ノンストップの名阪甲特急が大打撃を受けていた。その対抗策として魅力のある特急列車を創出する方向に転換した。

　その一つとして、昭和42年（1967）に登場したのが、座席まで食事を運んでくれる車内軽食サービスのスナックコーナーをもち、回転式リクライニングシートを採用した12000系である。

　McTcの2連×10編成が新製投入され、名阪特急に就役した。車体は前面の貫通幌を観音開きの扉で収納するように改めたので、顔立ちがスマートになった。車体断面も裾の絞りを緩やかにして、可能な限りシート幅を拡大した。側窓の幅も11400系より広く取って1,600mmから1,700mmに拡大された。このスタイルが以後の近鉄特急汎用車の基本となり、12600系まで引き継がれる。

　編成は難波方からモ12000形-ク12100形の2連で、Mc車の運転室寄りに軽食サービス基地のスナックコーナーが設置され、調理も行った。機器面は、昭和41年（1966）に登場した京伊特急用18200系と同じ出力180kWの三菱電機製MB-3127-A型電動機が採用された。

　ノンストップの名阪甲特急と、主要駅停車の乙特急でスタートを切ったが、前者は伸び悩みで2連の運用、後者は伸びが著しく、他形式との4連運用が進んだ。

　12000系は事故により4両が早い時期に廃車となっている。昭和44年（1969）8月5日に伊勢中川駅構内の脱線事故で12007Fと、昭和46年（1971）10月25日の大阪線総谷トンネル内で京伊特急との衝突事故で12001Fがそれぞれ廃車となった（見出しの車番参照）。

　昭和58年（1983）からの更新でスナックコーナーを撤去し、車内販売準備室に変わった。12000系はその後も長く後継形式とともに活躍を続けたが、平成11〜12年（1999〜2000）に廃車となった。

　下記はモ12000形のデータ。ク12100形は角カッコで示した。

データ　最大寸法：長20,500×幅2,800×高4,150[3,915]mm　◆主電動機：三菱MB-3127-A・180kW×4・WN◆制御装置：三菱ABFM-254-15MDHA◆制動装置：HSC-D[HSC]◆台車：近車KD-68[68A]◆製造年：昭和42年（1967）◆製造所：近畿車輛

12200系（新「スナックカー」）大名

モ12201〜12256（Mc）
　➡12233〜240・244・247・249〜256
ク12301〜12356（Tc）
　➡12333〜340・344・347・349〜356
モ12029〜12056（M）
　➡12033〜040・044・047・029〜031・052・056
サ12129〜12156（T）
　➡12133〜140・144〜147・029〜031・152・156

「スナックカー」完成型　特急最大勢力に

　12200系は昭和44年（1969）から登場した「ス

ナックカー」12000系の増備車である。翌昭和45年(1970)3月の鳥羽線開通、志摩線改軌完成、難波線の開通、難波〜賢島間特急運転開始、そして万博輸送、観光客の増加と、活況を呈した時期に対応して、12200系は昭和51年(1976)まで増備を続け、計168両が投入された。

近鉄特急車の1系列では最多の両数を記録したが、そのため中間車の車番が収まりきらなくなり、若番に戻る方法がとられた。

12000系の改良型として20編成40両が登場した12200系、その後も増備が続き、近鉄特急最大の166両が建造される　　赤目口〜名張　昭和58.7.30　写真：林 基一

機器面は12000系に準じており、主電動機、制御器、制動装置ともに同じである。

全盛期には2〜6連があり、利用客の多少により臨機応変に編成を組んでいた。スナックコーナーも12000系より拡張されていたが、利用減で昭和44年(1969)製の12221Fから廃止され、シートを増設している。

昭和46年(1971)10月25日の大阪線総谷トンネル内で発生した京伊特急との衝突事故では、12000系の12001Fと併結していた12202F(ともに2連)が大破して廃車になっている。

昭和60〜平成8年(1985〜96)に車体更新が行われ、車内の改装とリクライニングシートをフリーストップ式に改良した。さらに、平成10年(1998)からは2回目の更新が実施されたが、並行して初期車の廃車も進行した。

現在も2連×3本(明星区2、富吉区1)、4連×17本(明星区13、富吉区4)が現役で活躍中である。主に名古屋線用だが、大阪線でも使用される。

それ以外に2連の12217F・12220F・12230F・12231F、4連の12248Fは、15200系新「あおぞらⅡ」に改造された(15200系の項P.52参照)。同じく2連の12341F・12242Fは15400系「かぎろひ」に改造されている(15400系の項P.52参照)。

近鉄の特急車両は平成28年度(2016)から塗装変更が開始されたが、高齢の12200系はその対象から外されている。

下記のデータはモ12200形のもの。ク12300形は角カッコで示した。

データ 最大寸法：長20,500×幅2,800×高4,150[3,915]mm◆主電動機：三菱MB-3127-A・180kW×4・WN◆制御装置：三菱ABFM-254-15MDHA◆制動装置：HSC-D[HSC]◆台車：近車KD-71[71A]◆製造年：昭和44〜51年(1969〜76)◆製造所：近畿車輛

12221F以降はスナックコーナーが設けられなかった。一部は廃車されたが、残った車両は車体更新され現在も働いている
伊勢中川〜伊勢中原　平成22.1.3　写真：林 基一

12400系 大名

| モ12401～12403(Mc) | サ12551～12553(T) |
| モ12451～12453(M) | ク12501～12503(Tc) |

ビスタⅡ世代替として登場の「サニーカー」

　廃車の時期を迎えていた「ビスタカーⅡ世」10100系の代替として、昭和52年(1977)に汎用型12400系の4連×3本が登場した。愛称名は「サニーカー」。

　前面は計画進行中の「ビスタカーⅢ世」30000系と同じデザインとなって丸みを増し、塗り分けラインも変更された。当初から4連として設計されたため、扉の数がMc・T・M車は難波側に1ヵ所、Tc車は2ヵ所となり、扉筒所には仕切りのデッキが設けられた。座席もスライド式リクライニングシートになった。

　機器面は12200系を継承しており、主電動機、制御器も同じである。次の30000系の基になった機能やデザインが多く、昭和53年度の鉄道友の会ブルーリボン賞を受賞している。

　平成9～10年(1997～98)に車体更新が行われ、主に内装更新が行われた。平成21年(2009)から2回目の更新が進んでいるが、ここでは室内更新のほかLED化の推進とク12500形に喫煙室の設置などが目玉となっている。

　新製時から大阪線高安区の配置だったが、現在は明星区に配置されている。

下記はモ12400形のデータ。ク12500形は角カッコで示した。

データ　最大寸法：長20,500[20,800]×幅2,800×高4,150[3,915]mm◆主電動機：三菱MB-3127-A・180kW×4・WN◆制御装置：三菱ABFM-254-15MDHA◆制動装置：HSC-D(HSC)◆台車：近車KD-71F[71G]◆製造年：昭和52年(1977)◆製造所：近畿車輛

12410系 名大

| モ12411～12415(Mc) | サ12561～12565(T) |
| モ12461～12465(M) | ク12511～12515(Tc) |

「サニーカー」増備型 名阪特急再興に貢献

　名阪甲特急は昭和50年代に入ると度重なる国鉄の運賃値上げにより、再び利用客が戻ってきた。それに対応して新造されたのが昭和55年(1980)に登場した「サニーカー」の増備車12410系である。昭和55年にMcMTc×4本が新製されたが、翌56年(1981)にはサ12561を加えた4連で登場、昭和58年(1983)にはさかのぼってT車が全編成に組み込まれ、すべて4連となった。

　性能は12400系に準じており、車体の内外は30000系と共通する仕様になっている。機器の少ないサ12560形は、重心を下げるためユニットクーラーを床下に装備したのが変わった点といえる。

　新製以来、高安区に所属して平成3年(1991)まで名阪甲特急の仕業に就いていた

性能は12200系と同じながら、デザインの見直しなど、次世代特急の方向性を示した12400系
西ノ京～九条　平成28.4.2
写真：福田静二

名阪ノンストップ用として建造された12410系、当初は3両編成、後に4両編成となり、各線区で活躍を続ける
大和西大寺〜新大宮　平成21.3.21　写真：林 基一

が、東花園区に転属し、現在は12415Fが富吉区の所属となり、名伊・名阪乙特急などの仕業に就いている。平成12年(2000)から車体更新が実施され、さらに平成27年(2015)から2回目の更新が進んでいる。

下記はモ12410形のデータ。ク12510形は角カッコで示した。

データ　最大寸法：長20,800[20,500]×幅2,800×高4,150[3,920]mm◆主電動機：三菱MB-3127-A・180kW×4・WN◆制御装置：三菱ABFM-254-15MDHA◆制動装置：HSC-D[HSC]◆台車：近車KD-83[83B]◆製造年：昭和55・58年(1980・83)◆製造所：近畿車輛

12600系 京橿名

| モ12601・12602 (Mc) | サ12751・12752 (T) |
| モ12651・12652 (M) | ク12701・12702 (Tc) |

京奈・京橿特急用から名伊・名阪乙特急に

吊掛け駆動で残っていた京橿特急18000系の置き替え用として、昭和57年(1982)にMcTMTcの4両固定編成×1本が新製された。

車体は12410系に準じているが、T車の床下に架装していたクーラーを屋根上に戻したほか、MG、CPをT車に集めて重量の均等化が図られた。機器面も12410系に準じており、新しい機器の採用はなかった。車内設備も12410形に準じている。

昭和61年(1986)に第2編成が増備されたが、第1編成から3年を経ていたため、電装品に若干の改良と、車内のシートが30000系と同じフリーストップ・リクライニング方式に改良されている。平成14年(2002)に全車の車体更新が行われた。

当形式は西大寺区に配置され、京奈・京橿特急に運用されていたが、平成2年(1990)以降は富吉区に移って名伊・名阪乙特急などで活躍している。

下記はモ12600形のデータ。ク12700形は角カッコで示した。

データ　最大寸法：長20,800[20,500]×幅2,800×高4,150[3,920]mm◆主電動機：三菱MB-3127-A・180kW×4・WN◆制御装置：三菱ABFM-254-15MDHA◆制動装置：HSC-D[HSC]◆台車：近車KD-83[83B]◆製造年：昭和57・61年(1982・86)◆製造所：近畿車輛

京都・橿原線で使用していた18000系の代替建造の12600系、当初から4両編成で建造された
榊原温泉口〜大三　平成22.1.3　写真：林 基一

30000系 大名奈京橿

モ30201～30215(Mc)　　サ30101～30115(T)
サ30151～30165(T)　　モ30251～30265(Mc)

人気のⅢ代目「ビスタカー」

「近鉄のビスタカー」の名は全国的に浸透し、相変わらずの人気を保っていたが、昭和52年(1977)からⅡ代目10100系の廃車が進んでいた。代わって昭和53年度から登場したのがⅢ代目の「ビスタカー」30000系である。

その基本は12400系にあり、30000系では連接方式をやめて、12400系と似たMc車2両の間に2階建てのT車を2両挟んだ20m車の4連となった。その編成は大阪難波・近鉄名古屋方からモ30200-サ30100-サ30150-モ30250形となっており、単独または12200系ほかの2連と連結しての運行となった。

機器面は12200・12400系に準じており、主電動機は三菱電機のMB-3127-A3・180kW×4を電動台車に装備、制御器も三菱のABFM-254-15MDHBである。

目玉の2階席は天井を高く取って、側窓の上部の屋根にかけては飾り窓を設け、階下の客席は極力低位置に設置された。座席は階下席を除き、偏心回転式簡易リクライニングシートが採用された。

完成度の高さが評価され、昭和54年度の鉄道友の会ブルーリボン賞を受賞している。

30000系は昭和53～60年(1978～85)に4次にわたって新製投入された。近鉄の顔として活躍を続けていたが、次世代車両が登場すると見劣りす

2階建て「ビスタカー」のⅢ代目となる30000系、伊勢志摩向け特急に昭和53年から4両固定編成で建造
三本松～赤目口　昭和58.7.31　写真：林 基一

るようになってきた。

そこで平成8～12年(1996～2000)に2階部分を造り替える大規模リニューアルを行い、「ビスタEX」の愛称名で復帰した。平成22年(2010)からは2回目のリニューアルが行われ、階下席をグループ専用席に改装した。

30000系は阪伊・京伊・名伊・名阪甲特急に運用されてきたが、現在は名伊乙・京伊・京奈・京橿、一部名伊甲特急の運用に就いている。所属は全車西大寺区である。

下記はモ30200形のデータ。サ30100形は角カッコで示した。

データ　最大寸法：長20,800[20,500]×幅2,800×高4,150[4,060]mm◆主電動機：三菱MB-3127-A・180kW×4・WN◆制御装置：三菱ABFM-254-15MDHB◆制動装置：HSC-D[HSC]◆台車：近車KD-83[83A]◆製造年：昭和53～60年(1978～85)◆製造所：近畿車輛

平成8年から大掛かりなリニューアル工事が行われ、「ビスタEX」として再デビューした
安堂～河内国分　平成21.9.27
写真：早川昭文

21000系 大名奈 🚆

モ21101～21111(Mc)	モ21201～21211(M)
モ21301～21311(M)	モ21401～21411(M)
モ21701～21703(Mc)	モ21801～21803(Mc)
モ21501～21511(M)	モ21601～21611(Mc)

名阪甲特急復権の象徴「アーバンライナー」

昭和50年代半ば以降、名阪甲特急は急速に回復が進んだ。それに応じて昭和63年(1988)に誕生したのが21000系「アーバンライナー」である。

近鉄の新しいシンボルとなる高品質・快適な特急車両として、新しいデザインが採用され、全車を電動車として120km/h運転に対応していた。先頭車は傾斜を持たせた曲面ガラスの半円型となり、側窓はガラスの外付けによる平滑化がはかられた。塗色もクリスタルホワイトを主体に、20cm幅のフレッシュイエローの帯を、腰羽目の裾に回したものとなった。

編成は6両を基本とし、多客時には付属の2両を増結(挿入)して8連となる。各車両とも従来の特急とは全く異なる内装となり、名古屋方の2両を2・1列座席のゆったりしたデラックスシート車とした(更新後は1両のみ)。レギュラー・デラックス車ともにスライド・フリーストップ式の無段リクライニングシートを備えている。

全電動車としたことにより、主電動機は三

先頭車モ21100形と、切妻型運転室をもつ中間のモ21300形
高安検車区　昭和63.2.9　写真：林 基一

菱電機のMB-3302-A型・125kWとして、制御装置も三菱のABFM-168シリーズを採用している。

平成2年(1990)3月以降の名阪甲特急は21000系のみとなり、基本6連×11本、付属2連×3本となる。21000系は昭和63年度のグッドデザイン賞、日経優秀製品・サービス賞、平成元年度の鉄道友の会ブルーリボン賞を受賞している。

しかし、後続の特急車が急速に進化を遂げて、陳腐化も早く訪れたため、平成14年(2002)に「アーバンライナー next」21020系6連×2本を新製投入したうえで、平成15～17年に2編成ずつ更新が行われた。更新後は愛称名が「アーバンライナー plus」となった。

現在、21000系は名阪甲・乙特急のほか、阪伊・名伊特急も担当している。所属は初期の高安・東花園区から現在は富吉区に集約されている。下記はモ21100形のデータ、21200形

名阪ノンストップの専用特急として新しいコンセプトで製造された「アーバンライナー」、2+1シートのデラックスシート車、レギュラーシート車の2クラス制となった
長谷寺～榛原　平成13.11.17
写真：福田静二

その後に行われた車体更新で「アーバンライナー plus」となった
室生口大野〜三本松　平成26.4.18　写真:福田静二

は角カッコで示した。

データ　最大寸法:長21,200[20,500]×幅2,800×高4,150[4,050]mm◆主電動機:三菱MB-3302-A・125kW×4・WN◆制御装置:三菱ABFM-168-15MDH◆制動装置:HSC-D◆台車:近車KD-97◆製造年:昭和63年(1988)◆製造所:近畿車輛

21020系 大 名

ク21121・21122(Tc)	モ21221・21222(M)
モ21321・21322(M)	サ21421〜21422(T)
モ21521・21522(M)	ク21621〜21622(Tc)

名阪甲特急の増備型「アーバンライナーnext」

平成14〜17年(2002〜05)に施工された21000系の更新工事中の不足分を補うため、平成14年に投入されたのが21020系「アーバンライナーnext」の6連×2本である。

ビジネス特急の性格が強かった21000系に対し、21020系は利用層の変化から女性客と観光客を対象とした柔和なイメージを漂わせて登場した。前面は黒窓の処理によって円やかな顔立ちになり、側窓もピラーをなくして大きな1枚ガラスに変わった。

車内ではデラックスシート車がク21520形1両になり、男女別のトイレと6両編成中の2ヵ所に喫煙コーナー(後に1ヵ所は車販準備室に改装)が設けられた。座席はリクライニングシートの背ずりとの連動で、座面も自由に角度と奥行きが変えられるものとなった。

性能面では三菱電機製の230kW主電動機と三菱のVVVFインバータ制御のMAP-234-15VD102A、ブレーキ装置にはKEB-21A(回生ブレーキ併用、電気指令式)が装備された。

平成15年(2003)には鉄道友の会ブルーリボン賞、日本産業デザイン振興会選定グッドデザイン賞を受賞している。

新製以来、富吉区に所属しており、名阪甲特急を主体に21000系とともに活躍を続けている。下記はモ21200形のデータ。ク21620は角カッコで示した。

データ　最大寸法:長20,500[21,100]×幅2,800×高4,150[4,135]mm◆主電動機:三菱MB-5097・230kW×4・WN◆制御装置:三菱MAP-234-15VD102A◆制動装置:KEBS-21A◆台車:近車KD-314(314A)◆製造年:平成14年(2002)◆製造所:近畿車輛

名阪ノンストップ特急の進化型「アーバンライナー next」の21020系。6両固定編成で、おもてなしの設備を取り入れた
大和高田〜松塚
平成25.1.18　写真:林 基一

22000系 (ACE) 大名奈京橿

モ22101～22128(Mc)
モ22201・202・205～207・210～212・214～220(M)
モ22301・302・305～307・310～312・314～320(M)
モ22401～22428(Mc)

VVVF制御 汎用型特急車の新時代へ

老朽化が進んでいた「エースカー」10400系・11400系の置き替えとして、平成4年(1992)に登場したのが22000系汎用特急車である。高品質デザインの車体と、バリアフリーを導入した車内、VVVFインバータ制御の採用など、新時代の特急にふさわしい車両として登場した。愛称名の「ACE」(エー・シー・イー)は、Advanced Common Expressの略で、汎用特急車の意味をもつ。

前面は在来車との併結が可能な貫通式だが、貫通扉はスイング式の幌カバーとなった。屋根を高くした卵型断面の車体にしたため、室内空間が広くなった。側窓のガラスは外付けの連続窓となり、乗降扉のプラグドアとともに車体側面の凹凸が減っている。

21000系に準じた車内デザインで、座席はバケット型、テーブルは肘掛けから引き出す方式となり、背面にはフットレストを設けた。トイレは洋式に統一するなど、アイデアに満ちた車内を実現している。

機器面では近鉄特急車では初の三菱電機製の「かご型三相交流誘導電動機」MB-5040Aが採用され、大阪線の青山峠越えでも130km/hが可能な性能が確保されている。制御器はGTOサイリスタ型VVVFインバータ方式による三菱電機のMAP-148-15VD102A33を搭載、省エネと経済性が向上した。22000系はデザイン面、技術面の斬新さが認められ、平成4年度のグッドデザイン賞を受賞している。

現在、22000系は明星・富吉・東花園・西大寺区に配置され、大阪・名古屋・奈良・京都・橿原・山田・鳥羽・志摩線を駆け巡っている。

下記はモ22100形のデータ。モ22400形は角カッコで示した。

[データ] 最大寸法:長20,800[20,500]×幅2,800×高4,150[4,135]mm◆主電動機:三菱MB-5040-A・135kW×4・WN◆制御装置:三菱MAP-148-15VD33◆制動装置:KEBS-2◆台車:近車KD-304◆製造年:平成4～6年(1992～94)◆製造所:近畿車輛

特急型車両のスタンダードとして省エネ、省メンテをテーマに製造の22000系、愛称名は「ACE」
三本松～赤目口　平成22.11.28　写真:林 基一

平成28年から全面リニューアルが行われ、特急車として50数年ぶりの塗装変更で、今後、12200系を除く広狭軌すべての汎用特急が変更される
漕代～斎宮　平成28.3.26　写真:福田静二

22600系 (Ace) 大名奈京橿

モ22601・22602　　サ22701〜22702(T)
モ22801・22802(M)　ク22901・22902
22651〜22662(Mc)　22951〜22962(Tc)

22000系汎用型特急車のリファイン増備車

　12200系の代替および22000系ACEの後継型として平成21年(2009)に4連×2本、2連1本が新製投入された。続いて平成22年に2連×11本が増備された。4連2本と2連22651F・22652Fの2本が阪神電鉄乗り入れ対応車で、団体臨時で神戸三宮まで乗り入れる。

　愛称名の「Ace」は、11400系「エースカー」の愛称名後継車でもある。平成22年度の鉄道友の会ローレル賞を受賞している。

　22000系よりも車体の曲面が増え、前面は曲面ガラスの上下を黒色に処理して、かなり鮮烈な印象を与えるデザインとなった。側窓は上下寸法が大きくなって展望が良くなり、軽快感が増した。

　車内は「アーバンライナーnext」21020系のデザインに準じており、改良されたゆりかご式リクライニングシートと、背もたれも50mm高くなってプライベート空間が確保されている。ク22900形には煙の漏れない喫煙室が設けられた。

22600系は阪神電鉄乗り入れ対応車でもあり、団体列車として阪神線も走る　　大石　平成28.1.3　写真:谷口孝志

　22600系はMTの割合が1:1になり、21020系と同じ三菱電機のVVVFインバータ制御器と、三菱のかご型三相交流誘導電動機MB-5097B型・出力230kWを搭載している。

　現在22600系は高安区、西大寺区、明星区、富吉区に配置され、阪伊・名伊・名阪乙・京奈・京橿・近鉄奈良〜神戸三宮間(不定期)などの特急に運用している。

　下記はモ22600形のデータ。ク22900形は角カッコで示した。

　データ　最大寸法:長20,800[20,500]×幅2,790×高4,150[4,135]mm◆主電動機:三菱MB-5097B・230kW×4・WN◆制御装置:三菱MAP-234-15VD102A◆制動装置:KEBS-21A◆台車:近車KD-314B[314C]◆製造年:平成21〜22年(2009〜10)◆製造所:近畿車輛

「ACE」22000系の後継車両の22600系、MT編成となり、基本2両、4両として、旅客需要に応じ、さまざまな編成を組む
三本松〜赤目口
平成24.4.15
写真:林　基一

大阪・京都・名古屋と伊勢志摩方面を結ぶリゾートカー23000系、多様なニーズに対応できるよう、デラックスカー、サロンカー、レギュラーカーの3クラスとなった
美旗～伊賀神戸　平成21.9.25　写真：早川昭文

23000系 大名京

ク23101～23106(Tc)	モ23201～23206(M)
モ23301～23306(M)	モ23401～23406(M)
モ23501～23506(M)	ク23601～23606(Tc)

VVVFリゾート特急「伊勢志摩ライナー」

　近鉄が志摩線沿線の磯部町(現・磯部市)に建設したリゾート施設「志摩スペイン村」の開業に合わせて、大阪・京都・名古屋からのリゾート特急車として、平成5～7年(1993～95)に新製したのが23000系である。6両編成×6本が登場した。

　編成は大阪方から⑥ク23100形(デラックス/パノラマデッキ)＋⑤モ23200形(サロン)＋④モ23300形(レギュラー)＋③モ23400形(同)＋②モ23500形(同)＋①ク23600形(同/パノラマデッキ)となっている。前面は大型曲面ガラスで展望を良くしてあり、車体断面は22000系に準じて天井が高い。側窓は外付けのガラス、扉はプラグ式で凹凸が少ない。登場時の塗色は上半サンシャインイエロー/下半クリスタルホワイト/裾部にアクアブルーの細帯。南欧の太陽の明るいイメージを表していた。

　制御器は三菱電機製のVVVFインバータ制御器で、主電動機は22000系と同じ三菱のMB-5056シリーズを採用している。当形式により近鉄特急では初の130km/h運転を開始した。

　平成24年(2012)から車体更新を開始、クリスタルホワイト地に末尾奇数の編成はサンシャインレッド/アクアブルーの細帯となり、偶数の編成はサンシャインイエロー/コスメオレンジ細帯となった。

　全車が高安区に所属し、阪伊・京伊・名伊特急のほか京奈・阪奈特急にも使用されている。

　下記はモ23200形のデータ。ク23100形は角カッコで示した。

データ　最大寸法：長20,520[20,820]×幅2,800×高4,150[4,135]mm◆主電動機：三菱MB-5056-A・200kW×4・WN◆制御装置：三菱MAP-208-15VD45◆制動装置：K-EBS3◆台車：近車KD-307[307A]◆製造年：平成5～7年(1993～95)◆製造所：近畿車輛

車体更新を行い、奇数編成は上部がサンシャインレッドに塗装変更された
志摩赤崎～船津　平成28.3.26　写真：福田静二

50000系 大名京

ク50101〜50103(Tc)	モ50201〜50203(M)
モ50301〜50303(M)	サ50401〜50403(T)
モ50501〜50503(M)	ク50601〜50603(Tc)

最新の豪華観光特急車として話題のデビューの50000系、3編成は「しまかぜ」限定で、大阪、名古屋、京都から伊勢志摩へ向こう　　近畿車輛工場　平成24.10.26　写真：林 基一

最新の豪華観光特急車「しまかぜ」

　バブル経済の崩壊とマイカーの増加により、平成に入ると次第に伊勢志摩方面への特急利用客が減ってきた。その対策として高品質の特急専用車両の投入が検討され、平成25年(2013)10月の伊勢神宮式年遷宮にも間に合わせるため、平成24年(2012)に50000系特急の6連×2編成が登場した。

　従来の特急車とは一線を画す斬新な車両で、定員を減らし、車内設備は最高水準のものが装備された。当初の運行は大阪難波・近鉄名古屋〜賢島間、平成26年(2014)に2次車の6連1本増備後は京都〜賢島間の運転も開始された。

　編成と主な設備は、ク50100形(ハイデッカー・本革仕様プレミアム座席・前面展望)＋モ50200形(プレミアム座席・女性用化粧室)＋モ50300形(サロン・和洋個室・女性用化粧室)＋サ50400形(ダブルデッカー・カフェ)＋モ50500形(プレミアム座席・多目的型トイレ・女性用化粧室)＋ク50600形(ク50100形と同じ)。観光特急専用車両として、これらの設備を整えて"おもてなし"の心を表している。鉄道友の会から平成26年度のブルーリボン賞を受賞している。

　車体の塗色はクリスタルホワイトとファインブルー。塗

り分けラインで巧みにハイデッカー部分を引き立てている。前面は6枚に分割された窓ガラスで、非常時には中央のガラスを跳ね上げると避難口になる。

　性能面は主電動機が三菱電機製の230kW×4個を電動車に装備、130km/h運転を支えている。制御器も三菱のVVVFインバータ制御のMAP-234形シリーズを採用、制動装置は回生ブレーキ併用の電気指令式KEBS-21A型となっている。

　所属はすべて高安区。運用は「しまかぜ」限定で、他の特急運用はない。運転開始以来、好評が続き、指定券の入手が難しいときも多い。

　下記のデータはモ50200形のもの。ク50100形は角カッコで示した。

［データ］最大寸法：長20,500[21,600]×幅2,800×高4,150[4,140]㎜◆主電動機：三菱MB-5097-B2・230kW×4・WN◆制御装置：三菱MAP-234-15VD102B◆制動装置：KEBS-21A◆台車：近車KD-320[320A]◆製造年：平成24〜26年(2012〜14)◆製造所：近畿車輛

50000系はお召列車にも指定され、奈良県下の神武天皇二千六百年祭での行幸啓では京都線、橿原線を第3編成が走った
西ノ京〜九条
平成28.4.2
写真：福田静二

❷ 奈良・京都線系統の特急と京伊特急

680系 京橿

奈良電デハボ1201・1202 ➡ モ681・682
デハボ1352・1353 ➡ ク581・582

車両限界により旧性能の中型車でスタート

昭和39年(1964)の東海道新幹線開通後は、名古屋・京都から近鉄への誘客をはかり、特急の増発と新設を進めていった。その一つが昭和38年に合併した奈良電気鉄道改め近鉄京都線と橿原線を結び橿原神宮前で吉野線に連絡する「京橿特急」の新設だった。

しかし、旧奈良電の橿原線は600Vで車両限界が小さく、20m級特急電車は入線できなかった。そこで旧奈良電が保有していた昭和29年(1954)製で車体幅の狭い中型高性能車・デハボ1200形2両と、昭和32年製のデハボ1350形(同型車体の旧性能車)2両をTc化し、特急仕様のモ681+ク691、モ682+ク692の2連2組に改造して、昭和39年(1964)に登場させた。

昭和44年(1969)の奈良・京都・橿原線の1500V昇圧後は出力アップも行い、好評のうちに運行を続けた。本格的な狭幅特急車体をもつ18000・18200・18400系の登場により、昭和49年(1974)に名古屋線の団体専用車になり、昭和50年(1975)に格下げされて志摩線ローカル用となる。昭和61年(1986)に廃車となった(奈良・京都線一般型車両の項P.76参照)。

京都〜橿原神宮前の特急新設に際し、旧奈良電車両を改造して生まれた680系
桃山御陵前〜小倉　昭和39.11.27　写真・高橋 弘

以下はモ680形のデータ。ク690形は角カッコで示した(McTcともにパンタを装備)。

データ　最大寸法：長18,140×幅2,650×高4,120mm◆主電動機：三菱MB-3020-A・110kW×4・WN◆制御装置：三菱ABFM-154-6EDA◆制動装置：三菱AMA-RD[ACA]◆台車：近車KD-41U[54A]◆製造年：昭和29・32年(1954・57)◆製造所：ナニワ工機

683系 京橿

奈良電デハボ1351 ➡ モ683
クハボ602 ➡ ク581(初代) ➡ モ684
クハボ603 ➡ ク582(初代) ➡ ク583

京橿特急に旧性能の予備特急が登場

京橿特急は予想外の伸びを見せ、増発予備の編成が必要になった。680形への改造から除外されていたデハボ1351と、旧奈良電クハボ600形を改番したク580形581・582(初代)を組

予備特急として旧奈良電車車両を塗り変えただけの683系、非冷房、一部はロングシートだった
上鳥羽口〜竹田　昭和39.11.26　写真・高橋 弘

み合わせ、京都側からモ683+ク583+モ684の3連1本を用意した。

予備特急のため非冷房とし、座席も転換式だったが、3両とも680系にならって張上げ屋根に改装された。

昭和40年(1965)3月の吉野特急運転開始により京橿特急は1時間ヘッドになり、この予備編成も定期運用に就いた。そのため「予備車の予備」が必要になり、モ671+672(旧奈良電デハボ1101+1102)がその任に就いた。

京都・橿原線には京伊特急の18200

系、18400系が登場し、昭和48年(1973)に車両限界も拡幅されたので、683系は昭和51年(1976)にモ684・ク583が廃車となった。残ったモ683はTc化のうえ鮮魚列車のク1322に改番、さらにク502となっていたが、平成元年(1989)に廃車となった(「大阪線の鮮魚列車」の項P.219参照)。

データはモ683のもの。生い立ちの異なるク583は角カッコで示した。

◆データ◆ 最大寸法:長18,140[18,640]×幅2,650[2,552]×高4,120[3,817]㎜◆主電動機:東洋TDK520-S・75kW×4・吊掛◆制御装置:東洋ES155A◆制動装置:AMM[ACA]◆台車:近車KD-54[住友KS-33L]◆製造年:昭和32年(1957)[昭和15年]◆製造所:ナニワ工機[梅鉢車輛]

18000系 京橿

モ18001・18002
モ18003・18004

旧600系の機器を再用した車体新造特急

京橿特急の利用客増加に対応して昭和40〜41年(1965〜66)に登場したのが18000系2連×2本である。京都線・橿原線の車両限界が小さいため、車体幅の狭い18m中型車として製造された。機器類は旧600形からの流用だったので、旧性能の吊掛け駆動車となった。

車体は同じ頃製造された南大阪線の16000系を狭幅・短縮化したスタイルで、車内は狭いながらも転換クロスシート、冷房完備と

京都〜橿原神宮前の特急増発で誕生の18000系、車体は新造だが、電装品は流用
橿原神宮前 昭和45.6.7 写真:林 基一

なっていた。電装品は旧600形からの転用品が使われていたが、台車はKD型になっていた。改造グループの680・683系とともに京奈・京橿特急で活躍を続けた。

昭和48年(1973)に橿原線の建築限界拡大工事が竣工すると、20m級2.8m幅の大型車も橿原線への入線が可能となった。18000系は予備車となり、団体輸送と臨時特急に当たっていたが、昭和57年(1982)に廃車となった。

下記のデータはモ18000形奇・偶数車のもの。

◆データ◆ 最大寸法:長18,640×幅2,670×高3,906㎜◆主電動機:三菱MB-213-AF・140kW×4・吊掛◆制御装置:三菱HLF→昇圧後AB-194-15H◆制動装置:AMA-R◆台車:近車KD-55/59◆製造年:昭和40〜41年(1965〜66)◆製造所:近畿車輛

18200系 京伊

モ18201〜18205(Mc) ク18301〜18305(Tc)

狭幅+高性能+複電圧装置の18m新造車

京伊特急用として昭和41年(1966)に登場した高性能の18m級特急車である。京都・橿原線がまだ600V、橿原線の車両限界拡幅前だったので車体幅は狭幅、大阪線の1500V区間を走るため複電圧装置を装備していた。

性能面では大出力の三菱電機製MB-3127-A・180kWを装備していたので、見出しのようにTc車を従えての高速運転が可能だった。

車体は18000系を基本としているが、パンタ取り付け部分の低屋根化のほかはこの時期の標準的装備となっている。狭幅車ながらの優れた設計・デザインにより、昭和42年度の鉄道友の会ブルーリボン賞を受賞している。

大和八木で大阪線の列車と併結する京伊特急や、凋落期の名阪甲特急などで活躍していたが、昭和48年(1973)に橿原線の限界拡張が完成すると20m級の特急車が入線するようになったのと、後続車両との格差が目立つようになり、平成元年(1989)

電圧の異なる区間を直通するため複電圧車となった18200系。朝の奈良線10連特急の最後部を務める
八戸ノ里　昭和58.7.29　写真：林 基一

に団体専用の「あおぞらⅡ」に改造された（以下は「あおぞらⅡ」の項P.52参照）。

下記は特急時代のモ18200形のデータ。ク18300形は角カッコで示した。

データ　最大寸法：長18,640×幅2,670×高3,900mm◆主電動機：三菱MB-3127-A・180kW×4・WN◆制御装置：三菱ABFM-254-15MDH◆制動装置：HSC-D[HSC]◆台車：近車KD-63[63A]◆製造年：昭和41〜42年（1966〜67）◆製造所：近畿車輛

18400系　京伊

モ18401〜18410（Mc）　ク18501〜18510（Tc）

狭幅特急車の決定版　20m車で登場

鳥羽線開業、志摩線改軌により京伊特急の増発用として昭和44年（1969）に登場した狭幅特急車両である。車体は狭幅車初の20m車となり、昭和47年までにMcTcの2連×10本が新製投入された。車体と車内設備は同期生の12200系に準じており、18408Fまでスナックコーナーが設けられていた。そのため愛称名は通称"ミニスナックカー"となった。

機器面は18200系に準じていて、主電動機、制御装置、制動装置も同じである。

京伊特急、名阪特急などで活躍したが、昭和51年（1976）からスナックコーナーが撤去され、昭和59年（1984）以降車体更新が行われた。更新が行われなかった18409Fは平成9年（1997）に「あおぞらⅡ」に改造された（その後は「あおぞらⅡ」の項P.52を参照）。その他の編成は廃車が進み、平成12年（2000）までに全廃となった。

下記はモ18400形のデータ。ク18500形は角カッコで示した。

データ　最大寸法：長20,640×幅2,670×高4,150mm◆主電動機：三菱MB-3127-A・180kW×4・WN◆制御装置：三菱ABFM-254-15MDH/MDHC◆制動装置：HSC-D[HSC]◆台車：近車KD-63D[63E]◆製造年：昭和44〜47年（1969〜72）◆製造所：近畿車輛

京都〜伊勢方面の特急増発用に新造の18400系、12000系と同様のスナックコーナーが設けられた　　興戸〜三木山　昭和58.7.22　写真：林 基一

オール2階建て電車「あおぞら」、3両編成5本が製造された　長谷寺〜榛原　昭和51.1.31　写真：林 基一

③ 団体専用特急

20100系「あおぞら」 大 名

モ20101〜20105（Mc）　サ20201〜20205（T）
モ20301〜20305（Mc）

オール2階の修学旅行・団体専用車「あおぞら」

昭和37年（1962）に、小学生の修学旅行のためのオール2階建て電車「あおぞら」が登場した。McTMcの3両編成×5本が製造され、第1〜3編成が大阪線、第4・5編成が名古屋線に配置された。オール2階建てという新鮮なアイデアと設計技術により、昭和38年度の鉄道友の会ブルーリボン賞を受賞している。

各車2扉で、扉間が2階建て、扉と車端部は平床である。中間T車は1階を機械室に当て、トイレが2ヵ所設置されている。座席は1列3人掛け・2人掛けのボックスシートで着席数を増やしている（2階の階段付近はロングシート）。スペースの関係で冷房装置はなく、機器類は当時の大阪線一般車1480系に準じていた。塗色はクリーム／赤のライン3本で、「あおぞら」のイメージ作りに貢献した。

大阪・名古屋方面から伊勢志摩方面への修学旅行のほか、一般団体客用や高校野球応援団輸送、天理への「臨レ」などにも活用され、6両編成での使用も多かった。

しかし、非冷房だったのと、修学旅行も特急やL/Cカーを利用する時代になり、「あおぞら」の需要は減少した。平成元年（1989）に「あおぞらⅡ」にバトンタッチして廃車が始まり、最後まで残った第1編成も平成6年（1994）1月に廃車となった。

下記はモ20100形のデータ。中間車のサ20200形は角カッコで示した。

データ 最大寸法：長20,700×幅2,800×高4,065[4,150]mm◆主電動機：三菱MB-3020-D・125kW×4・WN◆制御装置：三菱ABFM-178-15MDH◆制動装置：HSC-D[HSC]◆台車：近車KD-43[43A]◆製造年：昭和37年（1962）◆製造所：近畿車輛

伊勢志摩方面の修学旅行のほか、臨時列車、団体輸送に多く使われた　榛原　昭和50.10.25　写真：林 基一

20000系「楽」（4両固定編成）大 名 奈 京 橿

ク20101＋モ20201＋モ20251＋ク20151

団体旅行の個性化・多様化に応えた「楽」

初代「あおぞら」20100系の代替として平成2年（1990）に登場した4連1本の団体専用車である。背の高いハイデッカー車で、両端のTc車は一部ダブルデッカー（2階建て）になっ

ハイデッカー車の20000系「楽」、4両固定編成の団体専用車　　三本松〜赤目口　平成22.12.18　写真：林 基一

ている。「楽」とはRomantic Journey, Artistic Sophistication, Kind Hospitality, Unbilievable！の略である。

車体に記された「楽」のロゴは、沿線に居住し、近鉄提供番組「真珠の小箱」でも題字や出演で縁の深かった書家・作家の榊莫山(1926〜2010)の揮毫によるものである。

塗色は鮮烈で、上半(側窓を含む上部)がイエロー/下半がホワイト/その境界線にブラウンの細線というもの。前面は貫通扉付きの曲面ガラスで、屋根までの高い窓が車内からの展望を良くしている。

各号車の配分は大阪上本町方から、①ク20100形(ダブルデッカー・階下サロン・座席から前面展望)+②モ20200形(ハイデッカー)+③モ20250形(ハイデッカー)+④ク20150形(①と同じ)。

床面はすべてカーペットで、シートは転換クロスシート(展望席は固定シート)、照明はLEDの間接照明である。

機器面では特急系に実績のある三菱電機の電動機MB-3127・180kWのシリーズ、制御器も三菱のABFM-254シリーズが採用されている。就役後は特急料金不要、貸切料金のみでの運行を続けている。

下記はモ20200形のデータ。ク20100形は角カッコで示した。

データ　最大寸法：長20,720[20,960]×幅2,800×高4,150[4,140]㎜◆主電動機：三菱MB-3127-B・180kW×4・WN◆制御装置：三菱ABFM-254-15MDHE◆制動装置：HSC-D[HSC]◆台車：近車KD-100[100A]◆製造年：平成2年(1990)◆製造所：近畿車輛

18200系「あおぞらⅡ」　(4連×2本・2連×1本) 大 名

ク18301+モ18251+サ18351+モ18201
ク18302+モ18252+サ18352+モ18202
ク18303+モ18203

狭幅特急車18200系改の団体用「あおぞらⅡ」

平成元年(1989)に京都線・橿原線での特急仕業を終えた18200系を、団体専用車20100系の後継車「あおぞらⅡ」に改造したものである。

2連×5本を4連×2本・2連×1本に改造し、中間に来る運転台は撤去された。主に車内のリニューアルが行われ、シート、化粧板が張り替えられた。塗色はホワイト/窓回りスカイブルーとなる。

平成9年(1997)に狭幅・20m車の18400系18409Fも「あおぞらⅡ」に改造編入されて団体専用車も充実してきたが、平成17年(2005)に20m車の12200系を改造した15200系「新あおぞらⅡ」が登場して、18200系は平成18年(2006)までに廃車となった。

18200系を団体専用車に改造した「あおぞらⅡ」
大和朝倉　平成14.11.4　写真：福田静二

18400系「あおぞらⅡ」 ク18301＋モ18251 大名奈京橿

（2連×1本）

狭幅特急車18400系改の「あおぞらⅡ」

　特急車18400系のページで記したように、未更新のモ18409＋ク18509が「あおぞらⅡ」に改造されて、18200系とともに活躍を続けた。しかし、平成17年（2005）に12200系から改造された15200系「新あおぞらⅡ」が登場して、18200系は平成18年までに廃車となり、18409Fは増結用として残ったが、12200系の追加改造編入があり、平成25年（2013）に引退した。最後には旧特急カラーに復元され、お別れイベントなどで走行してから同年12月に廃車となった。

12200系を「あおぞらⅡ」に改造、復刻塗装のクリーム・赤の塗装車両も加わる　大和八木　平成25.11.23　写真：福田静二

15201F・15202Fが引退し、代替として12243F・12248Fを15205F・15206Fとして編入した。見出しはその結果としての現在の在籍車である。所属は15205F・15203Fが東花園区、その他が明星区である。

旧特急カラーに復刻されてお別れイベントで最後を飾る18400系「あおぞらⅡ」　青山町　平成25.11.23　写真：福田静二

15200系「あおぞらⅡ」 大名奈京橿

| モ15203＋ク15103 | モ15204＋ク15104 |
| モ15205＋サ15155＋モ15255＋ク15105 |
| モ15206＋サ15156＋モ15256＋ク15106 |

「スナックカー」の一員が団体専用15200系に

　18200系の「あおぞらⅡ」が老朽化してきたため、後継車として平成17～18年（2005～06）に20m車の12200系2連、4連の一部編成を「あおぞらⅡ」に改造して編入した。内装を補修、塗色を変更のうえ形式は15200系となる。

　平成25年（2013）に12231Fが20100系復刻塗装のクリーム／赤の装いで15204Fとして加わり、平成26年（2014）には老朽化した4連の

15400系「かぎろひ」 （2連×2本） 大名奈京橿

モ15401＋ク15301　　モ15402＋ク15302

「クラブツーリズム専用列車」15400系

　近鉄系の旅行会社・クラブツーリズム主催のツアーに使用する専用列車として、平成23年（2011）12月に12200系の12241F・12242Fを改造して登場した。

　外観は、濃緑に金色のラインを入れたもので、側面腰羽目には「クラブツーリズム」のロゴが入っている。

　車内はカーペット敷きとなり、バス並みに定員を減らしてオーディオ設備、バーカウンター、フリースペース、荷物置き場のスペースなどを設けてある。運行は原則として当形式単独の2連、4連。所属は明星区である。

12200系改造の「かぎろひ」は近鉄系のクラブツーリズムの専用車　安堂～河内国分　平成27.10.31　写真：福田静二

2 南大阪線系統

モニ6231形 ⇒ クニ5421形 ⇒ モ5820形
クニ5421～5424 ➡ モ5821～5824

吉野特急として登場した旧伊勢電車両

旧伊勢電が昭和5年(1930)に新製投入した急行用のモハニ231形12両が参急合併、関急改番でモニ6231形になり、戦後の昭和33年(1958)にモ6441形に電装品を譲ってクニ6481形・5421形になった。その中で伊勢線・養老線で使用されていたクニ5421～5424を昭和35年(1960)に南大阪・吉野線の特急用に改造したのが5820形4両(MM×2本)である。

旧車の窓割り1①1D9D2をd2D9D2に改めて(①は荷物用扉)、オール転換クロスシート、オレンジ/紺の特急カラーに改装のうえ、初の特急車両としてお目見えした。不定期の有料特急「かもしか」として2連ずつ2列車で使用されていたが、利用状況が低迷し、昭和36年(1961)に料金不要の快速に格下げとなる。

昭和40年(1965)に16000系特急車が登場してからは予備的存在になり、昭和45年(1970)に養老線へ転属した(以下養老線の項P.210参照)。

下記は南大阪線時代の5820形奇数車のデータに養老線転属後のデータを矢印で加えたもの。偶数車は角カッコで示した。

データ 最大寸法:長17,860×幅2,743×高4,186[4,058]mm◆主電動機:米国WH-556-J6・75kW(→WH-586-JPS・127kW)×4・吊掛◆制御装置:日立MMC-HT-10A◆制動装置:AMA◆台車:日車D-16B(→川崎BW型)◆製造年:昭和5年(1930)◆製造所:日本車輌◆(改造:昭和35、自社)

16000系

モ16007+ク16107　モ16009+ク16109
モ16008+サ16151+モ16051+ク16108

南大阪・吉野線初の本格的特急専用車

昭和39年(1964)の東海道新幹線の開通に併せて新設した京奈特急と京橿特急は予想外の伸びを見せ、橿原神宮前で連絡する南大阪・吉野線の特急運転を望む声が高まってきた。

それに応えて昭和40年(1965)に南大阪・吉野線に登場したのが16000系特急車である。

モ16000-ク16100形の2連で、昭和45年(1970)までに2連×7本が出揃った。さらに昭和49年にはMcTMTc編成の4連版16008Fが1本増備され、昭和52年(1977)登場の2連・16009Fをもって製造が終わった。

16000系の機器面は一般車の6900系(後の6000系)に準じており、車体も一般車のラインデリア装備車に似た屋根の低いスタイルが採用され、車内設計は大阪線の11400系をモデルとしている。

昭和60年(1985)から車体更新が行われ、

南大阪線の快速「かもしか」を特急専用車で運転することになり、旧伊勢電のクニ5420を電装改造して、5820形が誕生した
吉野　写真提供:近畿日本鉄道

南大阪線で初めて特急専用車として新造された16000系
吉野口〜薬水　平成22.7.18
写真：林 基一

リクライニングシート化、デッキの新設などが行われた。さらに平成19年(2007)以降、在籍車に2回目の更新が行われている。

その一方で16001F・16002Fが平成9年(1997)に廃車となり、大井川鐵道へ譲渡された。続いて平成14年(2002)に16003Fも大井川へ譲渡された。その後平成17年に16004F、平成25年(2013)に16005F・16006Fが廃車となっている。

下記はモ16000形のデータ。ク16100は角カッコで示した(ともに現存車)。

> データ　最大寸法：長20,500×幅2,740×高3,840[3,795]mm◆主電動機：三菱MB-3082-A・135kW×4・WN◆制御装置：日立MMC-HTB-10C◆制動装置：HSC-D[HSC]◆台車：近車KD-69/69B[69A/69C]◆製造年：昭和40〜52年(1965〜77)◆製造所：近畿車輛

16010系

モ16011＋ク16111　(2連1本)

増備車は大阪線12410系そっくり

昭和56年(1981)に増備車として16010系2両編成1本が新製投入された。モデルチェンジされて大阪線の12410系に類似した車体となった。しかし機器面は16000系と同じ電動機、制御器で、併結運転が最初から考慮されていた。前面の貫通扉の幌にはカバーが付いたが、塗り分け線は16000系と同じになって

いる。

平成13年(2001)に車体更新が行われ、このときにデッキが新設され、Mc車の乗降扉を廃止、車端部の車内販売準備室が撤去されている。平成26年(2014)に2回目の更新が行われ、ク61111の運転室後部のデッキ隣に喫煙室が設置された。当形式は少数のため、単独2連または16000系との併結運転が行われている。

下記はモ16010形のデータ。ク16110形は角カッコで示した。

> データ　最大寸法：長20,500×幅2,740×高4,150[3,876]mm◆主電動機：三菱MB-3082-A・135kW×4・WN◆制御装置：日立MMC-HTB-10F◆制動装置：HSC-D[HSC]◆台車：近車KD-89[89A]◆製造年：昭和56年(1981)◆製造所：近畿車輛

16010系は、16000系の増備車で、2連1本のみ
二上山〜二上神社口　平成24.11.12　写真：林 基一

吉野特急25周年に、新しいシンボルカーとして誕生の26000系「さくらライナー」、飛鳥・吉野方面の観光用として、前面の展望性を高める
大和上市
平成22.7.10
写真：林 基一

26000系 （4連×2本）

| モ26101・26102(Mc) | モ26201・26202(M) |
| モ26301・26302(M) | モ26401・26402(Mc) |

アーバンライナーの吉野版「さくらライナー」

　吉野特急が25周年を迎えた平成2年（1990）に登場した高品質の特急車両である。「アーバンライナー」21000系に準じたデザインながらも、吉野の観光特急にふさわしい優雅さが強調された列車の誕生となった。

　編成はオール電動車の4連×2本で、主な仕様は21000系に準じているが、観光特急らしく前面の流線型はゆるやかである。側窓は凹凸のない外付け式連続窓で展望に適し、上下寸法も拡大されている。塗装は白地に窓回り薄墨色、車体裾部は粘着テープによる萌黄色5段のグラデーションとし、最下段は緑の塗装とした。

　平成23年（2011）にリニューアル工事が行われ、車体裾部のグラデーションがピンク色に、前面窓回りが黒色に変更された。中間車の26200形を1・2人掛けのデラックスカーに変更し、吉野産の檜、手漉き和紙を用いて吉野の雰囲気を盛り上げている。レギュラー車もゆりかご型リクライニングシートにな

り、26100形には喫煙室が設けられた。

　機器面では、全電動車編成のため三菱電機の電動機MB-3308-A・95kWを各車に4個ずつ搭載している。制御器は南大阪線伝統の日立製で、MMC-HTB-20U型を搭載し、1C8M制御を行っている。

　26000系は平成2年度のグッドデザイン賞を受賞しており、人気のある列車として今日も活躍を続けている。下記はモ26100形のデータ。中間車モ26200形は角カッコで示した。

[データ] 最大寸法：長20,700[20,500]×幅2,800×高4,150[4,050]㎜◆主電動機：三菱MB-3308-A・95kW×4・WN◆制御装置：日立MMC-HTB-20U◆制動装置：HSC-D◆台車：近車KD-99◆製造年：平成2年（1990）◆製造所：近畿車輛

平成23年からリニューアル工事が行われ、外部塗装も、さくら色に変更された
坊城～橿原神宮西口　平成25.1.2　写真：林 基一

16400系 (2連×2本)

モ16401＋ク16501　　モ16402＋ク16502

汎用特急「ACE」の南大阪・吉野線版

　標準軌(広軌)線用汎用特急22000系「ACE」の狭軌版、南大阪・吉野線用として平成8年(1996)に16400系のMcTc2連×2本が登場した。車体は22000系に準じており、南大阪線区の特急車両としては初めてVVVFインバータ制御を採用した系列となった。線区の性格からオール電動車ではなく、McTcの編成となっている。2連、4連での運用が多いため、1C2M制御の2群構成となっている。

16400系は汎用特急22000系の南大阪線版として登場
　　二上山〜二上神社口　平成14.6.9　写真：福田静二

　車内も22000系と共通設計で、平成27年(2015)に16401Fの更新が行われ、内装の一部改装と、モ16400形の運転台側デッキ隣に喫煙室が設置された。当系列は計4両で終わり、後続車は16600系に移行した。下記はモ16400形のデータ。ク16500形は角カッコに示した。

◆データ◆　最大寸法：長20,800[20,500]×幅2,800×高4,150[4,135]㎜◆主電動機：三菱MB-5071-A・160kW×4・WN◆制御装置：日立VHI-HD◆制動装置：KEBS-2◆台車：近車KD-310[310A]◆製造年：平成8年(1996)◆製造所：近畿車輛

16600系 (2連×2本)

モ16601＋ク16701　　モ16602＋ク16702

22600系「Ace」の南大阪・吉野線版

　標準軌線用の新型汎用特急車22600系「Ace」の狭軌版として、平成22年(2010)に16600系の2連×2本が南大阪線区に登場した。

22600系「Ace」の南大阪線版として誕生した16600系、こちらも2両編成2本　　今川　平成24.10.25　写真：林 基一

次世代の汎用特急車にふさわしく、随所に新鮮なアイデアが見られる。16400系に比べ車体の丸みが強くなり、特に前面の曲面ガラスと窓回りの黒色処理が強烈な印象を与えるものとなった。座席はシートピッチが1,050㎜に拡大され、21020系と同じゆったりしたゆりかご型シートになった。

　機器面では電動機が三菱電機製、制御器は狭軌線の「シリーズ21」6820系に準じた日立製の1C2M方式のVVVFインバータ制御装置で、単独の2連、4連運用のほか、16000系との併結も多い。下記はモ16600形のデータ。ク16700形は角カッコで示した。

◆データ◆　最大寸法：長20,800[20,500]×幅2,800×高4,150[4,135]㎜◆主電動機：三菱MB-5137-A・185kW×4・WN◆制御装置：日立VFI-HR-2420F◆制動装置：KEBS-21A◆台車：近車KD-316[316A]◆製造年：平成22年(2010)◆製造所：近畿車輛

16200系 (3連×1本)

モ16201＋モ16251＋ク16301

上質な旅を演出する新特急「青の交響曲(シンフォニー)」

　平成28年(2016)9月に運転開始した最新の特急車両。車体は6200系の6221Fを改造したもので、見出しの左からみて1号車・3号車が1・2列シートのDX(デラックス)座席車、中央の2号車が本革イスを配したラウンジとなっており、車内には吉野産の木材や紙が使われている。塗色は濃紺/金帯。運行は水曜を除く毎日4便、イベント、貸切にも使用する(写真はP.14、データはP.198の6200系の項を参照)。

ターミナル駅を訪ねる

きんてつあらかると

堂々の宇治山田駅、「近鉄」の広告塔も誇らしげ　平成25.8.7

営業路線の長い近鉄には特徴のある駅も多い。ターミナルでは大阪上本町、大阪阿部野橋、近鉄奈良、宇治山田、近鉄名古屋駅がよく引き合いに出される。

大阪上本町駅は近鉄発祥の地であり、近鉄の本社、中枢部門、関連企業が集まる大ターミナルだが、難波線の開通後は半ば中間駅化して"静かなターミナル"の印象を強めている。近鉄百貨店上本町店もあり、乗降客は1日約7万4千人。ホーム

大阪方のターミナル大阪上本町駅（上）、日本一の「あべのハルカス」がそびえる大阪阿部野橋駅　平成28.8

は地上が7面6線、地下が2面2線である。

大阪市内では旧大阪鉄道引き継ぎの**大阪阿部野橋駅**が、近鉄百貨店とともに地の利を得て大ターミナルになっている。関西急行鉄道時代の昭和18年（1943）から昭和44年（1969）まで、近鉄本社も阿部野橋に置かれていた。現在は地上60階、高さ300mの「あべのハルカス・

近鉄本店」と、南大阪線の駅が一体となって、1日約16万人の乗降がある。櫛型の6面5線で地上ホームは利用しやすい。

近鉄奈良駅は大阪電気軌道奈良線開通の大正3年（1914）の開業で、昭和44年（1969）に地下駅化した。市の中心部にある駅の上には奈良近鉄ビルがそびえ、駅前からは系列の奈良交通バスが、奈良市一帯に四通八達している。1日の乗降客は約5万4千人。

宇治山田駅は昭和6年（1931）年に完成した旧参宮急行電鉄の伊勢側の近代的なターミナルで、設計は東武浅草駅、南海難波駅を設計した建築家の久野節である。高架式3面4線、鳥羽線開通後は中間駅の構造となったが、大阪・名古屋線からの列車の多くが当駅で折り返し、天皇、総理大臣をはじめ貴賓の利用が多く、ターミナルとしての性格は失われていない。1日の乗降客は約6,700人。国の登録有形文化財に指定されている。

東のターミナル・**近鉄名古屋駅**は地下駅のためあまり目立たないが、昭和13年（1938）の開設で、隣の地下駅・名鉄名古屋駅（昭和16年開業）よりも古い。拡張されて現在は櫛型の4面5線。名古屋線が狭軌の時代には名鉄と線路がつながっていて、昭和20年代半ばには団体列車の相互直通運転が行われていた。

東のターミナル、4面5線の近鉄名古屋駅　平成28.3.25

多くの観光客を近鉄線に迎える**京都駅**（新幹線ホーム真下・ホテル近鉄京都駅直下、4面4線）と、阪神電鉄との相互直通運転で利便性を増した**大阪難波駅**（地下駅、2面3線）も近鉄の重要なターミナルである。名阪・名伊特急のほとんどが大阪難波駅発着である。

（写真：福田静二）

乗換駅を見る（ジャンクション）

きんてつ あらかると

利用客トップの鶴橋駅、特急の発着も多い　　平成28.5.2

　近鉄の広大なネットワークの中には、自社線同士、他社線との巨大な乗換駅があるが、利用者数からいえばトップの座にあるのが大阪・奈良線の**鶴橋駅**である。1日の平均乗降数は約15万5000人、JR大阪環状線との乗り換えのほか、全列車が停車するため大阪・奈良線相互間の乗り換えも当駅では同一ホームで可能であり、都心部のターミナル分散化に寄与している。ホームは2面4線、終日混雑している。

　次が**大和西大寺駅**。奈良線・京都線・橿原線の乗換駅で、平面交差しているのと、西大寺検車区の出入庫車が交錯するので、終日にわたって3面5線のホームで神業的な列車捌きが

3線が平面交差する大和西大寺駅　　平成25.5.17

広軌線と狭軌線が出合う橿原神宮前駅　　平成28.4.2

行われている。そのため、接続は便利で、ホームには常に電車の姿がある。乗降客は1日平均4万6千人。駅舎は橋上駅化されており、改札の外には商業施設が並んでいる。

　橿原神宮前駅は標準軌（広軌）の橿原線と狭軌の南大阪・吉野線の接続駅で、もともと会社が違っていたためホームは離れている。しかし連絡通路は広く、駅ナカの飲食店や書店もあるので、ちょっとしたターミナル風景も見せている。橿原線が1〜3番線、南大阪・吉野線が4〜7番線と「八の字」型に分かれているが、1番線と同じホーム向かい側の8番線は狭軌で、天皇の行幸や団体輸送の際の吉野線車両への乗り換えと、吉野線列車の留置に使われる。

狭軌線時代から乗り換えの妙が見られた伊勢中川駅　　平成14.1.4

　大阪線と名古屋線が合流・分岐する**伊勢中川駅**も近鉄の代表的な乗換駅の一つ。構内の短絡線開通後は名阪甲・乙特急は当駅を経由しなくなったが、阪伊・名伊特急と急行は当駅に停車する。ホームは5面6線の広壮なもので、どの番線からも大阪・名古屋・賢島方面への発着が可能な構造になっている。

　他社線と一体化した味のある乗換駅として、吉野線の吉野口駅（⇒JR和歌山線）がよく話の種になるが、最も簡素な乗換駅としては名古屋線の**近鉄富田駅**がある。2面3線のうち西端の1線が三岐鉄道連絡線（旅客電車）の起点で、1067mm軌間の三岐線の単線が近鉄名古屋線の1435mm軌間の複線と並んでホームを出て行く。三岐線の車両は西武鉄道からの譲受車ばかりなので、ここでは東西の私鉄車両が同じホームで日常的に顔を合わせる光景が見られる。

（写真：福田静二）

近鉄電車のすべて　一般型車両①
奈良線・京都線系統

近鉄電車のルーツとなるデボ1形は、モ200形と改番されて戦後も活躍を続けた。写真は大和鉄道（現・田原本線）に貸し出されたモ205号　腕木式信号機は立体交差する国鉄関西本線のもの
新王寺〜大輪田
昭和35.3.20
写真：中島忠夫

◆奈良・京都・橿原線系統の概況

奈良線は布施～近鉄奈良間26.7kmの路線。大阪線の大阪上本町～布施間4.1km、難波線の大阪難波～大阪上本町間2.0kmに乗り入れて、大阪難波～近鉄奈良間32.8kmを直通運転している。大阪難波～阪神電鉄・神戸三宮間32.4kmにも乗り入れて、相互直通運転を行っている。支線には生駒線・生駒～王寺間12.4kmがある。

京都線は京都～大和西大寺間34.6km。近鉄奈良、橿原神宮前、天理へ直通する列車が多い。また、京都線・竹田から国際会館まで、京都市営地下鉄烏丸線13.7kmと、京都線・奈良線との相互直通運転も行っている。

橿原線は大和西大寺～橿原神宮前間23.8km。支線に天理線4.5km、田原本線10.1kmがある。奈良・京都線と大阪・南大阪・吉野線との短絡線で、京都線との直通列車が多い。

奈良線、京都線、橿原線とその支線は小型車の時代が長かったが、昭和36年(1961)以降20m級の一般型、次いで特急型車両が登場し、急速にグレードアップが進んだ。線区

近鉄最大数の8000系による10連のラッシュ時快速急行
写真：福田静二

内では阪奈特急・京奈特急・京橿特急・京伊特急の行き交う姿が常に見られる。

一般車も奈良線の快速急行を筆頭に、急行が奈良・京都・橿原・天理線、準急が奈良・京都線、区間準急が奈良線に設定されていて、4～10連(10連は奈良線のみ)が見られ、近鉄で最も活力のみなぎる線区となっている。

車庫は西大寺検車区(新田辺・宮津車庫を含む)と東花園検車区。保守は五位堂検修車庫が担当している。

■ 奈良・京都・橿原線系統路線略図

❶ 旧大阪電気軌道（大軌）の車両

| デボ1形・デボ19形 | ⇨ | 近鉄モ200形 |

デボ1～18・デボ19～28 ➡ モ201～225

大軌開業時以来の長寿車両 卵型電車

　大正3年（1914）4月25日に上本町～奈良（現・近鉄奈良）間の営業を開始した大阪電気軌道（以下、大軌と称す）が最初に投入した車両である。18両のうち、1～15が汽車製造東京支店製、16～18が梅鉢鉄工所製であった。

　14m級の木造車で、前面は5枚窓の卵型丸妻だった。このスタイルは、南海鉄道が明治42年（1909）製の電2形に採用して以来、大正末期に至るまで関西各社だけでなく中部、関東の私鉄各社にも広まっていた。起源はむろん米国のインターアーバンで、我が国にはすぐ伝わり、その優美さが競われていた。

　大軌の1形は生駒トンネルの車両限界の関係で、車体幅は約2.4m級と狭かったが、二重屋根（モニタールーフ）にトルペード（水雷）型の通風器が3個置かれ、側面の窓割りはD6D6Dで下降窓が並んでいた。扉は手動、窓柱・窓枠上部は優美な曲線となっており、ホーム高さに合わせたステップなしの扉など、側面から見ると均整のとれた美しい車体であった。サイドビュー（側面の見付け）は卵型電車中の白眉と称賛された。

　連結器は緩衝器付きの螺旋（ねじ）式だったが、大正末期に位置の低い自動連結器（線路上からの高さ800㎜）に変更し、旧連結器を撤去した跡には優美な形のアンチクライマーを取り付けて、一段と趣のある顔立ちとなる。

　集電装置はポール2本だったが、これも1本化の後、昭和5年（1930）にパンタグラフ化された。室内は職人が腕に縒りをかけて刻んだ木工と、深みのあるニスの塗りとの色合いの調和が美しかった。

　生駒の山越えに備えて123kWの大出力の主電動機を2基備え、当時は米国ブリル社の台車が普及しつつあったが、1形はそのライバルだった米国ボールドウィン（BW）社の78-75-A型を採用し、弓型イコライザーが足回りを軽快に見せていた。

　その後、大軌の卵型の木造電車は、大正7年（1918）にやや小型のデボ51形5両の投入を経てから、大正9年（1920）に川崎造船所製の1形の増備車・デボ19形10両が登場した。

　続いて大軌の木造車は1形・19形直系の後輩にあたる卵型の61形42両、箱型の201形10両が登場したが、これらは戦前から戦後にかけて大半が鋼体化されたのに対し、1形・19形は木造の原型のまま走り続けた。

　昭和17年（1942）の関西急行鉄道（以下、関急

大阪電気軌道が大阪～奈良間の開業時に投入したのがデボ1形1～18で、当時流行の卵型丸妻だった　鶴橋
西尾克三郎コレクション
所蔵：湯口 徹

橿原線では、時に「急行」でも活躍を続けた
平端 昭和34.9.28
写真：高橋 弘

デボ1形とその後方の増備車デボ19形はモ200と改番され、「臨時」標識を掲げて活躍も見せた
221号ほか
大和八木 昭和35.4.3 写真：兼先 勤

と称す）成立時の改番で形式記号のみデボからモに変更となって昭和19年(1944)の近畿日本鉄道(以下、近鉄と称す)成立後も引き継がれた。戦後の昭和25年(1950)にモ1形とモ19形を統合してモ200形201～225となった。

両数が減っているのは、昭和6年(1931)に18が富雄での事故で廃車、昭和22年(1947)に石切の事故で10が廃車(→書類上ク550のタネ車になる)、昭和23年(1948)にモ9を先頭にした3連の急行が生駒トンネルからの暴走により東花園駅で追突大破して廃車などで3両減となっていたためである(事故遭遇の11、27は後に修復)。

東花園事故後は奈良線の優等列車から引退し、橿原線を主体に奈良電乗り入れ、信貴生駒電鉄・大和鉄道への貸し出しなどで余生を送り、昭和38～39年(1963～64)に廃車となった。

| データ | 最大寸法：長14,800×幅2,590×高4,038mm◆主電動機：米国GE-207-E・123.1kW×2・吊掛◆制御装置：GE社MK式・間接非自動・電磁スイッチ式◆制動装置：GE非常直通型◆台車：米国BW-78-25A◆製造年：[1形]大正3年(1914)・[19形]大正9年(1920)◆製造所：汽車製造東京支店・梅鉢鉄工所・川崎造船所 |

デボ1形の50年に及ぶ長寿と功績を顕彰して、モ212(旧デボ14)を原型に復元、五位堂検修車庫に保管されている
平成27.10.31
写真：福田静二

当時は別会社だった信貴生駒電鉄(現・生駒線)、大和鉄道(現・田原本線)でも活躍したモ200形は昭和30年代の末期まで生き延びた
昭和35.3.20 新王寺
写真：中島忠夫

奈良線・京都線系統

デボ51形 ⇨ 近鉄モ51形

デボ51〜55 ➡ モ51〜55

小運転用から鋼体化のタネ車に

　大正7年(1918)、閑散時の小運転および畝傍線(現・橿原線)西大寺〜郡山間の部分開通に備えて5両を新造した卵型・前面5枚窓のグループ。輸送量に合わせてデボ1形より小型の12m級の2扉車となった。昭和8年(1933)に中扉が増設され、窓割りはD5D5Dとなる。

　1形・19形と同様、電装品は米国ジェネラル・エレクトリック(GE)社、台車は軸距の短い米国ボールドウィン(BW)社のBW-72-18K型だった。昭和16年(1941)の関急改番でモ51形となり、そのまま戦後の昭和24年(1949)に廃車となった。名義上は増備中のモ600形628〜632のタネ車となる。モ52だけは信貴生駒電鉄に譲渡され、同社のモ11となり、近鉄からのモ200形借入れ車と共用されていたが、昭和33年(1958)に廃車となった。

生駒の山並みをバックに勾配を下っていく97号ほかの3両編成
瓢箪山付近　西尾克三郎コレクション　所蔵：湯口徹

卵型5枚窓のデボ61形の多くは改造で姿を変えた。写真の108は、90・93〜96を鋼体化、デボ105〜109となった1両
撮影者不詳　所蔵：大西友三郎

モ52は信貴生駒電鉄に譲渡されてモ11に
信貴山下　昭和27.8
写真所蔵：鹿島雅美

　データ　最大寸法：長14,800×幅2,590×高4,038㎜◆主電動機：米国GE-240A◆制御装置：――◆制動装置：――◆台車：米国BW-72-18K◆製造年：大正7年(1918)◆製造所：梅鉢鉄工所

デボ61形 ⇨ 近鉄モ260形

デボ61〜102 ➡ モ261〜275

鋼体化で姿を変えた卵型5枚窓量産車

　大正11〜13年(1922〜24)に、木造・卵型・前面5枚窓車の集大成ともいえる量産車として、デボ61形61〜102の42両が新製された。デボ1形・19形よりも車体は若干長くなり、通風器もガーランド型(3個、88以降は5個)に変わるなど時流による変化は見られたが、細部は1形以来の優雅な姿を継承していた。

・61〜72(大正11年)61〜66　川崎造船所、67〜72藤永田造船所
・73〜87(大正12年)川崎造船所
・88〜102(大正13年)88〜95　藤永田造船所、96〜102日本車輌

　デボ61形は鋼体化・改造による複雑な改番で他系列に去った車両が多く、原型で残った車両は半数以下だった。その変遷をたどると膨大な紙数を要するので、この項では必要最小限の改造・改番を記しておく。

①昭和4年(1929)、73〜77をTc化⇒クボ30形30〜34。電装品はデボ303〜306(後の400形の一部)に流用。
②昭和5年(1930)、78・79の走行機器、電装

佐保川を渡っていくモ260形の3両編成、5枚窓の優美な電車は戦前・戦後の近鉄を代表するシーンだった
モ270+ク104+モ269　平端～結崎　昭和29.1.17　写真：高橋 弘

を転用してデボ307・308(後の400形の一部)を製造。78・79は廃車。旧車体⇒電貨のデワボ1800・1801に活用。

③昭和7年(1932)、80・81・88・89の走行機器、電装品を転用してデボ309～312を製造。300形の307～312は新造扱い。

④昭和10年(1935)、63・67は瓢箪山駅事故遭遇→復旧、鋼製デボ103形103・104に。

⑤昭和10年、90・93～96を鋼体化⇒デボ103形105～109。旧車体は博多湾鉄道汽船(現・西鉄貝塚線)に譲渡。

⑥昭和12年に61～65は荷物室設置により記号がデボニになっていたが、改番はなかった。同年、91・92の制動装置変更⇒400・401に改番。

⑦昭和17年(1942)の関急改番で記号をデボ→モ、デボニ→モニ、クボ→クに変更したが、車番はそのまま。戦後の昭和25年(1950)に原型車体の残存車はモ261形・モニ261形→261～275、ク101形101～105にまとめられ、

昭和30～31年(1955～56)にモ460形461～475、サ300形301～305に簡易鋼体化された。

下記に木造の原型時代のデータを示す。

[データ]　最大寸法：長15,354×幅2,590×高4,038mm◆主電動機：米国GE-240-B・78.33kW×4・吊掛◆制御装置：GE社MK型・間接非自動・電磁スイッチ式◆制動装置：GE非常弁付直通◆台車：米国BW-78-25A◆製造年：大正11～13年(1922～24)◆製造所：川崎造船所・藤永田造船所・日本車輌

デボ201形 ⇒ 近鉄モ250形
デボ201～210 ➡ モ251～257

最初にして最後の箱型木造車の登場

卵型の1・19・61形の増備車として、大正14年(1925)にデボ201形10両が新製された。大

鶴橋駅に停車するデボ207　昭和3年頃のシーンで、八尾行きとなっており、現・大阪線でも運用されていた。いかめしい排障器を付けている　写真：高田隆雄

奈良線・京都線系統

正末期になると鋼製車の時代を迎えており、すでに5枚窓の卵型丸妻車は過去のスタイルになっていた。南海、阪急でも卵型の後には箱型車両が登場しており、大軌の201形も前面フラット、側面は乗務員室扉が付いたdD6D6Ddの箱型車体で登場した。

昭和10年(1935)にデボ208～210が鋼体化され、デボ208形となった(新車体はデボ61形の鋼体化デボ103形103～109と同型)。木造車体で残ったデボ201～207は昭和17年(1942)の関急改番でモ201～207と改称し、戦後の昭和25年(1950)の改番でモ250形251～257となった。昭和32～33(1957～58)に簡易鋼体化され、モ460形の476～482となる。うち6両がク370形になった後、昭和44年(1969)の600V⇒1500V昇圧時に廃車となった。

| データ | 最大寸法：長15,430×幅2,590×高4,038㎜◆主電動機：米国GE社240-B・78.33 kW×4・吊掛◆制御装置：GE-PC◆制動装置：GE非常弁付直通◆台車：米国BW-78-25A◆製造年：大正11～13年(1922～24)◆製造所：川崎造船所・藤永田造船所・日本車輌 |

木造車体で残ったデボ201形は改番でモ250形251～257となり、橿原線を中心に昭和30年代の鋼体化まで働いた
252ほか　平端～結崎　昭和29.1.17　写真：高橋 弘

木造車の派生形式 概観

大正時代に製造された小型木造車のうち、改造などで新形式に枝別れした車両がかなりあった。ここではその動向を簡潔に記しておく。

クボ30形　30～34

昭和4年(1929)、鋼製車デボ300形(後にモ400形の一部)に機器供出のためデボ61形73～77がTc化され、クボ30形30～34となった。戦後の昭和25年(1950)にク101形101～105となり、簡易鋼体化で460系のT車・サ301～305になる。昭和44年(1969)の1500V昇圧時に廃車となった。

デボ150形　150～153

昭和7年(1932)、鋼製車デボ300形309～312(後にモ400形の一部)製造時に機器供出したデボ61形80・81・88・89の旧車体に、昭和2年(1927)製の無蓋電動貨車デトボ611～614の台車・機器を組み合わせて誕生した形式。戦後の昭和24年(1949)に600系新造の名義上のタネ車となった。

デボ400形　400・401(初代)

昭和12年(1937)、鋼製車デボ301形309・310が試用していた電気制動付MK制御器をデボ61形91・92に装着したため、新形式のデボ400形となったもの。この2両も昭和24年(1949)にモ600形の名義上のタネ車になった。したがって、鋼製のモ400形とは無関係である。

デボニ61形　61・62・64・65

昭和12年(1937)、デボ61形の初期車4両の客室に荷物室を設け、デボニ(旧国電のクモハニに相当)としたもの。車番は変更せず、後の改番でもモニ61形⇒モニ261形となっていた。簡易鋼体化でモ460形の461～464となる。昭和44年(1969)の昇圧時に全廃となった。

モ460形461～464のタネ車は木造車デボニ61形
枚岡～額田　昭和35.5.8　写真：鹿島雅美

❷「モ400形」を形成した諸形式

戦後の奈良線・橿原線を代表した400系・600系のうち、400系は昭和25年(1950)に以下の4系列を統合・改番して成立した。

データ 最大寸法：長15,553×幅2,590×高4,038㎜◆主電動機：米国GE-240-B・78.33kW×4・吊掛◆制御装置：GE-MK総括式◆制動装置：GE非常弁付直通◆台車：BW-78-25-A◆製造年：昭和3～7年(1928～32)◆製造所：藤永田造船所・日本車輌

① デボ301形 ⇨ モ400形
デボ301～304・307～312 ➡ モ401～410

大軌最初の鋼製・鋼体化車のモ400形

大軌最初の鋼製車は昭和3年(1928)に藤永田造船所で製造したデボ211形(211～214。翌昭和4年に日本車輌で215を1両追加)だったが、400形への改番では登場順にはならず、昭和3～7年にデボ61形から鋼体化(車体新製)したモ301形301～312(うち305・306は生駒トンネル事故で名義上600形に復旧したため欠番)がモ400形トップの401～410となった。車体は401・402が片運転台・d3D6D3の1段下降窓・2扉・片貫通(連結側切妻)、403～410が片運転台・d2D5D2の2段上昇窓・片貫通(連結側切妻)となっていた。400形は「低出力の鋼製車」という位置付けで、600形を補佐して長く活躍した。

② デボ103形 ⇨ モ400形
デボ103・104・106～109 ➡ モ411～416

昭和10年(1935)に瓢箪山駅の事故に遭遇したデボ61形63・67は復旧を兼ねて鋼体化し、デボ103形103・104となっていた。同じ昭和10年に90・93～96の5両をこの2両と同型車体に鋼体化してデボ103形105～109とし、計7両が出揃った。

鋼体化されたデボ103形から改番されたモ400形411～416
尼ヶ辻～西ノ京　昭和36.11.23　写真：鹿島雅美

車体は両運転台・d3D5D3dの2段上昇窓・2扉・両貫通であった。デボ105が事故に遭遇し、車体新製で600形に復旧したため1両減り、モ400形への改番ではモ411～416のグループにまとめられた。

廃棄された90・93～96の旧木造車体は、既述のように博多湾鉄道汽船(現・西鉄貝塚線)に売却され、同社のコハフ7・8、デハ12、コハフ5・6となる。改造のうえ戦後まで重用され、昭和56年(1981)までに廃車となった。

デボ61形を鋼体化したモ400形のトップグループ401～410、車体番号下の白線は制御装置の改造車を示す　生駒　昭和35.5.22　写真：鹿島雅美

デボ201形の旧車体は、博多湾鉄道汽船(現・西鉄貝塚線)へ売却されて、長く使用された　西鉄・多々良　コハフ3　昭和26.4.13　撮影者不詳　所蔵：大西友三郎

③ デボ208形 ⇨ モ400形

デボ208〜210 ➡ モ417〜419

　大正14年(1925)製造の箱型デボ201形10両のうち、208〜210(田中車輛製)を、昭和10年(1935)に鋼体化したもので、デボ208形という新形式が誕生した。車体は同年製のデボ103形と同型で、続番のモ417〜419となった。新製後まだ10年で、頑丈だった旧木製車体は博多湾鉄道汽船(現・西鉄貝塚線)に売却され、コハフ2〜4になって改造のうえ、昭和50年代半ばまで重用された。

　データ　最大寸法：長15,502×幅2,590×高4,040mm◆主電動機：米国GE-240-B・78.33kW×4・吊掛◆制御装置：米国GE-PC(自動加速)◆制動装置：GE非常弁付直通◆台車：BW-78-25-A◆製造年：昭和10年(1935)◆製造所：川崎車輌

モ400形417〜419は鋼体化したデボ208からの改番
　　　　　　八戸ノ里　昭和30.7.17　写真：鹿島雅美

④ デボ211形 ⇨ モ400形

デボ211〜215 ➡ モ420〜424

　モ400形の中で最も古風なスタイルだったのは、製造順にいえばこのデボ211形が大軌最初の半鋼製車だったためである。最新の木造車だったデボ201形の増備車に相当するが、すでに鋼製車の時代に入っていたので、箱型木造車のスタイルを受け継いだ初期鋼製車として登場していたもので、211〜214が昭和3年(1928)藤永田造船所製、215が昭和4年(1929)日本車輌製。

　車体は半鋼製・丸屋根・両運転台で、窓割りは1段下降窓・3扉のdD6D6Dd、215のみ2段上昇窓だった。後にモ400形にまとめられる諸形式や600系とともに奈良線・橿原線を主体に活躍し、昭和44年(1969)の昇圧時にク550形566〜570に改造され、昭和46〜48年(1971〜73)に廃車となった。

　データ　最大寸法：長15,621(215は15,805)×幅2,590×高4,038mm◆主電動機：米国GE-240-B・78.33kW×4・吊掛◆制御装置：GE-PC(自動加速)◆制動装置：GE非常弁付直通◆台車：BW-78-25-A◆製造年：昭和3〜4年(1928〜29)◆製造所：藤永田造船所・日本車輌

初期鋼製車のモ400形420〜424は古風なスタイル
　　　八戸ノ里　昭和35.5.8
　　　　写真：鹿島雅美

※モ400系の改番一覧をP.238 資料編③に掲載

❸ 旧性能小型車

モ600系

モ600形54両・サ500形1両・ク500形13両・ク550形9両　計81両

奈良線主力の半鋼製15m車の代表

　昭和30年(1955)に奈良線最初の高性能車800系が登場するまで、長く奈良線の主力としての重責を担ってきたのが初代600系の81両である。この系列も生い立ちには複雑なものがあった。

　なお、トップナンバー車の「ゼロ起し」のゼロは昭和25年(1950)に廃止され、各形式ともトップナンバーは1から始まるように変更された(例：モ600・601…⇒601・602…)。そのための複雑な改番も行われたが、ここでは昭和25年以降の新基準に基づいた車番を主とし、必要に応じて旧車番を補うことにする。

最初のモ600系3両固定編成、車番1始まりからの変更でデボ601はモ602に改番された　布施　昭和39.2.1　写真：丹羽 満

① モ600形

(旧デボ600・601 ➡ モ601・602)

　最初の600系で、昭和10年(1935)にデボ600＋サボ500＋デボ601の3両固定編成で登場した。昭和25年(1950)の末尾0の解消時には、600・601を601・602、602を608に改め、603〜607はそのままという合理的な方法が採られた(他系列でもこの方法が多かった)。

　新番号で見ていくと、モ601・602は片運転台で前面は非貫通、サボ500(後のサ501)との連結面側は切妻、窓割りはd3D6D3、サ501は完全切妻車で3D7D3となっていた。

データ　最大寸法：長15,604×幅2,590×高4,040◆主電動機：三菱MB-213-AF・111.9kW×4・吊掛◆制御装置：HLF◆制動装置：AMA◆台車：住友KS33L◆製造年：昭和10年(1935)◆製造所：日本車輛

両運転台、両貫通のモ600形603〜608　モ608　新田辺　昭和43.6.1　写真：早川昭文

② モ600形

(旧デボ602〜607 ➡ モ603〜608)

　最初のグループながら両運転台・両貫通となり、相棒の500形は付随車(T)ではなく両運転台の制御車(Tc)クボ501〜503(後のサ502〜504)となった。窓割りはMcTcともにd3D5D3である。これが600系の基本スタイルとなり、戦後製にも引き継がれた。

データ　最大寸法：長15,538×幅2,590×高4,040◆主電動機：三菱MB-213-AF・111.9kW×4・吊掛◆制御装置：HLF◆制動装置：AMA◆台車：住友KS33L◆製造年：昭和10年(1935)◆製造所：日本車輛

600系スタイルを確立した戦前製デボ600形602〜607　大阪行き準急デボ605　西尾克三郎コレクション　所蔵：湯口 徹

③ モ600形

(旧モ608~627 ➡ 改番608→628) モ609~628

　このグループから戦後製となる。敗戦直後の占領下、私鉄各社の車両不足を解消するために、昭和22年(1947)に運輸省の指導により、㈶日本鉄道協会が傘下の地方鉄道・軌道に「私鉄郊外電車設計要領」に基づいて規格化された資材で、車両新造を行うように指示を出した。いわゆる「運輸省規格型車両」の誕生である。

　車両の規格は、A形(20m車、車体幅2.7m、後から追加)、A′形(17m車、車体幅2.7m)、B形(15m車、車体幅2.6m)、B′形(15m車、車体幅2.45m)の4種があり、扉数は3ヵ所が指定されたが、2ヵ所でもよいとされた。

モ609以降は戦後製の運輸省規格型車両となった
　　　　モ625　額田~石切　昭和35.5.8　写真:鹿島雅美

　昭和22~24年(1947~49)度に各社に規格型車両が登場したが、規格に忠実だったのは阪急550・700系、京阪1600系、東急3700系、小田急1900系など少数で、大半の社は在来車と数値(特に側面の縦寸法)を合わせた車両を登場させている(近鉄600・2000系、山陽800系、名鉄3700系、京急420形、東武5300系など)。

　近鉄では奈良線のモ600形608~627(→609~628)がB′形に該当するが、窓の横割り寸法が戦前型は幅720mmだったのが、ガラスの規格寸法に合わせて700mmになったほかは、幕板・窓・腰板の高さが戦前製の400系、600系と同寸で、戦前製の車両と併結しても編成美が崩れない設計だった。

　以上から「近鉄の600系」といえば両数の多い戦後型がイメージされるようになる。登場当時は上半クリーム/下半グリーンの装いで、復興期における希望の輝きを沿線と乗客に届けていた。

データ　最大寸法:長15,740×幅2,590×高4,050mm◆主電動機:三菱MB-213-AF・111.9kW×4・吊掛◆制御装置:HLF電磁空気式◆制動装置:AMA◆台車:住友KS-33L◆製造年:昭和23年(1948)◆製造所:近畿車輛

④ モ600形

(旧モ628~644 ➡ 改番628→645) モ629~645

　このグループは木造車の鋼体化改造名義で新造された。混乱期の木造客車・電車の大事故多発に占領軍も木造車の強化を指示し、国・私鉄ともに昭和24年(1949)度から木造車の鋼体化改造工事が開始された。この工事に関しては規格型よりも自由度があった。

　近鉄モ600系の場合も、この年度のグループは屋根と幕板との間に雨樋が付き、側面にも雨水流下用の縦樋が取り付けられた。窓幅も720mmが復活し、600形はひとまず戦前並みに戻った。

データ　最大寸法:長15,740×幅2,590×高4,050mm◆主電動機:三菱MB-213-AF・111.9kW×4・吊掛◆制御装置:HLF電磁空気式◆制動装置:AMA-R◆台車:日車D型(640のみ住友KS-33E)◆製造年:昭和24年(1949)◆製造所:日本車輛

木造車の鋼体化名義で新造されたモ600形629~645　縦樋が付いたのが特徴　モ639
　　　　　　　　　　　　　　　　　　　　枚岡~額田　昭和35.5.8　写真:鹿島雅美

張上げ屋根となったモ600
形646〜648 モ648
生駒付近 昭和35.5.22
写真：鹿島雅美

⑤ モ600形

(旧モ645〜647 ➡ (改番645→648) モ646〜648)

　昭和24年製のこのグループから、600系も張上げ屋根の美しい車体に進歩を遂げる。張上げ屋根の電車は戦中に製造が中断し、戦後は堺市の木南車輛によりいち早く昭和22年(1947)の東京都電800形で復活、近鉄600形の張上げ屋根車も、関西私鉄の中では戦後の最も早い時期の登場であった。

　3両とも事故復旧と木造車鋼体化(646)で誕生したもので、2段窓の中桟が窓の上下方向の中央に位置し、上段窓も幕板部に収納可能となる完全上昇式に改善されていた。戦中戦後は通風効果を上げるため、この方式の上昇窓が各社に広まっていた。

データ　最大寸法：長15,740×幅2,590×高4,050mm◆主電動機：三菱MB-213-AF・111.9kW×4・吊掛◆制御装置：HLF電磁空気式◆制動装置：AMA-R◆台車：日車D型(640のみ住友KS-33E)◆製造年：昭和24年(1949)◆製造所：日本車輌

⑥ モ600形

(旧モ648〜650・661〜665・656・657 ➡ (改番661〜665→651〜655・648→658) モ649〜658)

　前記⑤と同じスタイルの昭和25年(1950)製張上げ屋根車で、600形の最終グループとなった。生駒トンネル事故車モ306の復旧名義の648以外は新造車である。改番が複雑化したのは、モ650形(参宮急行2000形の機器流用車で後のモ450形→660形。P.72参照)が在籍し、車番の重複を避けるため当形式とともに改番の繰り返しがあったため。最終的に600形はモ601〜658にまとめられた。

　結局、張上げ屋根の洗練されたスタイルは、モ600形646〜658の13両と同型のク550形554〜558の5両の計18両

京都線を行くモ646ほかの3両編成、昇圧前の京都線もモ600系活躍の場だった　富野荘〜新田辺　昭和43.6.1　写真：福田静二

奈良線・京都線系統

で、奈良線小型車が到達した最後の美しい車両となった。張上げ車で揃った編成も見られたが、標準仕様車との併結も多く、その場合もひときわ引き立って見えた。

データ 最大寸法：長15,740×幅2,590×高4,050mm◆主電動機：三菱MB-213-AF・111.9kW×4・吊掛◆制御装置：HLF電磁空気式◆制動装置：AMA-R◆台車：KS-33E◆製造年：昭和25年（1950）◆製造所：近畿車輛

⑦ サ500形

(旧サボ500→サ500 ➡ サ501)

昭和10年（1935）にデボ600＋サボ500＋デボ601の編成で登場したときの中間T車で、1形式1両。完全切妻型で、窓割りは3D7D3という特異なスタイルである。サ501に改番後、昭和30年（1955）にク500形・550形の運転台撤去車がサ502～514となって仲間に加わった。下記のデータはサ501のものである。

データ 最大寸法：長15,538×幅2,590×高3,860mm◆制動装置：ATA◆台車：住友一体鋳鋼型KS-66L◆製造年：昭和10年（1935）◆製造所：日本車輛

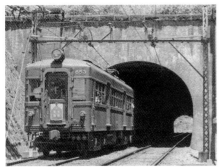

生駒越えのモ600形の最終グループ、モ653ほか　モ653
石切～孔舎衛坂（くさえざか）　昭和30.7.17　写真：鹿島雅美

1両のみスタイルが異なるサ501、当時としては珍しい切妻型だった
八戸ノ里　昭和39.12.12　写真：鹿島雅美

600系全盛の頃、モ613の生駒行き普通（右）を追い抜くモ639の奈良行き急行　　布施　昭和39.2.1　写真：丹羽 満

⑧ サ500形 （旧クボ501〜503→ク502〜514 ➡ サ502〜514）

⑨ サ550形 （旧ク550〜553 ➡（改番550→554）サ551〜554）

⑩ サ550形 （旧ク554〜558 ➡（改番554→559 555→557 557→555）サ555〜559）

サ551 布施 昭和39.2.1 写真：丹羽満

⑧のうち、改番後のサ502〜504が昭和10年（1935）製のモ600形と同型の元制御車で日本車輛製、505〜514が戦後の昭和23年（1948）製のモ600形と同型の元制御車で日本車輛製。昭和30年（1955）に運転室を撤去して正式に付随車のサ500形（501の追番）になった。

⑨の550形は昭和23年（1948）製のモ600形と同型の制御車だったが、⑧と同じく昭和30年（1955）に運転室を撤去して正式に付随車のサ550形になった。すべて日本車輛製。

⑩の550形は昭和25年（1950）製のモ600形と同型の制御車で、張上げ屋根のグループである。車番整理後の555が近畿車輛製、ほかは日本車輛製である。

多様な生い立ちの集まりなので、下記に一例として中堅どころであった⑨グループのデータを掲げておく。

◆データ◆ 最大寸法：長15,740×幅2,590×高3,858mm◆制動装置：ACA-R◆台車：米国BW-78-25A◆製造年：昭和23年（1948）◆製造所：日本車輛

サ503 尼ヶ辻 昭和35.5.22 写真：鹿島雅美

参急デニ2000形 ➡ モ660形

デニ2000〜2007 ➡ モ651〜655 ➡ モ451〜455 ➡ モ661〜665

参急2000形の機器を受け継いだ「改番の王者」

大軌系の参宮急行電鉄（以下、参急と称す）が昭和5年（1930）の開業時に江戸橋〜中川〜宇治山田間の普通に使用するため、川崎車輛製のデニ2000形2000〜2007の8両を新製投入した。

昭和16年（1941）に江戸橋〜中川間の狭軌化によって狭軌用の台車・電動機を新製し、全車名古屋線に転属となる。不要となった広軌（標準軌）用の台車・電装品の5両分を再利用して、昭和18年（1943）に日本車輛で奈良線用のモ651形651〜655（車体は600形と同型）が誕生した。以後、この5両の改番劇が続く。

戦後は600形の増備が続いて車番が重複するため、昭和25年（1950）にモ450形451〜455に改番。昭和38年（1963）に、合併により旧奈良電のデハボ1000形改めモ430形431〜453と重複が生じて、モ660形661〜665に改番。昭和39年（1964）にモ665は改番なしで荷物電車に改造された。昭和44年（1969）の昇圧による改番で662・663は新モ400形の410・411となり、661・664は新ク500形の516・518に改番、昭和48〜51年（1973〜76）に廃車となった。

下記のデータはモ450形時代のものである。

◆データ◆ 最大寸法：長15,788×幅2,590×高4,040mm◆主電動機：米国GE-240-B・78.33kW×4・吊掛◆制御装置：HLF◆制動装置：AMA◆台車：住友KS-33E◆製造年：昭和18年（1943）◆製造所：日本車輛

参急2000形の機器を使って製造されたモ650形、旧番の450形時代 モ454＋サ503＋モ455
尼ヶ辻〜西ノ京 昭和35.5.8 写真：鹿島雅美

モ460系

モ260形261〜264・275 ➡ モ461〜475
モ250形252〜257・251 ➡ モ476〜482
ク100形101〜105 ➡ サ301〜305

木造車の面影を残していた簡易鋼体化グループ

戦後も木造車体で活躍していたモ260形(旧大軌デボ61形、卵型)15両、ク100形(旧大軌クボ30形、卵型)5両、モ250形(旧大軌デボ201形、箱型)7両の計27両は、車齢からみて台枠、機器類がまだ使用できるところから、昭和29〜32年(1954〜57)に近畿車輌で機器・装備品を流用して簡易鋼体化が行われた。旧番との対照は見出しのとおりである。

このうち、新番号モ461〜465・476〜482は前面貫通式、466〜475は前面非貫通2枚窓の特徴のある顔立ちとなった。昭和39年(1964)にモ469・471がク360形361・362に改造され、660形とペアで大和鉄道(現・近鉄田原本線)へ貸し出された。昭和41年には476・478・480・482がク370形371〜374に改造され、600形とペアで

モ466〜475は特徴ある前面非貫通2枚窓となった　モ468
鶴橋　昭和35.7.19　写真:沖中忠順

京都線へ転じている。サ300形5両はモ460形から運転台をなくしたスタイルで、切妻車体だった。

昭和44年(1969)9月21日の600V区間の1500V昇圧により全車廃車となった。

下記のデータはモ460形のものである。

[データ] 最大寸法:【461〜475】長15,230×幅2,580×高4,000mm【476〜482】長15,361×幅2,580×高4,006mm◆主電動機:米国GE-240-B・78kW×4・吊掛◆制御装置:MK型◆制動装置:AMA◆台車:米国BW-78-25-A◆改造年:昭和29〜32年(1954〜57)◆改造所:近畿車輛

到着線と出発線が立体交差していた旧上本町駅で発車していくモ464ほか　モ607、モ1003も見える　昭和31　写真:沖中忠順

※モ600系の改番一覧をP.238 資料編③に掲載

❹ 旧奈良電気鉄道（奈良電）の車両

デハボ1000形 ⇨ モ430形

デハボ1002〜1024 ➡ モ431〜453

創業時から41年間活躍を続けた奈良電の主

　昭和3年（1928）、奈良電気鉄道（以下、奈良電と称す）の開業に合わせて日本車輌で製造されたのが半鋼製のデハボ1000形1001〜1024の24両だった。

　車体は川崎造船所が大正末〜昭和初期に製造した、前面雨樋が曲線の"川造タイプ"の電車（阪急600形、長野600形、豊川20・60形、東急3150・3200形、西武151形など同型車多数）を模した日本車輌製である。武骨な感じの川崎造船所製に比べると日車製は腰羽目がやや低く、全体に柔らかさがあった。

　窓割りはdD6D6Dd、車内木工は非常に凝った彫りだったが、昭和20年代半ばまで客用扉は手動だった。奈良電最多数の車両として活躍し、相互乗り入れ先の近鉄奈良、橿原神宮前、京阪電鉄三条駅にも顔を出していた。昭和31年（1956）に1001がデハボ1350形に機器を供出して廃車となり、23両になっている。

　昭和38年（1963）の近鉄合併でモ430形431〜453に改番となる。同年448・450が廃車になり、車体をモワ2831・2832に乗せ換え転用した。昭和44年（1969）の1500V昇圧時に全車廃車になったが、445はモワ61に、449・451〜453はモト51〜54に機器と車籍を譲っている。

京阪三条駅に到着の奈良発準急。奈良電と京阪の相互乗り入れは昭和20年から始まり、奈良電は丹波橋から三条まで、ほぼ1時間毎の運転　　　昭和36.3.4　写真：大西友三郎

デハボ1000形は24両が造られ、奈良電の主力として活躍した
丹波橋付近　昭和35.8.23　写真：沖中忠順

データ　最　大　寸　法：長17,018×幅2,628（車体幅2,545）×高4,775㎜◆主電動機：東洋TDK-520S・75kW×4・吊掛◆制御装置：東洋ES-155-A（デッカーシステム）◆制動装置：AMM◆台車：住友BW型84A-34-BC◆製造年：昭和3年（1928）◆製造所：日本車輌

3両編成の特急の先頭に立つデハボ1000形1008、奈良電の京都〜奈良間の特急運転は昭和29年から始まった
　　　　　　大和西大寺　昭和35.5.8
　　　　　　　　　　　写真：鹿島雅美

クハボ600形 ⇒ ク580形

クハボ601〜603 ➡ ク583・581・582 ➡ モ684・ク583・ク595

奈良電初のTc車は数奇な運命の戦中派

　昭和15年(1940)の紀元二千六百年記念式典が行われる橿原神宮への参拝客増加を見込んで製造された制御車が、梅鉢車輛製のクハボ600形601〜603の3両である。

　新車は奈良電初の2扉車で、窓割りはd2D9D3、折り畳み式運転台、貫通式、オールロングシート、制御車ながらパンタグラフ付きだった。外観は低い腰羽目と高い窓、薄い幕板は京浜タイプに近く、前面の左右窓上の屋根には京阪・南海方式の押込み通風器、貫通扉上には小型通風器が付いていた。

　戦中戦後の酷使にも耐えたが、車体の緩みが進行したため、昭和29年(1954)に腰羽目と幕板の寸法を増して窓の上下寸法を縮めたので、ごく平凡なスタイルに変わってしまった。

　昭和29年に602・603が新造車デハボ1200形の制御車に選ばれて、扉間を転換クロスシート車(戸

奈良市内の併用軌道を行く。クハボ603+デハボ1103 Tcながらパンタグラフ付き
油阪〜近畿日本奈良　昭和29.1.17　写真:高橋 弘

袋部は固定)に改造された。昭和38年(1963)の近鉄合併でクハボ601〜603をク580形583・581・582(いずれも初代)に改番、581・582は683系特急車のモ684・ク583(Ⅱ代)に改造され、京橿特急の予備編成として活躍した。昭和47年(1972)に一般車に格下げされ、昭和51年(1976)に廃車となった。

　残った旧ク583(初代)はク595に改番後、昭和44年(1969)の昇圧時にク300形に編入されて308となり、昭和45年に廃車となった。

　下記のデータは原型時代のもの。

|データ|　最大寸法:長18,680×幅2,590×高4,100㎜◆制御装置:東洋デッカーシステム◆制動装置:ACM◆台車:梅鉢D-16◆製造年:昭和15年(1940)◆製造所:梅鉢車輌

クハボ650形 ⇒ ク590形

クハボ651〜653 ➡ ク591〜593

戦時中の最後の張上げ屋根新造車

　クハボ650形は戦時輸送に対応するため、昭和17年(1942)に木南車輌で製造された張上げ屋根の3扉ロングシート車である。

　新興の木南車輌(大阪府堺市)は、戦局が悪化し鋼材が不足する中で、最後まで戦前の黄金時代をしのばせる張上げ屋根の電車を製造していたメーカーで、昭和17年(1942)に奈良電クハボ650形のほか西鉄大牟田線の100形、東京市電の700形などを製造し、戦争最末期の昭和19年(1944)に名古屋市電の連接車3000形を新製している。

　奈良電のクハボ650形はdD5D5D1の窓割りで、パンタグラフ付きであった。昭和30年代半ばに車体更新し、張上げ屋根を普通屋根に改造、奈良電の中堅として活躍を続けていた。昭和38年(1963)の近鉄合併でク590形591〜593に改番し、パンタグラフは撤去された。昭和44年(1969)の昇圧でク300形305〜307になり、台車も住友84A-34-BC3に交換された。昭和50〜52年(1975〜77)に廃車となった。下は原型のデータである。

|データ|　最大寸法:長17,700×幅2,600(車体幅2,540)×高4,111㎜◆制御装置:東洋デッカーシステム◆制動装置:ACM◆台車:木南D-16◆製造年:昭和17年(1942)◆製造所:木南車輌

クハボ653　こちらもパンタグラフを装備していたが、後に撤去
油阪〜近畿日本奈良　昭和32.1.3　写真:鹿島雅美

デハボ1100形・クハボ700形 ⇨ モ670・ク570形

デハボ1101〜1103 ➡ デハボ1102・1103 ➡ モ671・672
クハボ701〜703・704(1101改) ➡ ク571〜574

運輸省規格型 近鉄600形の兄弟車

　戦後の混乱期における利用者の急増に対応するため、昭和23年(1948)に登場したのがデハボ1100形1101〜1103とクハボ700形701〜703である。運輸省規格型のB型(15m2扉車)に属しており、同年に登場した近鉄の規格型608〜627とは兄弟車に当たるが、奈良電のほうが車長、車幅ともにやや寸法が大きかった。

　世情が安定した昭和28年(1953)に1102・1103が扉間転換クロスシート化された。昭和32年には1101の電装品を特急用新車のデハボ1353に提供し、クハボ704となる。昭和38年(1963)の近鉄合併によりモ671・672、ク571〜574に改番した。

　昭和40年(1965)3月、671・672が特急車両18000系登場までのツナギとして京橿特急の

制御車のクハボ700形703
　　　桃山御陵前付近　昭和32.3.16　写真：藤原 寛

「予備車の予備」車両となり、同年6月に解除されて座席もロング化された。

　昭和44年(1969)の昇圧では671・672が三菱の主電動機、制御装置に交換の上モ403・404(Ⅱ代目)と改番、ク571〜574は制御器、台車を交換のうえク301〜304(Ⅱ代目)に改番した。

　老朽化により2形式とも昭和51〜52年(1976〜77)に廃車となった。下記のデータは原型時代の1100形のもの。700形は角カッコ内に示した。

データ　最大寸法：長15,920×幅:2,620×高4,110mm◆制御装置：東洋ES155A◆制動装置：M自動式◆台車：扶桑KS-33L◆製造年：昭和23年(1948)◆製造所：近畿車輛

運輸省規格型のデハボ1100は、その後改装、改番を経て有料特急の予備車に　　丹波橋　昭和26.2.26　写真：羽村 宏

木津川にあった水泳場の宣伝車両となったデハボ1103
　　京都　昭和26.8.4
　　　　写真：羽村 宏

デハボ1200形 ⇨ モ680形

デハボ1201・1202 ➡ モ681・682

奈良電初の高性能車が近鉄特急の一員に

　昭和29年(1954)、最も早い時期の高性能車の一つとして、デハボ1201・1202の2両がナニワ工機(現・アルナ車両)で新造された。車体は18m級、主電動機は近鉄1450形に続く三菱MB-3020シリーズが採用され、制御装置は三菱の単位スイッチ式多段自動加速制御のABFM-154-6EDAが採用された。

　制御車は新製されず、クハボ600形とMTc編成を組み、京都〜近畿日本奈良間の料金不要特急に充当されて、両駅間を所要35分、最高速度105km/hの俊足で結んだ。

車体はd1D6D1dの両運転台・両貫通、車内はセミクロス、窓は1,088mm幅の広窓で、上段は当時のモノコック方式のバス窓のようにHゴムで留めた固定ガラスが並んでいた。

昭和39年(1964)の新幹線開業に伴う京橿特急設定時に予備特急車両に抜擢され、モ680形と改番されて特急仕様に改造された(以下は特急車の項P.47を参照)。

下記データは奈良電時代のものである。

デハボ1201特急、京都〜奈良間の特急は特別料金不要で、同区間を35分で走破し、表定速度は当時関西私鉄で第2位だった　大和西大寺〜油阪　昭和37.3　写真：中村靖徳

データ　最大寸法：長18,140×幅2,650×高4,120mm◆主電動機：三菱MB-3020-A◆制御装置：三菱ABFM-154-6EDA◆制動装置：三菱AMAR-D◆台車：KD-10◆製造年：昭和29年(1954)◆製造所：近畿車輛

デハボ1202+クハボ603。車内にクロスシートが並んでいるのが見える　丹波橋付近　昭和35.8.23　写真：沖中忠順

デハボ1300形 ⇨ モ409・ク309

デハボ1301+1302 ➡ モ455+456 ➡ モ455+ク355 ➡ モ409+ク309

旧性能ながら湘南式の前面2枚窓車

車両不足を補うため、余剰となっていた貨物電車デトボ351、デワボ501の電装品、台車を流用して、車体のみ新製した形式で、昭和32年(1957)に日本車輌でデハボ1301+1302に生まれ変わった。前面は当時流行の湘南式2枚窓で、窓割りはd2D5D2、ロングシート車だった。走行機器は旧車から流用した東洋電機製の主電動機と制御装置を使用していた。

昭和38年(1963)の近鉄合併でモ455・456に改番、翌年台車と主電動機を交換し、モ456は電装解除してク355となった。昭和44年(1969)の昇圧時に、モ455→モ409、ク355→ク309に改番、制御装置が三菱製に交換され、さらに主電動機も三菱製に交換している。台車はシュリーレン式のKD-46に交換され、ほとんど元の機器類は残さないほどに改装された。

前面が非貫通の2枚窓で使いにくかったため、2連で生駒線、田原本線で奉仕を続けたあと、昭和62年(1987)に廃車となった。下記はモ409号車の最初期のデータに一部最末期のデータを加えたものである。

(写真P.78)

データ　最大寸法：長16,200×幅2,650×高4,100mm◆主電動機：東洋TDK31T・55kW×4(→三菱MB-213-AF・110kW×4)◆制御装置：三菱ABFM-154-6EDA◆制動装置：AMM(→AR)◆台車：扶桑78A-32-B2(→KD-46)◆製造年：昭和32年(1957)◆製造所：日本車輌

丹波橋から京阪線に乗り入れて
鴨川沿いを行く1300形2連
五条〜七条　昭和34.4.24
写真：沖中忠順

生駒線で最後の活躍をするモ409
　　　生駒　昭和63.3.27　写真：兼先 勤

デハボ1350形 ⇒ モ683形ほか

デハボ1351〜1353 ➡ モ691〜693

➡ モ683・ク581・582

カルダン駆動特急車の増備は旧性能車

　デハボ1200形による特急は大好評だったので、増発計画が立てられて1200形の増備車が製造された。しかし、コストの関係から在来車の機器と台車を流用した車両を増備することになった。それが昭和32年(1957)にナニワ工機で製造されたデハボ1350形1351〜1353の3両である。

　車体はデハボ1200形と同一ながら、機器類は1351が代替廃車になったデハボ1001の機器を、1352がデハボ1000形の機器予備品を、1353がデハボ1101の電装品を転用したもの

で、旧性能の特急車両となった。

　編成はデハボ1351＋1352、デハボ1353＋クハボ701の2連2本にまとめられ、特急、急行優先で活躍を続けていた。

　昭和38年(1963)の近鉄合併で、1351〜1353はモ691〜693に改番され、翌昭和39年には京橿特急の「予備特急の予備」車になり、モ691⇒モ683、モ692⇒ク581、モ693⇒ク582と改番した(以下は特急の項P.47を参照)。

　下のデータは奈良電時代のデハボ1350形のもの。一部その後の変更を示してある。

データ　最大寸法：長16,200×幅2,650×高4,100mm◆主電動機：東洋TDK520-S・75kW×4（1353：東洋TDK553/2BM・90kW×4）◆吊掛◆制御装置：東洋ES155A◆制動装置：AMM◆台車：住友84A-34-BC3（1353：扶桑KS-33L）◆製造年：昭和32年(1957)◆製造所：ナニワ工機

デハボ1351は昭和38年の近鉄合併でモ691になり、翌年には予備特急に改装のためモ683となるなど、複雑な改番を繰り返す。モ691はわずか1年だった。写真のモ692はク581となった
　　　　　　　　丹波橋　昭和38　写真：藤本哲男

❺ 高性能中型18m車

800系
モ801〜807・809〜812
ク711〜716　サ701〜703・705・706
(モ808・サ704は事故により廃車欠番)

初の高性能車 シュリーレン型の登場

　小型車ばかりだった奈良線にも、利用客の増加に応えて昭和30年(1955)3月に初のカルダン駆動の高性能で、18m級の中型車・800系が登場した。上本町(現・大阪上本町)〜近畿日本奈良(現・近鉄奈良)間の特急料金不要の特急車として華々しくスタートを切って、一躍人気を集めた。

　新車両は上本町方からモ800形(偶)＋サ700形＋モ800形(奇)の3連で、昭和30年3月に3連×2本、翌31年12月に3連×4本が投入された。

　スイスのシュリーレン社と技術提携した準張殻構造の軽量車体を採用し、モ800形は31.5t、サ700形は21.0tという当時としては驚異的な軽量化を実現した。

　マルーンレッド1色に窓下のステンレスの細い帯が1本。前面は2枚窓の流線型で、傾斜をつけて凹みをもたせた2枚窓が新味を出していた。側窓もシュリーレン型フレームレスの1段下降窓で、バランサーによるフリーストップが可能だった。窓割りはモ800形がd2D7D2、サ700形が2D8D2で、広幅の高い窓が並び、スイスの客車の窓を思わせた。

　車体長は18m級だったが、生駒トンネルの制約から正味の車体幅は2,450㎜と狭かった。座席はオー

ル・ロングシートで通勤・通学輸送に対応していた。

　登場から3年後の昭和33年(1958)には増結の必要が生じて、ク710形6両を増備、上本町方2両目に組み込んだ。客室内に構内運転用の簡易運転台が設けてあったが、サ700形と実質的に変わりはなかった。

　奈良線の顔として特急で活躍を続けていたが、新生駒トンネルの開通により昭和39年(1964)10月1日から特急は20m車の900系、8000系などに変わり、800系は急行、準急の担当に変わる。その後も次第に京都〜天理間の直通準急や、京都・橿原・天理・生駒・田原本線での使用が増えていった。

　昭和44年(1969)の昇圧時には主電動機を125kWに強化、制御器をMMC-LHTB-20Cに交換して対応した。昭和50年(1975)の京都線・新祝園〜山田川間の踏切事故で大破したモ808とサ704が廃車になり、一部編成替えを行った。

　昭和56年(1981)以降は支線専用になり、昭和61年(1986)にはモ805＋サ713⇒モ881＋ク781、モ807＋サ714⇒モ882＋ク782に改造・改番・狭軌化の上、伊賀線に転属した。

　生駒線などに残った800系は平成元〜4年(1989〜92)に廃車となり、伊賀線転出車も平成5年に廃車となって、800系は静かに消えて

流線型の車体と鹿のマークは奈良線の顔となった
　　　鶴橋　昭34.7.14
　　　写真：沖中忠順

金魚の養殖池の横を行く橿原線の800系
　　　近鉄郡山～筒井　昭和49.1.27　写真：林 基一

いった（伊賀線の項P.204参照）。
　以下は奈良線時代のモ800形のデータ。サ700形は角カッコで示した。

データ　最大寸法：長18,500×幅2,700×高4,009 [3,670] mm◆主電動機：三菱MB-3020-B・125kW×4・WN◆制御装置：日立MMC-LHTB-20C◆制動装置：AMA-RD [ATA-R]
◆台車：近車KD-20 [20A]◆製造年：昭和30～33年（1955～58）◆製造所：近畿車輌

820系

モ821～828　　ク721～728

小回りのきく800系の増備・改良型

　増え続ける奈良線の利用客に対応して、800系の増備車820系が昭和36年（1961）に登場した。800系の4両固定編成では運用上の不都合もあったので、増備車は貫通式2連のモ820形+ク720形となった。昭和36年に821～826Fの6ユニット、昭和37年に827・828Fの2ユニットが登場している。
　性能や機器などは800系に準じていたが、車体は前面に貫通扉が付き、運転台は車掌台側に折り畳める構造となった。客用扉は2ヵ所ながら1,450mm幅の両開式になり、混雑時の乗降がスムーズになった。
　窓割りも800系を引き継いでいたが、両開扉の採用によってモ820形、

ク720形ともにd2D5D2となり、モ800系よりも窓の数を減らしている。
　821～826Fは800系とともに奈良線の特急に使用されたが、昭和39年（1964）7月に新生駒トンネルが供用を開始すると車体長20m・広幅の900系、8000系が特急を担当することになり、820系は京都線・橿原線および京阪電鉄乗り入れなどに使用されるようになる。
　昭和44年（1969）の昇圧に際しては抑速ブレーキを撤去したため、奈良線の生駒駅以西の運用は不可能となり、京都・橿原・天理・生駒・田原本線などに活躍の場を移していった。
　昭和59年（1984）には南大阪線の6800系の台車・電動機を利用して狭軌化し、860系と改称して4編成が伊賀線に転属した。続いて平成5年（1993）には田原本線に残っていた3編成も狭軌化・冷房化して伊賀線に送られた。
　伊賀線の近代化には貢献したものの老朽化も進んで、平成16～24年（2004～12）に順次200系（元東急電鉄1000系）と交代して廃車となった（伊賀線の項P.205参照）。
　下記は奈良線時代のモ820形のデータである。ク720形は角カッコで示した。

データ　最大寸法：長18,500×幅2,700×高3,999 [3,820] mm◆主電動機：三菱MB-3020- B/3020-DE・125kW×4・WN
◆制御装置：日立MMC-LHT-20A◆制動装置：AMA-R [ACA-R]
◆台車：KD-20B◆製造年：昭和36～37年（1961～62）◆製造所：近畿車輌

800系の増備車として、貫通式2両固定、両開きで登場した820系
　　　　　　　　　　　今里　昭和39　写真：中村靖徳

奈良線・京都線系統

⑥ 高性能大型20m車

900系

モ901〜912　ク951〜962

奈良線初の20m・4扉・広幅車体の大型車

　小型車を走らせていた奈良線も、沿線の都市化・宅地化で利用客が増え続け、輸送力も限界を迎えようとしていた。その対策として上本町側から軌道中心間隔の拡大と大型車両の導入の準備を進め、新生駒トンネルの開削工事も進めていた。

　大型車両の方は昭和36年(1961)9月21日から上本町〜瓢箪山間で20m4扉・広幅車体のモ900形・ク950形の運転が開始された。

　投入された900系は大阪線、南大阪線、名古屋線の4扉車の延長線上だが、奈良線への投入では次の2点が新たに採用された。

　1つ目は、車体幅が特認により従来の大型通勤型車の2,700mmから2,800mmに拡大されたこと。一般車では近鉄初の裾絞りの車体となった。2つ目は、南大阪線6800系、大阪線1470系、名古屋線1600系など、初期の4扉車は床面上の腰板高さ800mmの上に980mmの高い窓があったが、900系では腰板高さを850mm、窓高さを900mmとしたため、側窓の上下寸法が若干小さくなったこと。この側面の数値が以後のロング席車の標準となった。

　900系はまずモ901〜912、ク951〜956が投入され、Mc＋Tc＋Mcの3連で上本町〜瓢箪山間で普通の運用に就いた。昭和38年(1963)にク957〜962の6両が増備されて、以下のように全車2連化された。

　　←上本町　モ900(偶) ＋ ク950(951〜956)
　　　　　　 ク950(957〜962) ＋ モ900(奇)

　昭和39年の新生駒トンネル開通後は、新鋭の8000系とともに上本町〜奈良間の特急運用にも就くようになった。昭和44年(1969)9月の昇圧後は京都線の運用が増え、橿原線、天理線にも活躍の場を広げていった。

　昭和63〜平成元年(1988〜89)には冷房化され、以後も長期にわたって重用された。しかし老朽化も進んでいたため、平成13〜14年(2001〜02)に廃車となった。

　下記のデータはモ900形。ク950形は角カッコで示した。

データ　最大寸法：長20,720×幅2,800×高4,150[3,999]mm◆主電動機：日立HS-833-Frb/三菱MB-3064-AC(907〜912)・145kW×4・WN◆制御装置：日立VMC-LHTB20A◆制動装置：HSC-D◆台車：KD-36E[KD-36F(951〜956)/KD-51A]◆製造年：昭和36・38年(1961・63)◆製造所：近畿車輛

「大型車登場40周年記念」で、デビュー当時のベージュに青帯の復元塗装となった902編成　大和西大寺
平成11.4.13
写真：福田静二

920系

奈良線600系の機器流用の旧性能4扉車

　名古屋線「1010系」の項P.170を参照。

新生駒トンネルの開通で奈良線初の大型車となった900系
布施　昭和41.1.9
写真：兼先 勤

900系の発展型として昭和39年にデビューした8000系　　　上本町　昭和40.4.24　写真：兼先 勤

8000系

ク8721・23・24・26・28〜30(Tc)	
モ8081・83・84・86・88〜90(M)	
モ8221・23・24・26・28〜30(M)	
ク8581・83・84・86・88〜90(Tc)	
モ8078・79(Mc)　モ8278・79(M)　ク8578・79(Tc)	

一般型の最多両数を記録した奈良・京都線の4扉車

昭和39年(1964)の奈良線建築限界拡張工事の終了と、新生駒トンネルの完成により、全線で20m車の運転が可能になった。

それに合わせて登場したのが8000系である。旧性能小型車の置き替えと運行本数の増加によって量産され、昭和39〜55年(1964〜80)にモ8000形(Mc)70両、モ8200形(M)10両、モ8210形(M)21両、モ8250形(M)6両、ク8500形(Tc)70両、サ8700形(T)10両、サ8710形(T)21両、計208両が投入された。ただし、昭和47年(1972)8月の菖蒲池駅付近で発生した近鉄爆破事件で被災したモ8059＋ク8559の2両は復旧後、他系列に編入されたため、2両減の206両が8000系の実数となる。

また、基幹形式となるモ8000形、ク8500形が21号車から始まっているのは、モ900形・ク

乗降客でにぎわう上本町駅、鹿マークの特急の標識は、8000系になっても引き継がれた
昭和40.4.24　写真：兼先 勤

950形を8000系に編入してモ8001〜12・ク8501〜12とする案があった名残である。

8000系は7形式を組み合わせて2連32本、3連6本、4連30本、6連1本に組成して奈良線を主体に京都線、橿原線、天理線で活躍を続けた。

8000系は製造が長期にわたったため、初期車は扇風機、昭和42年度(1967)からは近鉄と三菱電機が共同開発した強制通風装置「ラインデリア」が車内天井に設置され、外観上は屋根の丸みが消えて平らな見付けとなった。

昭和43年(1968)にはアルミ車体試作のモ8069+サ8720+モ8220+ク8569の4連が登場した。マルーンレッドに塗装されたが、独特の角張った車体となった。

平成元年(1989)には、それまでの奈良線系統の連結器高さ800mmを大阪線・名古屋線並みの880mmに高さを揃える改造が行われた。この時、前述のアルミカーの4連は構造上この改造が不可能だったので、連結面はそのままの高さを維持させたモ8074+ク8574の間に挟まれた中間車となり、そのまま平成17年(2005)に生涯を終えた。

8000系は昭和52年(1977)から非冷房車の冷房化改造も強力に進めて行った。また、後継の8400・8600・8800系も登場して、8000系にも一部車両に界磁位相制御・回生制動に改造した編成も登場した。

チョッパ制御車、VVVFインバータ制御車、「シリーズ21」が登場する中で、8000系は初期車から

昇圧前は2基パンタグラフだった8000系。後に冷房装置、方向幕の設置など、姿を変えていく
大和西大寺〜油阪　昭和44.5.18　写真：藤本哲男

順次廃車が進んでいった。本書刊行の時点では4連を7本、3連を2本残すのみとなっている。

両数の多い形式だったので、下記のデータは初期のモ8000形(Mc)とし、角カッコ内にク8500形(Tc)のデータを示した。台車形式と製造年は系列全体の事例として示しておいた。

データ　最大寸法：長20,720×幅2,800×高4,150[3,960]mm◆主電動機：三菱MB-3064-AC・145kW×4・WN◆制御装置：日立VMC-HTB-20C◆制動装置：HSC-D[HSC]◆台車：KD-51/64/64B/86[KD-51D/64A/64C]◆製造年：昭和39〜44・55年(1964〜69・80)◆製造所：近畿車輛

アルミ車体試作の8069ほか、角ばった独自の外形だった
新田辺〜興戸　昭和63.6.11　写真：林基一

8400系

4連 ク8352～54・56～58(Tc)　モ8402～04・06～08(M)
　　　モ8452～54・56～58(M)　モ8302～04・06～08(Tc)
3連 ク8309・11～16(Tc)　モ8459・61～66(M)
　　　モ8409・11～16(Mc)

4連と3連で登場した8000系の派生系列

　量産車8000系の増備がまだ続いていた昭和44年(1969)に製造が始まり、昭和47年(1972)までにモ8400形(Mc)17両、モ8450形(M)14両、ク8300形(Tc)16両、サ8350形(T)8両の計55両が登場した。8000系とは異なり、4両編成を基本とし、必要に応じて京都線用に3連も登場した。また、P.82でふれた爆破事件に遭遇した8000系のモ8559をモ8459として復旧し、モ8409＋モ8459＋ク8309の編成に収めた。

　車体はラインデリア装備車なので屋根が低く平面的なのが特色となっている。昭和53年(1978)から冷房化工事が進められ、並行して界磁位相制御化、8M1C(8個の電動機を1個の

8400系、8000系の量産化の途中の昭和44年に派生系列として誕生した
　　　大和西大寺～新大宮　昭和47.10.29　写真：林 基一

制御装置で制御)化も行われた。

　3連にはワンマン対応化された編成もあり、田原本線で奉仕しているが、本線列車に連結されて走ることもある。まだ多数が活躍中である。

　下記のデータはモ8400形(Mc)の当初のもの。ク8300形は角カッコに示した。台車型式と製造年は系列全体の事例として示す。

[データ] 最大寸法：長20,720×幅2,800×高4,150[4,017]mm◆主電動機：日立HS-833-Krb/三菱MB-3064-AC・145kW×4・WN◆制御装置：日立VMC-HTB-20C[VMC]◆制動装置：HSC-D[HSC]◆台車：KD-64[KD-64A]◆製造年：昭和44～47年(1969～72)◆製造所：近畿車輛

8600系

モ8604～11・13～19・21・22(Mc)
モ8601～03・12(M)　モ8651～72(M)
ク8101～19・21・22(Tc)
サ8154～61・63・66・68～72(T)

奈良・京都線系統最初の新製冷房車

　大阪線、名古屋線、南大阪線より2年遅れて、昭和48年(1973)に奈良・京都線系統最初の新製冷房車として登場したのが8600系である。当初はモ8600形(Mc)21両、モ8650形(M)22両、ク8100形(Tc)22両、サ8150形(T)21両から成り、4連20本、6連1本に組成された。合計86両となるが、このうちの1両・サ8167号車は平成26年(2014)に名古屋線の編成替えで余剰となっていたモ1062号車を改番したサ8177号車と差し替えている。

　8600系は大阪線の2800系、南大阪線の6200系に相当する新製冷房車で、冷房機設置の関係で車体の屋根は再び丸みのあるスタイルに戻っている。また、新製時から前面の方向幕を取り付けてあった最初のグループで、在来車もその取り付けが進んだ。車体更新も2度目の更新が進んでおり、奈良線・京都線の重鎮としての活躍は今後も続けられそうだ。

　下記のデータはモ8600形(Mc)のもの。ク8100形(Tc)は角カッコ内に示した。

[データ] 最大寸法：長20,720×幅2,800×高4,150[4,040]mm◆主電動機：三菱MB-3064-AC・145kW×4・WN◆制御装置：日立MMC-HTB-20C◆制動装置：HSC-D[HSC]◆台車：KD-76[KD-76A]◆製造年：昭和48～54年(1973～79)◆製造所：近畿車輛

初めから冷房車、方向幕取り付けで登場した8600系
　　　富雄～学園前　昭和58.6.25　写真：林 基一

3000系（試作車）

ク3501＋モ3001＋モ3002＋ク3502

近鉄唯一のオールステンレス試作車

ステンレスカーの3000系は1編成のみの試作車
尼ヶ辻〜西ノ京　平成21.4.29　写真：林 基一

　8000系シリーズが増備を続けていた昭和54年（1979）、そこへ割り込むようにして登場したのがオールステンレスの3000系4両だった。建設中の京都市営地下鉄烏丸線への乗り入れ車両の試作であった。

　車体は京都市との協定により全長は20,500mm、前面は準切妻型で、8000系アルミカーの8059Fや、後に登場する8810系に通じるデザインだった。腰羽目は車体強度を強めるためコルゲート付き、前面は平板ステンレス、前面・側面窓部（戸袋箇所の吹寄せ）はマルーンレッドのフィルム張りとなっていた（後に塗装化）。編成はク3501‐モ3001‐モ3002＋ク3502で、3502は切り離して3連の運行も可能であった。

　機器類は8600系に準じていたが、制御方式は電機子チョッパ制御、制動装置は電気指令式MBS-2R型電力回生ブレーキを採用していた。そのため他形式との併結はできなかったが、平成3年（1991）にブレーキを8600系と同じHSC-R型に改造して、併結ができるようになった。電機子チョッパは高価なため、当形式のみとし、以後は界磁チョッパ、界磁位相制御方式の採用となる。

　京都市営地下鉄は昭和63年（1988）8月28日から近鉄との相互乗り入れを開始した。が、3000系は乗り入れず、専用車として登場した3200系（VVVFインバータ制御、アルミ車）がその任に就いた。

　平成3年（1991）の機器改造時には4両固定化も行われ、中間の運転室が撤去された。3000系は京都・橿原・天理線、奈良線（大和西大寺〜近鉄奈良間）で活躍を続け、平成24年（2012）に廃車となった。ク3501の前頭部が高安検修センターに保存されている。下記のデータはモ3001のもの。ク3500形のデータは角カッコで示した。

高安検修センターに保存されているク3501の前頭部
写真：福田静二

データ　最大寸法：長20,500×幅2,800×高4,150［4,040］mm◆主電動機：三菱MB-3240-A・165kW×4・WN◆制御装置：CFM-228-15RDH［同］◆制動装置：HSC-R［HSC］◆台車：KD-84［84A］◆製造年：昭和54年（1979）◆製造所：近畿車輛

京都市営地下鉄烏丸線が乗り入れる前の竹田駅の3000系、同線乗り入れを想定したが、結局3000系は入線しなかった
昭和57.6.6　写真：兼先 勤

8800系

ク8902・8904(Tc)	モ8802・8804(M)
モ8801・8803(M)	ク8901・8903(Tc)

MMユニット方式 丸型車体の最終形式

　車体は8600系後期車と同じ。8600系の後継形式で、試験的ながら正式に奈良・京都線区初の1C8M方式とMM'ユニット方式、界磁位相制御制御による回生ブレーキを採用した形式で、昭和55年(1980)にク8900形＋モ8800形＋モ8800形＋ク8900形の4連2本が登場した。しかし、それ以上の製造はなかった。

　また、8800系は昭和32年(1957)の南大阪線6800系以来続いてきた丸みを帯びた近鉄4扉通勤型車両(丸型車体)としては最後の新造車となった。現在も奈良線、京都線、橿原線を主体に活躍しており、8000系以来の走行機器類を受け継いでいるので、他形式との併結も可能である。

　下記はモ8800形(奇)のデータ。ク8900形(奇)は角カッコで示した。

データ　最大寸法：長20,720×幅2,800×高4,150[4,040] mm◆主電動機：三菱MB-3064-AC・145kW×4・WN◆制御装置：日立MMC-HTR-20E◆制動装置：HSC-R[HSC]◆台車：KD-86[86A]◆製造年：昭和55年(1980)◆製造所：近畿車輛

丸みを帯びた4扉通勤型車両として最後の新造車となった8800系
ファミリー公園前〜結崎　平成28.4.5
写真：福田静二

8810系

ク8914〜8926(偶Tc)	モ8814〜8826(偶M)
モ8813〜8825(奇M)	ク8913〜8925(奇Tc)

界磁チョッパ制御 モデルチェンジ車体の第1陣

　チョッパ制御車の時代を迎えて、近鉄では量産車への界磁チョッパ制御の採用を決め、奈良線には昭和56〜57年(1981〜82)に8810系4連×7本が登場した。

　車体のデザインは大幅に変わり、前面は切妻に近いフラット状で、正面左右の窓上部にはステンレス板が付き、そこに前照灯が埋め込まれた形の顔立ちとなった。側面から屋根にかけてのRも深い角形となり、側面行先窓も垂直になって読みやすくなった。車体幅が異なるだけで、大阪線の1400系、南大阪線の6600系が同一デザインであり、以後各線で長

デザインが大幅に変更された8810系、以後各線でも同一デザインの車両が見られることになる
西ノ京〜九条　平成28.4.2　写真：福田静二

く見られるようになる。

8810系の主電動機は近鉄初の複巻電動機で、三菱のMB-3270-A型、160kW×4が採用され、回生制動も行う。制御装置は日立のMMC型で界磁チョッパ制御を行う。

奈良・京都線で使用されてきたが、8811Fは平成16年(2004)に方向転換して大阪線に転属し、区間列車に供用されている。

下記のデータはモ8810形(M)のもの。角カッコ内にク8910形(Tc)のデータを示してある。

京都線用として、8810系の3連版として誕生した9200系
　　　　西大寺検車区　昭和58.8.2　写真：林 基一

データ　最大寸法：長20,720×幅2,800×高4,150[4,055]mm◆主電動機：三菱MB-3072-A・160kW×4・WN◆制御装置：日立MMC HTR-20H[同]◆制動装置：HSC-R[HSC]◆台車：KD-88[88A]◆製造年：昭和56～57年(1981～82)◆製造所：近畿車輛

9000系
界磁チョッパ車8810系の2連版

名古屋線「9000系」の項P.176を参照

9200系（京都線配置車両）

モ9208＋モ9207＋サ9314＋ク9304

界磁チョッパ車8810系の3連版

京都線で3連が必要とされていた時期だったので、昭和58年(1983)に8810系の3連版として3連×4本が新製された。京都方からモ9200形(偶Mc)＋モ9200形(奇M)＋ク9300形(Tc)の編成で、McとM車がユニットの8M1Cとなっている。

3連の需要が減ったため、平成3年(1991)にサ9350形4両を増備、各編成に挿入した。9350形は1233系に準じた全線

共通車体に属するアルミ車で、車体断面と床面高さが異なるため編成美には欠けているが、シルキーホワイトと、マルーンレッドの塗り分け線は揃えてある。

平成18年(2006)以降、方向転換して大阪線に3編成が転出し、京都線には1編成が残るだけとなっている。その移動の際に京都線残留車も含めてサ9350形はサ9310形に改番している（大阪線「9200系」の項P.126参照）。

下記のデータはモ9200形奇数M車。ク9300形のデータは角カッコで示した。

データ　最大寸法：長20,720×幅2,800×高4,150[4,055/4,030]mm◆主電動機：三菱MB-3072-A・160kW×4・WN◆制御装置：MMC-HTR-20H[同]◆制動装置：HSC-R[HSC]◆台車：KD-88[88A/96C]◆製造年：昭和58・平成3年(1983・91)◆製造所：近畿車輛

京都線で活躍していた9200系だが、後年は大阪線にも活躍の場を広げる
　　　　興戸～三山木　平成16.3.13　写真：林 基一

3200系 (6連×7本)

ク3100形＋モ3200形＋モ3400形＋
サ3300形＋モ3800形＋ク3700形
(各形式とも7両ずつ在籍)

京都地下鉄直通用 初の全線共通車体

京都市営地下鉄烏丸線の相互直通の記念装飾の3200系
新田辺　昭和63.8.28　写真：林 基一

前面が左右非対称の曲面ガラスと、近鉄唯一のデザインとなった3200系、ホワイトとマルーンレッドの塗装も以後の標準となる
平端～ファミリー公園前　昭和61.1.26　写真：林 基一

京都線と京都市営地下鉄烏丸線との相互直通運転に備えて昭和61年(1986)に登場した系列。当初は4連であったが、昭和62年に中間車を増備して6連×7本になった。

3200系は近鉄の全線共通車体のプロトタイプとなった形式でもあった(前面を除く)。量産車として初めてVVVFインバータ制御、アルミ合金車体を採用し、前面は左右非対称の曲面ガラス、非常用扉付き、側面は左右対称の扉配置となり、塗色もこの形式からシルキーホワイト／マルーンレッドのツートンとなった。

電気指令式ブレーキを使用するため他形式との併結はできないが、抑速ブレーキを装備しているため、広軌(標準軌)区間ならどの線でも走行が可能である。京都市営地下鉄相互乗り入れ(近鉄奈良～国際会館間)のほか京都・橿原・天理・奈良線でも各種別の列車に使用されている。編成は奈良方からク3100-モ3200-モ3400-サ3300-モ3800-ク3700の6両固定7本。後継車に「シリーズ21」の3220系6連3本がある。

下記のデータはモ3200形(M)のもの。ク3700形は角カッコ内に示した。

データ　最大寸法：長20,500×幅2,800×高4,150[4,040]mm◆主電動機：三菱MB-5014-A2・165kW×4・WN◆制御装置：MAP-174-15V10[同]◆制動装置：KEBS-1[同]◆台車：KD-93/93B[93A]◆製造年：昭和61～62年(1986～87)◆製造所：近畿車輛

3200系は奈良・京都線区の各種別で活躍を続けている
額田～石切　平成22.6.12
写真：林 基一

1021系

モ1021～1025(Mc)	サ1171～1175(T)
モ1071～1075(M)	ク1121～1125(Tc)

日立製制御器VVVF車グループ ❶

 日立のVVVFインバータ制御器搭載、全線統一仕様の1233系を4両固定編成とした系列で、平成3年(1991)に登場した。2両を1ユニットとした編成で、難波・京都方からモ1021形(Mc)-サ1170形(T)-モ1070形(M)-ク1120形(Tc)の4連×5本にまとめられており、全5編成が生駒線用のワンマン運転対応車となっている。

 下記のデータはモ1021形のもの。ク1121形は角カッコ内に示した。

 データ 最大寸法：長20,720×幅2,800×高4,150[4,034]mm◆主電動機：三菱MB-5035A・165kW×4・WN◆制御装置：日立VF-HR-111[同]◆制動装置：HSC-R[HSC]◆台車：KD-96B[96C]◆製造年：平成3年(1991)◆製造所：近畿車輛

生駒線でワンマン運転を行う1020系、2両1ユニットの編成
元山上口～平群　平成28.3.27　写真：福田静二

1026系

モ1026～29・35(Mc)	サ1196～1199(T)
モ1096～1099(M)	サ1176～79・85(T)
モ1076～79・85(M)	ク1126～29・35(Tc)

日立製制御器VVVF車グループ ❷

 日立製の制御装置搭載グループの1233系(奈良線・名古屋線配置。2両編成)の4両固定編成版として、平成3年(1991)から1021系が登場していた。途中からボルスタレス台車

台車、補助電源装置の変更により別形式となった1026系
大和西大寺～新大宮　平成16.4.29　写真：林 基一

(M車はKD-306、T・Tc車はKD-306A)に変更となり、補助電源装置のSIVの484Q型への変更があったので、区画を付けて別形式の1026系となったもの。現在は6連が4本、4連が1本となっている。6両編成は阪神電鉄乗り入れ対応車である。

1031系

モ1031～1034(Mc)	サ1181～1184(T)
モ1081～1084(M)	ク1131～1134(Tc)

日立製制御器VVVF車グループ ❸

 走行機器面は1026系と同じ、ボルスタレス台車も同じである。1026系との違いは4連×4本がすべて生駒線用にワンマン対応化改造されていることである。

ワンマン改造されているが、本線でも運用される1031系
西ノ京～九条　平成28.4.2　写真：福田静二

標準軌線共通仕様に改められた1233系　　大和西大寺〜新大宮　平成21.3.21　写真：林 基一

1233系

モ1233〜39・41・44〜46(Mc)
ク1333〜39・41・44〜46(Tc)

日立製制御器VVVF車グループ ❹

　日立製制御器によるVVVFインバータ制御車として、昭和62年(1987)に誕生した1220系の車体仕様を標準軌線共通仕様(アルミ車体、左右対称窓配置)に設計変更して平成元年(1989)に登場したのが1230系である。同系はモ1230+ク1330形のMTc×2本からスタートし、仕様変更を重ねて1233・1240・1249・1252・1253・1254・1259系が各2連で増備され、大阪・名古屋・奈良・京都の各線に投入された。

　奈良・京都線区には1233・1249・1252・1253系が配置されており、1233系は2連×11本が活躍中。

　1230系グループは77両が製造されて、奈良・京都・大阪・名古屋線に配置された。製造の過程で機器改良や、ワンマン化改造などの仕様変更の都度、そのトップナンバーを新たな系列とする派生形式が数多く在籍し分類されたために、各線区配置車の車号に飛び番が発生して、非常に複雑になっている。1233系だけが、奈良線と名古屋線の両方に在籍している。

　下記のデータはモ1233形のもの。ク1333形は角カッコ内に示した。

　データ　最大寸法：長20,720×幅2,800×高4,150〔4,030〕mm◆主電動機：三菱MB-5035A・165kW×4・WN◆制御装置：日立VF-HR-111◆制動装置：HSC-R〔HSC〕◆台車：近車KD-96B〔96C〕◆製造年：平成元年(1989)◆製造所：近畿車輛

1249系

モ1249〜1251(Mc)　　ク1349〜1351(Tc)

　1233系に続く増備車で、平成4年(1992)登場の2連×3が該当する。変更点は補助電源装置がHG-77463から、SIV(静止型インバータ)BS483Q(70kVA)に変わったことである。

補助電源装置が変更された1249系(後部2両)
　　　　　鶴橋　平成15.3.30　写真：林 基一

1252系

モ1252・58・62〜64・70〜77(Mc)
ク1352・58・62〜64・70〜77(Tc)

　平成5年(1993)に登場した1252系の変更点は、Tc車のディスクブレーキを1軸1ディスクとしたボルスタレス台車・KD-306A(M)・306B(T)に変わったことである。

Tc車の台車が変更された1252系
　　　　額田〜石切　平成25.5.17　写真：福田静二

5800系

モ5801〜5805（Mc）	サ5701〜5705（T）
モ5601〜5605（M）	サ5501〜5505（T）
モ5401〜5405（M）	ク5301〜5305（Tc）

奈良・京都線区に初登場のL/Cカー

　昭和45〜46年（1970〜71）に大阪・名古屋線系統の急行用に4扉車ながら固定式クロスシートを設置した2600・2680・2610系が登場した。しかし、座席が窮屈で不評だったため、順次ロングシート車に改造された。

　平成8年（1996）1月に2610系2621Fをロングシートとクロスシートの切り替え可能なL/Cカーに改造し、大阪線・名古屋線で試験的に運行を行ったところ良好なデータが得られたため、平成9〜10年（1997〜98）にL/Cカー5800系が奈良・大阪・名古屋線に新製投入された。

　MTユニットで、奈良線は難波方からモ5800-サ5700-モ5600-サ5500-モ5400-ク5300形の6連が5本、大阪線は逆向きで6連×2本、名古屋線には大阪線編成の6連から中間のサ5500・モ5400形を抜いた4連1本がお目見えした。

ラッピング車となった5800系、ロングとクロスのシート切り替えは混雑度に応じて行われている
富雄〜学園前　平成21.11.22　写真：林 基一

　座席は扉間で切り替えで2人掛け3列クロスシート/6人掛けロングシート、車端部には4人掛け固定ロングシートという配置で、乗務員室から電動転換が可能である。椅子は背もたれが高く、ヘッドレスト付きという行き届いたものだった。平成10年（1998）度の鉄道友の会ローレル賞を受賞している。

　奈良線では快速急行と阪神電鉄直通列車に使用され、クロスシートは混雑度に応じて土休日と、平日の日中に使用される（京都線ではロングシートのみ）。L/Cカー 5800系は「シリーズ21」のL/Cカー5820系に引き継がれた。

　下記のデータはモ5800形のもの。ク5300形は角カッコ内に示した。

［データ］　最大寸法：長20,720×幅2,800×高4,150［4,025］mm◆主電動機：三菱MB-5035B・165kW×4・WN◆制御装置：三菱MAP-174-15VD27◆制動装置：HSC-R［HSC］◆台車：KD-306［306A］◆製造年：平成9〜10年（1997〜98）◆製造所：近畿車輛

ロングシートとクロスシートの切り替えの様子（試作車）　写真：林 基一

ロングシートとクロスシートの切り替えが可能なL/Cカー5800系
大和西大寺〜新大宮　平成16.4.29　写真：林 基一

❼「シリーズ21」(奈良・京都線)

3220系

ク3721〜3723(Tc)	モ3821〜3823(M)
モ3621〜3623(M)	サ3521〜3523(T)
モ3221〜3223(M)	ク3121〜3123(Tc)

奈良・京都線区の「シリーズ21」第1弾

21世紀に向けて通勤型電車のあるべき姿として、「人に優しい」「地球に優しい」をコンセプトに設計された斬新な車両が「シリーズ21」である。平成12年(2000)3月から順次奈良・京都・大阪・南大阪線に登場した。その第1陣が京都線と京都市営地下鉄烏丸線直通運転、および京都線・奈良線区を走る3220形であった。

車体はアルミ押出し材を使用した明朗なデザインで、前面は曲面ガラスを使った非対称・非常口付きで、「シリーズ21」ファミリーの中ではその点がほかの形式と異なっている。塗色は上半アースブラウン/下半クリスタルホワイト、その塗り分け線の位置にはサンフラワーイエローの細い帯が巻かれている。

編成は京都・難波方からク3720-モ3820-モ3620-サ3520-モ3220-ク3120形から成る6連で、3編成がお目見えした。3221Fが「シリーズ21」の標準色、3222・3223Fは京都・奈良への観光客誘致をはかるイラストのラッピング車となっていた(平成23年に標準塗装に戻る)。

車内は「シリーズ21」の標準的な見付けで、従来の車両に比べて軽量化と合理的なデザインとなっている。扉間の窓は固定式の1枚ガラスになり、眺望が良くなっている。吊革も高さが3段階あって、実用的である。全体に寸法拡大の成果が表れていて、車内は広々としている。ちなみにロングシートの1人当たりの横幅は485mmと大幅に広くなった。

主電動機は三菱のMB-5085A・185kW、制御装置は標準軌線初の日立IGBT-VVVFインバータ制御器を採用。台車はボルスタレスのKD-311シリーズが使われている。

運用は京都線と京都市営地下鉄烏丸線との直通運転を主体に、京都線、奈良線、天理線、橿原線にも顔を見せている。機器、運用の関係で他形式との併結はない。

「シリーズ21」の3220系、5820系、9020系は平成13年(2001)度の鉄道友の会ローレル賞を受賞している(第4弾の9820系は製造時期の関係で含まれなかった)。

下記のデータはモ3220形のもの。ク3120形は角カッコ内に示した。

データ 最大寸法:長20,500×幅2,800×高4,150[4,110]mm◆主電動機:三菱MB-5085A・185kW×4・WN◆制御装置:(IGBT-VVVFインバータ制御)日立VFI-HR-1420◆制動装置:KEBS-21[同]◆台車:KD-311[KD-311A]◆製造年:平成11〜12年(1999〜2000)◆製造所:近畿車輛

「シリーズ21」の第1弾として登場の3220系　京都・奈良のイラストのラッピング編成　興戸〜三山木　平成21.4.29　写真:林 基一

5820系

ク5721〜5725(Tc)	モ5821〜5825(M)
モ5621〜5625(M)	サ5521〜5525(T)
モ5421〜5425(M)	ク5321〜5325(Tc)

「シリーズ21」の第2弾はL/Cカーの6連版

　「シリーズ21」の第2弾は、3220系と同じ平成12年(2000)にL/Cカーの5820系として6両編成×5本が登場した。難波・京都方からク5720-モ5820-モ5620-サ5520-モ5420-ク5320形の構成になっている。

　(平成14年[2002])には大阪線にも50番台の6連×2本が登場しているが、詳細は大阪線の項P.127を参照のこと)。

　性能面、機器類は「シリーズ21」として共通化されており、主電動機は三菱MB-5085A、制御器はIGBT素子のVVVFインバータ制御による三菱MAP-194-15VD86または日立VF1-HR-1420A、制動装置はKEBS-21シリーズ(電気指令式空気ブレーキ/回生・抑速・保安ブレーキ付き)となっている。5820系の制御器は5825F(奈良線)・5852F(大阪線)が日立製、それ以外は三菱製である。

　車体は前面が貫通式になり、難波・京都側には貫通幌が設置されている。車内の基本デザインは3220系との共通項が多いが、L/Cカー

前面が貫通式となった「シリーズ21」の5820系　ク5720形
今里　平成25.5.17　写真:福田静二

としてヘッドレストを備えたシートには独自のデザインが目立つ。

　平成18年(2006)から阪神電鉄との相互直通運転に備えて阪神用ATS、列車種別装置の設置などの準備工事を進め、平成21年(2009)3月20日の大阪難波〜西九条間開通後は、近鉄奈良〜神戸三宮間の快速急行や、奈良線での使用が多くなり、京都線、橿原線、天理線での運行は減っている。

　下記のデータはモ5820形のもの。ク5720形は角カッコで示した。

[データ]　最大寸法:長20,720×幅2,800×高4,150[4,110]mm◆主電動機:三菱MB-5085A・185kW×4・WN◆制御装置:(IGBT-VVVFインバータ制御)三菱MAP-194-15VD86/日立VF1-HR-1420◆制動装置:KEBS-21[同]◆台車:KD-311[311A]◆製造年:平成12年(2000)◆製造所:近畿車輛

阪神なんば線の開業後は、奈良線の神戸三宮行きの快速急行に運用されることが多い5820系
額田〜石切　平成25.5.17
写真:林基一

ロングシート車の9020系　各線区で活発に活躍している
富雄〜学園前　平成21.3.21
写真：林 基一

9020系

モ9021〜9039　　ク9121〜9139

「シリーズ21」第3弾はオールロング席車の2連版

「シリーズ21」のL/Cカー5820系に続く第3弾は、奈良・京都線区用のロングシート車9020系2両編成の登場となった。平成12年(2000)年に大阪難波・京都方からモ9020形＋ク9120形の2連×5本が新製投入され、その後、平成13年に1本、平成14年には大阪線用の50番台の2連も1本登場している（大阪線の項P.127参照）。

少し間を置いて平成18年(2006)に奈良・京都線用の2連×12本、さらに平成20年(2008)に2連1本が増備された。現在、奈良・京都線区にはモ9021F〜9039Fの2連19編成（全車阪神直通対応工事済み）と、大阪線9051F1編成、計20編成が活躍中である。

9020系は奈良線で5820系や9820系の増結車として重用されているほか、2連同士の重連による6・8連として快速急行などにも活用されている。京都線では4連の急行、京都・橿原・天理線の普通としても活躍中である。阪神電鉄乗り入れ対応車である。

車内デザインは3200系に準じており、機器面は「シリーズ21」の所期の目的である各形式共通仕様となっている。以下のデータはモ9020形のもの。ク9120形は角カッコで示した。

データ　最大寸法：長20,720×幅2,800×高4,150[4,110] mm◆主電動機：三菱MB-5085A・185kW×4・WN◆制御装置：(IGBT-VVVFインバータ制御)三菱MAP-194-15VD86／日立VFI-HR-1420A(9021〜26・28〜34F)◆制動装置：KEBS-21[同]◆台車：KD-311[311A]◆製造年：平成12〜20年(2000〜08)◆製造所：近畿車輛

9820系

ク9721〜9730(Tc)　モ9821〜9830(M)
モ9621〜9630(M)　サ9521〜9530(T)
モ9421〜9430(M)　ク9321〜9330(Tc)

「シリーズ21」第4弾はオールロング席の6連版

「シリーズ21」のL/Cカー5820系をロングシート版にしたのがこの9820系である。在来型の流れから見ると、6連のロング席車・1020系、1620系を「シリーズ21」に昇華させた形式といえよう。平成13〜20年(2001〜08)の間に5次にわたって6両編成10本が登場した。

右記のデータはモ9420・9620・9820形のもの。ク9320・9720形は角カッコで示した。

阪神電鉄との相互直通運転にも活躍する9820系、開業当日には祝賀のシールも貼られた
阪神尼崎　平成21.3.20
写真：林 基一

データ　最大寸法：長20,720×幅2,800×高4,150[4,110] mm◆主電動機：三菱MB-5085A・185kW×4・WN◆制御装置：(IGBT-VVVFインバータ制御)三菱MAP-194-15VD86／日立VFI-HR-1420A(9822・24・29・30F)◆制動装置：KEBS-21A[同]◆台車：KD-311[311A]◆製造年：平成13〜20年(2001〜08)◆製造所：近畿車輛

けいはんな線

◆けいはんな線の概況

学研奈良登美ヶ丘へ延長された　平成18.3.27　写真：福田靜二

けいはんな線は、大阪府東大阪市の長田から奈良線の生駒を経て、奈良県奈良市の学研奈良登美ヶ丘に至る18.8kmの路線で、長田～テクノコスモスクエア間17.9kmの大阪市営地下鉄中央線と相互直通運転を行っている。したがって、近鉄では唯一の第3軌条から集電を行う路線であり、市営地下鉄と同じ直流750Vを採用している。

開業は昭和61年(1986)10月1日、東大阪線として開通。平成18年(2006)3月27日に生駒～学研奈良登美ヶ丘間が開通して、けいはんな線と改称した。車両は18m車で、7000系6連×9本、7020系6連×4本が所属している。車体長は地下鉄線に合わせてあるが、車体幅が2900mmという広幅で、側面はふくらみを持たせてあり、断面上最も広幅になっている窓下の位置にロングシートを設置して車内空間の確保(立席者の定員増)に効果を挙げている。

車両基地は東花園検車区の東生駒・登美ヶ丘車庫の2ヵ所。当線の車両は他の近鉄線が走れないため、東生駒からモト77・78に曳行されて奈良・橿原・大阪線経由で五位堂検修車庫に入場している。

7000系 (6連×9本)

ク7101～7108・7110	モ7201～7208・7210
サ7301～7308・7310	ク7401～7408・7410
モ7501～7508・7510	ク7601～7608・7610

(第9編成は欠)

第3軌条集電のVVVF地下鉄直通車両

昭和61年(1986)10月の開業に合わせて、近畿車輌で新製された18m級の車両である。長田方からTcMTMMTcの6両編成×8本がこの年度に新製投入され、平成元年(1989)に6連1本が増備された。

車体は全鋼製で、前面は非常口を向かって左に寄せた非対称型で、曲面ガラスを用いた緩やかな曲線を持ち、裾は絞り込まれている。車体幅が近鉄最大の2900mmとなり、その断面は側面の窓下が最も膨らみをもっている。

塗色はパールホワイトの下地に、前面運転台下と非常口、側面窓下の帯が明るいソーラーオレンジで、側面にはアクアブルーの細帯が添えてある。

機器面は主電動機が三菱電機のMB-5011-A・140kW×4、主制御器は末尾奇数の編成が三菱のMAP-144-75V03、偶数の編成が日立製作所のVF-HR-104で、ともにGTO素子VVVFインバータ制御である(7108Fのみ日立のIGBT素子VVVFインバータ制御に換装)。

7109Fが欠番になっているのは、増備車が日立製の制御器だったため、三菱製の制御器の編成のため空けておいたことによる。

当形式は昭和61年(1986)の通商産業省グッドデザイン商品に選定され、昭和62年(1987)鉄道友の会ローレル賞を受賞している。

その後、平成16～18年(2004～06)に車体更新が行われ、「シリーズ21」に準じた後続の7020系と同じ室内デザインになった。全編成が東生駒車庫に所属して活躍を続けている。

次頁のデータはモ7200形のもの。ク7100形

唯一の第3軌条路線、けいはんな線で使用の7000系、グッドデザイン賞、鉄道友の会ローレル賞を受賞　新石切　昭和61.11.2　写真：林 基一

は角カッコで示した。

データ　最大寸法：長18,700[18,900]×幅2,900×高3,745mm◆主電動機：三菱MB-5011A・140kW×4・WN◆制御装置：(奇)三菱MAP-144-75V03、(偶)日立VF-HR-104◆制動装置：HRDA-1◆台車：近車KD-92[92A]◆製造年：昭和61年・平成元年(1986・89)◆製造所：近畿車輛

7020系 (6連×4本)

ク7121～7124	モ7221～7224
サ7321～7324	モ7421～7424
モ7521～7524	ク7621～7624

「シリーズ21」に準じた仕様 7000系の増備車

　生駒～学研奈良登美ヶ丘間8.6kmの延長に備えて、平成16～17年(2004～05)に必要な両数を満たす増備車・7020系6両×4編成が新製投入された。平成16年12月1日の延長区間開業後は7000系と共通運用に就いている。

　製造年度が奈良・京都・大阪線区の「シリーズ21」新造時期と重なったため、公式には同シリーズには含まれないものの、車内デザイン、座席構造、サイン類、機器の一部が「シリーズ21」と共通化しており、先陣の7000系も当形式に準じた車内デザインに更新されている。

　主電動機は7000系の出力140kWが145kWに増強され、高速運転に対応している。制御器も7000系のGTO素子によるものからIGBT素子によるVVVFインバータ制御に変更され、すべての編成が三菱電機製に統一された。

　車体デザインではLEDの本格採用と、片持ち式のシートになっている(7000系も更新の際に統一)。サイン類の数字書体も特急車や「シリーズ21」で採用されているヘルベチカ(スイス生まれのゴシック体)に変更された。

　全編成が東花園検車区の東生駒車庫に配置されている。下記はモ7220形のデータ。ク7120形は角カッコで示した。

データ　最大寸法：長18,700[18,900]×幅2,900×高3,745mm◆主電動機：三菱MB-5104A・145kW×4・WN◆制御装置：三菱MAP-154-75V131◆制動装置：KEBS-21A◆台車：近車KD-92B[92C]◆製造年：平成16年(2004)◆製造所：近畿車輛

学研奈良登美ヶ丘延長の際に増備された7020系
大阪市地下鉄弁天町　平成18.9.17　写真：福田静二

鋼索線・索道をめぐる

きんてつあらかると

現役最古のケーブル車両として活躍していた生駒ケーブル宝山寺線コハ1形、この年に新車両と交代した　　平成12.2

■**鋼索線**　西から訪ねていくと、近鉄信貴線(大阪線の河内山本～信貴山口間2.8km)と連絡している**西信貴鋼索線**(信貴山口～高安山間1.3kmがある。昭和5年(1930)に大軌系の信貴山電鉄(翌年に信貴山急行電鉄と改称)が開業したもので、高低差354m、最大勾配169.5‰、軌間1067mm、大阪側からの最短距離で、多くの参詣客、観光客を運んでいる。戦中の昭和19年(1944)1月から休止、昭和32年(1957)3月に復活した。車両は復活時に導入したコ7形コ7(ずいうん)・コ8(しょううん)が今も現役である。

　次が奈良線の生駒駅で連絡している**生駒鋼索線**。我が国最大規模のケーブル線で、開業は宝山寺線(鳥居前～宝山寺間)が大正7年(1918)で、昭和元年(1926)に複線化された。1号線・2号線ともに0.9km、最大勾配227‰、高低差163m、軌間1067mm。単線並列なので、中間の交換場では線路が4本並んで複々線のように見える。参詣客、観光客とともに通勤通学客も多い。車両は1号線がコ11形コ11(ブル)・12(ミケ)、2号線がコ3形コ3(すずらん)・4(白樺)。通常は1号線のみ運転、2号線は年末年始に運転。これに接続して宝山寺～生駒山上間を結ぶのが山上線1.1kmである。最大勾配333‰、高低差320m、軌間1067mm、途中に梅屋敷、霞ヶ丘の2駅がある。年末年始、シーズン中には急行・臨時運転もある。車両はコ15形コ15(ドレミ)・16(スイート)。

　廃止路線としては、旧信貴生駒電気鉄道が大正11年(1922)に開業し、近鉄に合併していた東信貴鋼索線(信貴山下～信貴山間1.7km)最大勾配227‰、高低差231m、軌間1067mm)は利用減により昭和58年(1983)9月に廃止となった。車両は昭和8年(1933)製のコ9(黄/赤)・10(黄/青)が孤塁を守っていた。

■**索道線**　近鉄御所線・御所駅からバスで約15分の葛城登山口駅と葛城山上駅間を1,421mで結ぶ**葛城索道線**(葛城ロープウェイ)がある。高低差561m、複線交走式。登山客向けに昭和42年(1967)3月26日開業、平成11年(1999)6月に搬器を更新している。

(写真：福田静二)

生駒ケーブル山上線にある中間駅の梅屋敷　　平成22.11.29

信貴線の終点、信貴山口駅で接続する西信貴ケーブル、信貴山にちなんだトラが描かれる　　平成27.10.31

単線並列方式の生駒ケーブル宝山寺線、1号線は奇抜な外装が名物　　平成22.11.29

駅名標を見比べる

きんてつ あらかると

これ以上はない、日本一短い駅名「津」

　昔の照明式の駅名標や駅の案内標識は、"文字書きさん"と呼ばれる名人気質の職人さんが揮毫した達筆の楷書体だったが、昭和40年代以降は写真植字を経てデジタル方式の活字書体の利用に変わっていった。

昭和30年代の四日市駅の楷書体の駅名標、名古屋線の電車は行先札の書体も独特だった　　　写真：高橋 弘

　近鉄の照明式駅名標の場合は、書体メーカーのモリサワ(大阪)制作の太めの見出し用ゴシック体「見出しゴMB31」を用いた黒地に白抜き文字の駅名標が長らく親しまれてきた。平成10年(1998)以降は、書体のみ同じモリサワの新しいゴシック体「新ゴ」への変更を進めていた。

　平成21年(2009)から近鉄の照明式駅名標は従来とは逆に白地に黒文字のデザインに変わり、書体もイワタ(東京)が制作した「イワタUDゴシック」が採用された。「すべての人に読みやすいユニバーサル・デザイン(UD)の書体」の考え方で、関西では近鉄が初採用したものである。

今進められている駅ナンバリング入りの新しい駅名標、書体はイワタUDゴシック、ローマ字の表記が従来とは変わった

　その後、近鉄では照明式駅名標だけでなく、駅構内やホームの照明式案内標識、ホームに建植された非照明の鳥居型駅名標の書体に至るまで「イワタUDゴシック」に統一し、その読みやすさから視認性・速読性の向上に寄与している。

吉野口駅の駅名標　近鉄の駅なのに和歌山線との接続駅のため完全なJRスタイル、駅ナンバリングが後付けされている

　ちなみに関西各社の照明式駅名標の書体を紹介しておくと、JR西日本と京阪がモリサワの「新ゴ」、阪急が写研の丸ゴシック「ナール」(「イワタUD丸ゴシック」に移行中)、南海が正統派ゴシック体の「4550」、阪神が視覚デザイン研究所の「ロゴG」となっている。

　このように記すと難しくなるが、特に書体の名を知らなくても、利用した際に各社の書体を見比べてみるのも楽しいものである。

（写真：特記以外 福田静二）

近鉄電車のすべて　一般型車両 2
大阪線系統

電車史上、画期的な大型・高速電車である2200系は、特急からの撤退後も、長く急行で活躍した。モーターの唸りとともに高速で走り抜く青山越えは、とくに忘れがたい名場面だった
　長谷寺付近　昭和37.3.8　写真：高橋 弘

◆大阪線系統の概況

大阪線は大阪上本町〜伊勢中川間107.6km（路線距離。営業距離は108.9km。相違は青山トンネル付近の線路付け替えによる）。それより先は山田線の伊勢中川〜宇治山田間28.3km、鳥羽線の宇治山田〜鳥羽間13.2km、志摩線の鳥羽〜賢島間24.5kmと続く。昭和34年（1959）11月の名古屋線改軌までは大阪線と山田線は運転形態が一体化していたが、現在では山田・鳥羽・志摩線は名古屋線の延長区間の性格を強めている。

大阪線は大阪と名古屋、伊勢志摩方面を結ぶ「地域間連絡線」の性格が強いが、その沿線は大幹線の割には大都市・大駅が少なく、山岳地帯を越える風景が続く。支線の数も少なく、大阪方に信貴線の河内山本〜信貴山口間2.8kmがあるのみである（かつての伊賀線は平成19年（2007）10月に「伊賀鉄道」となって近鉄から分離）。

特急列車の本数は多く、大阪難波発着の名阪甲・乙特急、名伊特急のほか、大阪上本町発の名伊特急、大和八木で迎える京伊特急が

快速急行、急行では乗車時間が2時間を超える長距離列車もあり、トイレ付車両も連結される　　　写真：福田静二

あり、団体臨時列車も加わって華やかである。

一般の列車は大阪上本町から快速急行、急行、準急、区間準急、普通が発着しており、河内国分、大和八木、榛原、名張、青山町、東青山と、東へ向かうほど段落としに利用客と列車本数が減っていく。東青山を越える長距離列車にはトイレ付きの車両が連結される。

車庫は高安検車区（五位堂・名張・青山町車庫を含む）と、明星検車区（名古屋線と大阪線を担当）。保守は五位堂検修車庫と高安検修センター（更新改造）が担当している。

■ 大阪線系統路線略図

■ 区間運転車両

❶ 旧大阪電気軌道（大軌）の車両

大軌デボ1000形 ⇨ モ1000形
デボ1000〜1007 ➡ モ1001〜1006

大軌桜井線開業時の第1陣は19m車

　大阪電気軌道（以下、大軌と称す）の桜井線（現・大阪線の一部）の布施〜桜井間が全通したのが昭和4年（1929）4月1日。これに合わせて投入されたのがデボ1000形8両、デボ1100形2両だった。3扉ロングシートの19m車で、窓割りはd1D5D5D1d、前面には貫通扉と幌が付き、米国流に前照灯の角形台座の両脇に車両ナンバーが記してあった。

　登場時の主電動機、制御器は米国ウェスチングハウス（WH）社製だったが、昭和28年（1953）に制御器を川崎UMCに交換して他形式との併結を可能にしている。昭和30年代後半から利用増に対応して改装が行われたが、昭和46年（1971）に全廃となった。

　下記のデータは一部変更されたものもカッコ内に記しておいた。

データ 最大寸法：長19,110×幅2,740×高4,125㎜◆主電動機：米国WH社149.21kW×4・吊掛◆制御装置：WH-HLF（→川崎UMC）◆制動装置：AMM（→AMA）◆台車：住友96A43BC1-4◆製造年：昭和4年（1929）◆製造所：汽車製造東京支店

大軌が桜井まで開業した際に造られたデボ1000形、3扉のロングシート車だった　　西尾克三郎コレクション　所蔵：湯口徹

伊賀神戸行き準急で最後の活躍を見せるモ1002ほか
　　　　　安堂〜河内国分　昭和43.10.8　写真：早川昭文

立体交差の上本町駅に到着するデボ1000、構内の配線から昭和8年までの撮影と思われる
　　　　　　　　　　　　　　　撮影者不詳　所蔵：大西友三郎

| 大軌デボ1100形 ⇨ ク1100形 | 大軌デボ1200形 ⇨ モ1200形 |

デボ1100〜1101 ➡ ク1101〜1103　　デボ1200〜1203 ➡ モ1201〜1204

第1陣の相棒19m車 McからTcへ

デボ1000形と同時に新製された同型車だが、国産の電装品を装備したため形式が分かれていた。1000形と行動を共にしていたが、戦時中の昭和18年(1943)に電装品の予備を捻出するために2両ともク1100形となった。昭和27年(1952)に同じく制御車化していたモ1005をク1102として編入した。

昭和36年(1961)に中間車サ1100形となり、昭和47年(1972)に、サ1101・1103 ⇒ サ1511・1512に改番、残った1102は昭和46年(1971)、1511・1512は昭和48年(1973)に廃車となった。

下記にク1100形時代のデータを示す。

データ　最大寸法：長19,110×幅2,740×高4,035㎜◆制御器：MMC◆制動装置：ACA◆台車：住友96A43BC1-4◆製造年：昭和4年(1929)◆製造所：汽車製造東京支店

最初の20m車 大阪方区間車

昭和5年(1930)に日本車輌でデボ1200形4両が新製された。大軌初の20m車で、窓割りはd2D5D5D2dとなり、デボ1000形を1m延長したスタイルになった。

電装品は日立の主電動機と制御器、制動装置はAMMであった。昭和7年(1932)に電気制動を装備、阪伊間の山越えが可能になった。昭和36年(1961)に番号整理して1201〜1204となる。また、同年から内装のデコラ化と片運転台化、上本町向き奇数車の両開扉化などが進んだ。昭和46年(1971)に廃車。下記は最終時のデータである。

データ　最大寸法：長20,273×幅2,740×高4,128㎜◆主電動機：日立HS-356-AR-26・149.2kW×4・吊掛◆制御装置：UMC◆制動装置：AMA◆台車：住友96A45BC1-4◆製造年：昭和5年(1930)◆製造所：日本車輌

ク1100形は、後に中間車サ1100形となった　サ1102
　　　　　　布施　昭和39.2.1　写真：丹羽 満

大軌初の20m車となったデボ1200形1201
　　　　　西尾克三郎コレクション　所蔵：湯口 徹

上本町駅に到着するモ1203ほか　上本町向き奇数車の扉は両開化された
　昭和44.7.9　写真：犬伏孝司

モ1201　先頭の急行上本町行き、2両目はク1560形　グリーンに白線の試験塗装となっている
安堂〜河内国分　昭和36　写真:奥野利夫　所蔵:鹿島雅美

大軌デボ1300形 ⇒ モ1300形
デボ1300〜1315 ➡ モ1301〜1315

大阪方区間運転 20m車の顔

　昭和5年(1930)にデボ1300〜1304・1310〜1315が日本車輌、デボ1305〜1309が田中車輛で新製された。主電動機は三菱、制御器は日立製で、デボ1200形とは機器以外、全くの同一車体である。

　登場以来、大阪方の区間列車の中心として活躍を続ける。昭和27年(1952)に1308が車体を事故で焼損したため、1300を1308(Ⅱ代目)に改番し、1301〜1315に揃えた。

　昭和37年(1962)から車内改装と上本町方奇数車の両開扉化、下降窓化が行われ、原型で残ったのは1312・1314・1315の3両となる。昭和46〜48年(1971〜73)に廃車となった。下記のデータは戦後のものである。

データ　最大寸法:長20,273×幅2,740×高4,128mm◆主電動機:三菱MB-211-AF・149.2kW×4・吊掛◆制御装置:MMC◆制動装置:AMA◆台車:住友96A45BC1-4◆製造年:昭和5年(1930)製造所:日本車輌・田中車輛

デビュー当時のデボ1300形1315
西尾克三郎コレクション　所蔵:湯口徹

モ1200形と同一車体で、機器のみが異なるモ1300形、後に片運転台化、車体更新が行われた
昭和44.7.9　大和高田〜松塚　写真:涌田浩

1300形は大阪方の区間運転電車として活躍　モ1312ほか　オレンジに白線の試験塗装
布施　昭和36　写真:藤原寛

モ1308 ⇨ モ1321

事故復旧で1形式1両の大阪方区間車に

昭和27年(1952)に1308が車体を焼損したため、昭和28年(1953)に当時の最新型ク1560形と同一の車体(両運転台)を新製して復旧し、モ1320形1321となったもの。近距離用の各形式と混用されていたが、同型車体のク1560形と併結されたときが最も美しく見えた。

昭和48年(1973)に電装解除されてク1321となり、台車も住友製から近畿車輌のKD-32Cに交換された。昭和58年(1983)に荷物・鮮魚電車に改造され、モワ600系のク501に改番の後、昭和63年(1988)に廃車となった。下記のデータはク1321時代のものである。

データ 最大寸法:長20,720×幅2,740×高4,045㎜◆制御装置:MMC◆制動装置:AMA◆台車:近車KD-32C◆製造年:昭和5年(1930)、改造年:昭和28年(1953)◆製造(改造)所:田中車輛(現・近畿車輛)

大軌デボ1400形・クボ1500形 ⇨ モ1400形・ク1500形

デボ1400〜1415 ➡ モ1401〜1416
クボ1500〜1504 ➡ ク1501〜1505

参急デ2227形の3扉版 中距離準急で活躍

大軌沿線の橿原神宮においても昭和15年(1940)の紀元二千六百年記念式典が挙行されるため、参拝客の急増が見込まれた。それに対応して昭和14年(1939)にデボ1400形16両、翌昭和15年に同型の制御車クボ1500形5両が日本車輌で新製された。

参急2扉の2227系と同型で、3扉版の区間車 モ1400形
鶴橋 昭和33.11.29 写真:沖中忠順

同時期に同じ日本車輌で製造された参急の2扉デ2227形・ク3110形とは同系の中距離用の3扉車で、2227系とは台車・機器面ともに同一であった。

窓割りはd2D4D4D2d、大軌の在来3扉車に比べると窓の天地左右の寸法が拡大され、スマートさを増していた。参急2227形と同様、非常時に狭軌化して東海道本線の迂回運転を行う案に対応して、大出力の狭軌用主電動機を架装していた。

1400系は上本町〜八木西口〜橿原神宮前間の輸送に活躍し、戦後は上本町〜榛原

1321+1561+1310　名張行き準急
河内国分付近　昭和34.10.25　写真:鹿島雅美

焼失した1308を、当時の最新車体を新製してモ1321となって復旧した1形式1両の区間車
昭和28.9.12　河内国分〜関屋　写真:佐竹保雄

間の準急を主体に西青山以西の中距離輸送で活躍を続けた。

昭和36年(1961)に番号整理でモ1401〜1416、ク1501〜1505となり、両形式の片運転台化工事も行われた。昭和49年(1974)から廃車が始まり、昭和51年(1976)にモワ10形に9両、クワ50形に2両が改造されたが、これも昭和58年(1983)に廃車となった。

下記はモ1400形のデータ。ク1500形は角カッコで示した。

データ 最大寸法：長20,620×幅2,736.6×高4,174[3,987]mm◆主電動機：三菱MB-266-AF・150kW×4・吊掛(狭軌用)◆制御装置：ABF◆制動装置：AMU(勾配抑速用電制付)[ACU]◆台車：日車D-22◆製造年：昭和14〜15年(1939〜40)◆製造所：日本車輌

名張行き準急で活躍を見せる モ1400系　松塚〜真菅　昭和43.12.24　写真：犬伏孝司

モニ2303・2304 ⇒ モ1421・1422 ⇒ サ1521・1522

モニ2300形2両を一般型へ改造

阪伊直通系のモニ2300形(半室荷物車)のうち、「リクリェーションカー」に改造されていた2303と、事故休車となっていた2304の2両を昭和32年(1957)に3扉・ロングシートのモ1421(初代)・1422に改造したもの。

昭和36年(1961)に機器類をモト2720形に譲ってサ1520形1521・1522に改造され、1000〜1300形と併結して使用されたが、昭和46年(1971)に2両とも廃車となった。

下記のデータは付随車サ1520形になってからのものである。

データ 最大寸法：長20,520×幅2,743×高3,825mm◆制動装置：ATA◆台車：近車KD-42◆製造年：昭和5年(1930)◆製造所：田中車輛(現・近畿車輛)・大阪鉄工所

休車中の2200系を3扉ロングシートで復旧した モ1421
伊勢中川　昭和34.12.6　写真：鹿島雅美

モ1421・1422はさらに電装解除されてサ1521・1522に改造された
伊勢中川　昭和46.12.24　写真：犬伏孝司

❷ 旧性能車時代の新造車両

モ2000形・ク1550形

モ2000～2009・ク1550～1554
➡ モ2001～2010・ク1551～1555

大阪線戦後初の新車は運輸省規格型

昭和22年(1947)に運輸省の肝いりで実施された私鉄の規格型車両の一つで、昭和23～24年(1948～49)にモ2000形10両、ク1550形5両を新製した。規格A形(20m3扉車)に該当したが、製造したのは近鉄だけで、主要寸法は1400系に準じていたため、規格臭は弱かった。

戦後すぐの製造だけに造りは粗末だった

戦後、近鉄となって初めて大阪線に投入されたのが2000系、後に片運化、車体更新が行われる 河内国分 昭和26.5.29 写真：鹿島雅美

が、当時としてはガラスの入った美しい新車だった。発電制動機なしのため、大阪方近郊区間専用として地味な運用に就いていた。

昭和38年(1963)以降は片運転台化と内装改善、両開扉化が進んで面目を一新したが、昭和48年(1973)に廃車となった。

下記は改造前の2000形のデータ。1550形は角カッコで示した。

データ 最大寸法：長20,720×幅2,744×高4,125[3,785]mm ◆主電動機：―――・150kW×4・吊掛◆制御装置：MMC◆制動装置：三菱AMA-R[ACA-R]◆台車：扶桑鋳鋼釣合梁形[近車KD-1]◆製造年：昭和23～24年(1948～49)◆製造所：近畿車輛

複線時代の今里駅を行くモ2000系
昭和27.6.22 写真：高橋 弘

ク1560形

ク1561～1569 ➡ サ1561・1562 ク1565～1569

近鉄初の大阪線区間運転用制御車

戦後の復興も一段落した昭和27～28年(1952～53)に、大阪線初の新製制御車ク1560形9両が登場した。全鋼製、角張った形の張上げ屋根、ノーシル・ノーヘッダーで窓帯なしの滑らかな車体と新型台車が新しい時代の到来を告げていた。

大阪方平坦線で在来型に併結され、主に中間車で使用された。昭和29年(1954)に1564・1565の2両が試験的にカルダン駆動の高性能車・モ1451＋1452に改造されて系列を離れた。

昭和48～49年(1973～74)に複雑な改番・改造を行い、サ1561・1562、ク1565～1569に揃えてから名古屋線に転出した(名古屋線の項P.163

参照)。下記のデータは大阪線時代のもの。

データ 最大寸法：長20,720×幅2,744×高3,785mm ◆MMC◆制動装置：ACA◆台車：住友FS-104(1561～65)・近車KD-3(1566～69)◆製造年：昭和27～28年(1952～53) ◆製造所：近畿車輛

初の制御車となったク1560形、全鋼製、張上げ屋根、新型台車を採用した 高安検車区 昭和27.3 写真：和気隆三

■ 直通運転車両

❶ 旧参宮急行電鉄（参急）の車両

参急デ2200系 ⇨ モ2200系
デ2200形2200〜2226 ➡ モ2201〜2226
デトニ2300形2300〜2307 ➡ モニ2301〜2306
サ3000形3100〜3016 ➡ サ3001〜3017
ク3100形3100〜3104 ➡ ク3101〜3105

日本最初の20m級長距離電車

　昭和5年（1930）12月20日に参宮急行電鉄の桜井〜山田（現・伊勢市）間が開通、翌昭和6年3月17日に宇治山田までの全線開通に合わせて登場したのが我が国初の長距離急行用電車、デ2200系の4形式だった。

正面に「テ」マークを付けて準急で運用中の戦前の2200系
西尾克三郎コレクション　所蔵：湯口 徹

宇治山田までの全線開業に合わせて登場したのがデ2200系
写真提供：近畿日本鉄道

　2200・3000・3100形は20m級2扉、窓割りはMc車でdD16Ddの両運転台、扉間には800mm幅の窓が16個並んでいた。扉付近を除くとゆったりした転換クロスシートが5組並び、2300形には特別室と荷物室が備わっていた。

　また、長距離運行のため電動車にはトイレが設置されており、両運転台の片方の半室運転室側の車掌台相当部分が充てられたので、その側は前面の窓が外板で塞がれて"ウインク"したよ

うな表情になっていた。

　戦前の一時期、阪伊間の料金不要特急に使用されたこともあるが、終始6連の急行と短編成の東部ローカルに使用された。

　戦中・戦後は酷使されたが、昭和23年（1948）の近鉄特急誕生を機にサ3000形、モニ2300形の一部が、2227形とともに有料特急車に抜擢された。ほかの車両も順次化粧直しを進めて急行系統で活躍を続けた。

　しかし、輸送事情の変化から昭和35〜44年（1960〜69）に2300形を除いて3扉化され、順次片運転台化、トイレ撤去、ロングシート化改造が行われた。晩年は名古屋線の急行で活躍していたが、昭和46〜49年（1971〜74）に廃車となった。

デトニ2300形には個室のある特別室、荷物室が設けられた
西尾克三郎コレクション　所蔵：湯口 徹

下記のデータはモ2200形のもの。付随車・制御車のデータは角カッコで示した。

データ 最大寸法:長20,520×幅2,743×高4,125mm◆主電動機:三菱MB-211-BF・150kW×4◆制御装置:三菱ABF◆制動装置:AMU[ATU/ACU]◆台車:住友KS-33L[KS-60L]◆製造年:昭和5～6年(1930～31)◆製造所:日本車輌・汽車製造東京支店・川崎車輌・田中車輌(現・近畿車輛)

有料特急の任を解かれると、急行系統での活躍が続いた2200系
大和朝倉～長谷寺 昭和46.5.2 写真:林 基一

もう一つの活躍の場は、修学旅行を中心とした貸切運用だった
伊勢中川 昭和43.10.8 写真:早川昭文

始発駅では手小荷物の積み込みも見られた
上本町 昭和42.11.29 写真:早川昭文

参急デ2227系	⇒	モ2227系
デ2227形2227～2246	➡	モ2227～2246
ク3110形3110～3114	➡	ク3111～3115
貴賓車サ2600	➡ サ2601 ➡	サ3018

2200系増備車はスマートな張上げ屋根

昭和13年(1938)に国家総動員法が制定されると、日本は戦時体制に入った。並行して皇国史観に基づく国や軍の方針により国民の愛国心、戦意高揚、必勝祈願のための神社参拝が奨励された。中でも伊勢神宮は昭和15年(1940)の紀元二千六百年式典が挙行されるため、多数の参宮客が見込まれた。

参急ではそれに備えて昭和14～15年(1939～40)に2227系を日本車輌で新製した。基幹のデ2227形、ク3110形は2200系(2200新)の増備車であったが、設計変更が多く見られた。窓割りはd2D10D2dとなったが、扉間の転換クロスシートと半室運転台側の最前部トイレは継承され、やはりその側は"ウイング"になっていた。張上げ屋根とリベットの減少により、全体的に都会的なスマートさを増している。皇族・貴賓客の利用に供するため貴賓車2600号も新製された。

このほか軍部の要請で非常時に東海道本線の迂回路として、名古屋～伊勢中川間は当時の狭軌線を使い、①伊勢中川から桜井までを広軌・狭軌の3線軌条にして迂回路とし、②桜井～畝傍～橿原神宮前～阿部野橋まで狭軌線を直通するなどの案が出ていた。

それに対応して参急の2227系、大軌の1400系は狭軌用の電動機を装備しておき、非常時に

2200系の増備車のデ2227系、ローカル線の運用に就き、旧西青山駅で交換列車を待つ　昭和46.4.11　写真：林 基一

は台車の狭軌化ができる準備が施されていた。

　戦中戦後の酷使のあと、昭和23年(1948)の近鉄特急発足に当たっては2227形の一部が抜擢された。2250系特急専用車の登場後は、昭和35年(1960)まで名伊特急の予備として活躍した(特急車の項P.25参照)。

　同期に製造されたク3110形(トイレなし)は戦時中にロングシート化され、東部ローカルに使用していたが、昭和38〜40年(1963〜65)に3扉化されて1400系の制御車になり、昭和47年(1972)に廃車となった。

　モ2227形は昭和36年(1961)から片運転台化され、晩年は名古屋線でも使用されたが、昭和48〜50年(1973〜75)に廃車となった。

　下記はモ2227形のデータで、ク3110形は角カッコで示した。

データ 最大寸法：長20,620×幅2,736×高4,174[3,987]㎜◆主電動機：三菱MB-266-AF/東洋TDK595A(ともに狭軌用)・150kW×4・吊掛◆制御装置：ABF◆制動装置：AMU◆台車：日車D-22◆製造年：昭和15〜16年(1940〜41)◆製造所：日本車輌

昭和35年まで一部が特急専用車として使われたあとは、急行系統での活躍が続いた
　榊原温泉口付近　昭和43.9.29
　　　　　　　　写真：早川昭文

サ2600形

サ2600 ➡ サ2601 ➡ サ3018

貴賓車サ2600形 戦後のあゆみ

　紀元二千六百年を記念して、お召車として昭和15年(1940)に貴賓車サ2600号車が日本車輌で新製された。2227系と同スタイルだったが、窓割りは12D1①1①1①1D21(丸数字は広幅窓)、①太字の窓が御座所、両脇が随員の供奉車、両端に化粧室があった。

　皇族のご利用は少なく、戦後の昭和28年(1953)に内装を変えて2250系特急車の編成に組み込まれた。昭和35年(1960)に急行用となりセミクロス化、昭和38年(1963)に3扉化されサ2601に。昭和45年(1970)にサ3000形の3018となりロングシート化され、昭和49年(1974)に廃車となった。

データ 最大寸法：長20,620×幅2,744×高3,787㎜◆制動装置：ATU◆台車：日車D-22[→住友FS-104]◆製造年：昭和15年(1940)◆製造所：日本車輌

元貴賓車のサ2600は、後にサ2601となり、最後はサ3018となる　　明星検車区　昭和30.3.14　写真：丹羽 満

❷ 近鉄成立後の特急車

2250系

モ2251～2260 ➡ モ2247・2248・2251～2258
サ3021～3029 ➡ サ3021～3023・ク3121～3126

初の特急専用車は大阪線最後の旧性能車

　戦後の復興が一段落した昭和28年(1953)、この年に行われる伊勢神宮式年遷宮の大輸送に合わせて、標準軌の大阪線には2250系、狭軌の名古屋線には6421系新型特急車が登場した(詳細は特急の項P.30参照)。

　大阪線の2250系は昭和28年にモ2251～2256、サ3021～3026が新製投入され、昭和30年(1955)にモ2257～2260、サ3027～3029が増備された。サ3020形が1両少ないのは、戦前の貴賓車2600号車を整備の上、サ2601として編成に加えたためである。

　特急車としての活躍を続けていたが、昭和34年(1959)に名古屋線の改軌と、名阪特急に「ビスタカー」10100形が登場すると2250系は次第に予備的な存在となっていく。短編成化でサ3020形6両がク3120形に改造されている。

　昭和35年(1960)から順次3扉化、セミクロス⇒ロングシート化が進み、急行用への格下げが行われた。昭和50年(1975)に2250系は名古屋線に転属して急行で活躍を続けたが、昭和58年(1983)までに廃車となった。

　下記のデータは特急時代のモ2250形のもの。ク3120形は角カッコで示した。

データ◆最大寸法：長20,720×幅2,744×高4,166[4,010]mm◆主電動機：三菱MB-211-CFR・150kW×4・吊掛◆制御装置：三菱ABF-M204-15DH/15DM/15MDHA[ABF-M204-15MDHA]◆制動装置：AMA-R◆台車：住友FS-11/近車KD-5/KD-15◆製造年：昭和28・30年(1953・55)◆製造所：近畿車輛

3扉ロングシート化されて急行運用に就く
伊勢中川～伊勢中原　昭和50.10.26　写真：林 基一

サ3020改造のク3120形を先頭にした上本町行き急行
小俣～宮町　昭和48.1.1　写真：福田静二

どちらも特急専用車としての経歴をもつ車両が余生を送る。(左)モ680形　宇治山田　昭和50.9　写真：大西友三郎

■ 高性能区間運転車両・直通運転車両

❶ 初期高性能カルダン駆動の車両

1450系　ク1564・1565 ➡ モ1451・1452

近鉄最初の高性能カルダン駆動試作車

　昭和28〜29年(1953〜54)は私鉄各社に高性能カルダン駆動の新型車が一斉に登場した時期だった。近鉄ではこのとき昭和27年(1952)製のク1564・1565を試験的に高性能化改造したモ1450形2両を登場させた。2両1ユニット方式と、1C8M(1個の制御器で8個の主電動機を制御)の方式は我が国最初のものだった。

　1450形は近距離用として使用され、昭和35年(1960)に他系列と併結可能に改造して1460系との4連も登場していたが、昭和45年(1970)に名古屋線へ転属した(以下は名古屋線の項P.166参照)。

　右記データは大阪線時代のもの。パンタグラフなしの1452のデータは角カッコで示した。

　データ　最大寸法：長20,760×幅2,744×高4,166[3,785]mm◆主電動機：三菱MB-3012-B・80kW×4・WN◆制御装置：三菱ABFM-108-15MDH◆制動装置：HSC-D◆台車：近車KD-6[KD-7]◆製造年：昭和27年(1952)/改造年：昭和29年(1954)◆製造所：近畿車輌

カルダン駆動の試作車1450系1451＋1452、後の高性能車の試験車となった
　　　　　　久宝寺口〜近畿日本八尾　昭和33.9.7　写真：鹿島雅美

1460系　モ1461〜1466

大阪線初の新製高性能カルダン駆動車

　昭和32年(1957)3月21日の近鉄西信貴鋼索線の再開に合わせて、同年3月に登場した大阪線初の新製高性能カルダン駆動車である。丸型車体の全鋼製車、20m開3扉、フレームレスの下降窓、窓割りはd1D3D3D2、これを連結した2両ユニットだった。クリーム色に青帯の塗色が新鮮で、以後、9年間にわたって、高性能通勤車の標準色(南大阪線区を除く)となる。

　上本町〜信貴山口間の準急や大阪線の普通に使用されていたが、昭和50年(1975)に名古屋線に転属してローカル運用で活躍した(名古屋線の項P.166を参照)。下記は大阪線在籍時の奇数車のもの。偶数車は角カッコで示した。

　データ　最大寸法：長20,720×幅2,709×高4,146[3,990]mm◆主電動機：三菱MB-3028-A2・75kW×4・WN◆制御装置：三菱ABFM-108-15MDH◆制動装置：HSC-D◆台車：近車KD-22◆製造年：昭和32年(1957)◆製造所：近畿車輌

新製車として大阪線初の高性能カルダン車となった1460系
　　　今里　昭和33.10.29　写真：沖中忠順

夕方ラッシュの上本町駅で発車を待つ1460系　モ1461ほか
　　　　　　昭和32.12.15　写真：高橋 弘

111

次世代の高性能カルダン車は4扉両開きの1470系となった　　　高安検車区　昭和46.10.17　写真：林 基一

❷ 本格的カルダン駆動の車両

1470系

モ1471～1479(奇)・モ1472～1480(偶)

高性能カルダン駆動4扉車の第1陣

　大阪線初登場の4扉両開き車で、昭和34年(1959)にモ1470形の2両編成×5本が登場した。機器面は1460形に準じ、車体は南大阪線の6800形ラビットカーと同じだった。初期の4扉車は床面上の腰羽目高さが800mmと低く、その上に框から980mmの高い窓があった。大阪線の場合、この数値は2400系まで続いた。

　昭和49年(1974)から奇数車の運転室を撤去して4連に改め、ク1590形、ク2590形など制御車1両を連結して5連化された。全電動車方式で出力が小さかったので上本町～河内国分間の普通に限定使用していたが、昭和59～62年(1984～87)に廃車となった。

　下記はパンタグラフ付きの奇数車のもの。偶数車は角カッコで示した。

データ　最大寸法：長20,720×幅2,709×高4,146[3,990]mm◆主電動機：三菱MB-3028-A2・75kW×4・WN◆制御装置：三菱ABFM-108-15MDH◆制動装置：HSC-D◆台車：近車KD-36◆製造年：昭和34年(1959)◆製造所：近畿車輛

1480系

モ1481～1497(奇M)　　モ1482～1498(偶Mc)
ク1581～1589(Tc)　　ク1591～1595(Tc)

(以上、新製時の車番。1590形はMG付きで4連時の増結用)

増備型は大出力 扉位置左右対称中間車も

　1480系は昭和36～41年(1961～66)に登場した。モ1480形はMcMのユニットで、Tc車ク1580形を連結した3連となる。中間M車の1480形奇数車は窓割りが1D2D2D2D1という国鉄103系と同様の左右対称型で、昭和61年(1986)に奈良線の3200系が登場するまで近鉄4扉車唯一の左右対称車だった。

山越え運用も考慮した大出力車として登場の増備型1480系
　　　　　　　　　恩智～法善寺　昭和58.8.11　写真：林 基一

制御車の変動が激しく、ク1581〜1583はトイレ付きだったので昭和41年(1966)に名古屋線へ転属してク1781〜1783となる。その代替には増結用ク1591とク1596・1597(ク1588・1589改)を充て、欠けた1588・1589の後釜には2410系のク2591・2592が収まった(1592〜1595は2430系のサ1553〜1556に改造)。

大阪線全線での運用から順次名古屋線へ転属した(名古屋線の項P.166参照)。下記はパンタグラフ付き1480形偶数車のもの。ク1580形は角カッコで示した。

データ 最大寸法:長20,720×幅2,740×高4,150[3,999]mm◆主電動機:三菱MB-3020-D・125kW×4・WN◆制御装置:三菱ABFM-178-15MDHA(1C8M)◆制動装置:HSC-D[HSC]◆台車:近車KD-36◆製造年:昭和34年(1959)◆製造所:近畿車輛

2470系
モ2471〜2473(奇)・モ2472〜2474(偶)
ク2581・2582

1480系の増備車 ナンバーは2000番台に

1480形の増備車として、昭和43年(1968)にMcMTcの3連で登場した。電動機と台車は旧「エースカー」10400形からの発生品を再用している。車番の行き詰まりから形式が2000番台になった。

冷房化と昭和60年(1985)に二度めの更新のあと名古屋線へ転属し、各種の列車で活躍していたが、平成13〜14年(2001〜02)に廃車となった(名古屋線の項P.165参照)。

右記のデータはMc車2470形偶数車のもの。ク2580形のデータは角カッコで示した。

2470系2472ほか
関屋〜二上　昭和48.6.10　写真:林基一

データ 最大寸法:長20,720×幅2,709×高4,150[3,990]mm◆主電動機:三菱MB-3020-DE・125kW×4・WN◆制御装置:三菱ABFM-178-15MDH◆制動装置:HSC-D[HSC]◆台車:近車KD-51G[30C]◆製造年:昭和41〜43年(1966〜68)◆製造所:近畿車輛

1480系の増備車は旧「エースカー」の台車、モーターを再利用して生まれた2470系
今里　昭和44.7.9
写真:犬伏孝司

大阪線初のMT編成となった2400系、この2400系より最初からマルーンレッド1色となった
大和朝倉～長谷寺　昭和59.5.6　写真：林 基一

2400系

モ2401～2406　ク2501～2506

出力強化によりMT比1:1の2連

　昭和41年（1966）に大阪線初のMcTc編成の経済車として登場。この形式から塗色がマルーンレッド1色になった。電動機が155kWに強化されたため、近距離用のほか、増結車として名張以東にも運用された。昭和50年（1975）以降に冷房化され、昭和59年（1984）に更新が行われた。

　平成10年（1998）から廃車が進み、信貴線用に残っていた2405・2406Fも平成15年（2003）に名古屋線へ転属し、翌年に廃車となった。

2400系の「青山高原号」
大和朝倉～長谷寺　昭和46.5.2　写真：林 基一

　下記のデータはモ2400形のもの。ク2500形は角カッコに示した。

[データ] 最大寸法：長20,720×幅2,709×高4,150[3,990]mm◆主電動機：三菱MB-3110-A・155kW×4・WN◆制御装置：三菱ABFM-214-15MDH◆制動装置：HSC-D[HSC]◆台車：近車KD-60[60A]◆製造年：昭和41年（1966）◆製造所：近畿車輛

2410系

モ2410・2412～2430　ク2510・2512～2530
ク2591～2593（増結用）

2400系の増備車 ラインデリアで低屋根

　昭和43～46年（1968～71）に登場した2400系の増備形式。2430系との重複を避けて最終編成は若番の2410+2510で登場した。

　通風効果を上げたラインデリアを装備したため、2400系より屋根が120mm低くなった。側面の腰板高さも800mm⇒850mmと奈良線900系・8000系と同じ高さになり、框（かまち）から上の窓も900mmと低くなった。また、昭和46年（1971）製の2427Fから車体幅が30mm広くなり（広幅の奈良線区を除く）、これらが以後しばらく通勤型の標準寸法となる。

　全車大阪線の全線で運用され、平成18年（2006）に2411Fがモワ24系電気検測車「はかるくん」に改造されたほかは異動もなく、車齢50年に近いが全車健在である。

ラインデリアを初導入、屋根が低くなった2410系
恩智　昭和46.4.2　写真：林 基一

下記はモ2410形のデータ。ク2510形は角カッコで示した。

[データ] 最大寸法：長20,720×幅2,709/2,740×高4,150[3,879]mm◆主電動機：三菱MB-3110-A・155kW×4・WN◆制御装置：三菱ABFM-214-15MDH◆制動装置：HSC-D[HSC]◆台車：近車KD-66/66D/66F[66A/66G/66E]◆製造年：昭和43～46年(1968～71)◆製造所：近畿車輛

車齢50年に近いが、今なお現役で活躍を続ける2410系
室生口大野～三本松　平成24.7.31　写真：林 基一

2430系

| ク2531～2547(Tc) | モ2451～2467(M) |
| サ2551・2552・2557・2558(T) | モ2431～2447(Mc) |

3連で登場　複雑な編成替えで2連・4連も

　昭和46・48年(1971・73)に、大阪線・河内国分以東の準急用に使用するため、2410系を3連化した2430系が新製投入された。その後、複雑な編成替えが行われ、最終的には2430系だけの2連4本、3連9本、他系列を加えた4連×6本に収まった。全車大阪線の所属だったが、3連×5本が名古屋線に転じている。
　平成10年(1998)から2回目の更新が開始されており、今後も活躍が続く模様である。下記はモ2430形のデータ。ク2530形は角カッコで示した。

[データ] 最大寸法：長20,720×幅2,740×高4,150[4,032]mm◆主電動機：三菱MB-3110-A・155kW×4・WN◆制御装置：三菱ABFM-214-15MDH◆制動装置：HSC-D[HSC]◆台車：近車KD-66F[66G]◆製造年：昭和46～48年(1971～73)◆製造所：近畿車輛

2410系を3連化した2430系(右)、左は奈良線8000系
鶴橋～今里　昭和51.1.15　写真：林 基一

4扉クロスシートという電車の常識を破って登場した2600系モ2603 この後に冷房改造され、前・側面表示器がつけられた
宇治山田　昭和53.3.15　写真：毛呂信昭

2600系

| ク2701〜2704（Tc） | モ2651・2652（M） |
| サ2751・2752（T） | モ2601〜2604（Mc） |

我が国初登場の4扉オールクロスシート車

　長距離通勤輸送の改善策として、昭和45年（1970）に大阪線・名古屋線に登場した4扉、トイレ付きのオール固定シート車である。シートはビニール地、扉付近には収納式の補助席があった。腰羽目はロングシート車より50mm低く、座席からの展望を良くしてあった。

　6連2本、2連2本が製造され、各1本ずつ大阪線と名古屋線に配置して阪伊・名伊・名阪急行に使用された。昭和54年（1979）に冷房化とシートの改善を行い、全車名古屋線の配置となった（名古屋線の項P.168参照）。下記はモ2600形のデータ。ク2700形は角カッコで示した。

データ　最大寸法：長20,720×幅2,739×高4,150[3,885]mm◆主電動機：三菱MB-3110-A・155kW×4・WN◆制御装置：三菱ABFM-214-15MDH◆制動装置：HSC-D[HSC]◆台車：近車KD-66B[66C]◆製造年：昭和45年（1970）◆製造所：近畿車輛

扉間クロスシート2ボックスの2600系室内
昭和54.11　写真：林 基一

2680系

| ク2781・2782（Tc）・モ2681・2683（M） |
| モ2682・2684（Mc） |

4扉固定クロスシート車初の新製冷房車

　昭和46年（1971）にオール固定クロスシート

4扉クロスシート車の増備で、初めて新製冷房車となった2680系
安堂〜河内国分　昭和52.8.16　写真：林 基一

116　大阪線系統

車の増備車として3連×2本が大阪線に登場した。この2本は一般型車両としては初の新製冷房車だった(ただし電装機器は初代「ビスタカー」10000系からの流用品)。

大阪線の快速急行・急行を中心に運用されていたが、昭和54年(1979)に2610系と同じ座席に改装のうえ名古屋線に転属した(以後は名古屋線の項P.168参照)。

データ 最大寸法:長20,720×幅2,739×高4,150[4,040]mm◆主電動機:三菱MB-3020-C・125kW×4・WN◆制御装置:三菱ABF-178-15MDH◆制動装置:HSC-D[HSC]◆台車:近車KD-72[72A]◆製造年:昭和46年(1971)◆製造所:近畿車輛

2610系

ク2711～2727(Tc)	モ2661～2677(M)
サ2761～2777(T)	モ2611～2627(Mc)

4扉固定クロス車からL/C車への橋渡し

2600系の急行用量産車で昭和47～51年(1972～76)に、2200系ほかの半鋼製車の置き替え用に4連×17本が大阪・名古屋線に登場した。シートはモケット張りに改良し、補助席を廃止してシートピッチを改善したが、昭和63年(1988)に3扉転換クロスシートの5200系が登場すると格差が目立ち、平成3年(1991)から2680系とともにロングシート車に改造された。平成8～9年(1996～97)に名古屋線の2621・2626・2627FがL/Cカーに改造された。

現在はこの3編成が富吉区にあって名古屋線専用、ほかはすべて明星区の配置で、2611～2620F・2622～2625Fが大阪線の急行や準急を担当している(名古屋線の項P.169参照)。下記のデータはモ2610形のもの。ク2710形は角カッコで示した。

データ 最大寸法:長20,720×幅2,740×高4,150[4,050]mm◆主電動機:三菱MB-3110-A・155kW×4・WN◆制御装置:三菱ABFM-214-15MDH◆制動装置:HSC-D[HSC]◆台車:近車KD-66B/72D[66C/72E/49C]◆製造年:昭和47～51年(1972～76)◆製造所:近畿車輛

2610系、大阪線編成はロングシート車に改造された 三本松～赤目口
平成25.6.8 写真:涌田 浩

4扉クロスシート車の2610系、4連17本が登場するが、5200系登場により車内の格差が見え始めた 下田～五位堂
昭和58.3.4 写真:林 基一

2800系

| ク2901～2917（Tc） |
| モ2851～2861・2863・2865～2867（M） |
| サ2955～2958・2960・2961・2963・2965（T） |
| モ2801～2817（Mc） |

2610系のロングシート版通勤車

　昭和47～54年(1972～79)に大阪線の準急、急行用に投入された冷房付き4扉ロングシート車で、2連、3連、4連があり、大阪・名古屋線で重用されている。機器類は2610系に準じているが、車体側面の腰板は2410系と同じ床面上850mmの高さに戻っている。平成18年(2006)から2度めの更新が進行中。

最初から4扉ロングシート、冷房付きで登場した2800系
室生口大野～三本松　平成26.5.3　写真：涌田 浩

　大阪線に大半が配置されていたが、輸送事情の変化で現在は大阪線配置車は4連6本となっている（名古屋線の項P.169参照）。

　下記のデータはモ2800形(Mc)のもの。ク2900形は角カッコで示した。

データ　最大寸法：長20,720×幅2,740×高4,150[4,040]mm◆主電動機：三菱MB-3110-A・155kW×4・WN◆制御装置：三菱ABFM-214-15MDH◆制動装置：HSC-D[HSC]◆台車：近車KD-72B/87[KD-72C]◆製造年：昭和47～54年(1972～79)◆製造所：近畿車輛

1400系

| ク1501～1507（奇Tc）・モ1401～1407（奇M） |
| モ1402～1408（偶M）・ク1502～1508（偶Tc） |

モデルチェンジ！ 大阪線初の界磁チョッパ車

　昭和56年(1981)、大阪線初登場となった界磁チョッパ制御車で、車体幅は異なるが奈良・京都線8810系の同系車である。

　車体は久しぶりに新デザインの箱型に戻る。切妻に近い前面窓上の無塗装ステンレス板をアクセントとし、車内も化粧板と座席が一新された。腰板と窓の高さは在来車と同じなので、他系列と併結しても窓と塗り分けラインは揃う。

　全車大阪線高安区の配置で、青山町以西の各種別の列車で活躍中。

新デザインの箱型の車体に戻った1400系、大阪線初の界磁チョッパ車であり、大幅な軽量化が図られた
高安検車区
昭和58.8.2　写真：林 基一

1400系は全車が大阪線区にあって青山町以西の各種別列車を担当　　三本松〜赤目口　平成22.12.18　写真：林 基一

　下記のデータはモ1400形奇数車のもの。ク1500形は角カッコで示した。

データ 最大寸法：長20,720×幅2,740×高4,150[4,055]mm◆主電動機：三菱MB-3270-A/160kW×4・WN◆制御装置：三菱FCM-214-15MRDH◆制動装置：HSC-R[HSC]◆台車：近車KD-88[88A]◆製造年：昭和56〜59(1981〜84)◆製造所：近畿車輛

1420系

モ1421＋ク1521（旧1251＋1351）

大阪線に登場のVVVFインバータ制御の試作車

　昭和59年(1984)9月に、1250形(初代)2連1本が、三菱電機のGTOサイリスタ素子のVVVFインバータ制御の試作車として大阪線に登場した。

　昭和62年(1987)から2連×6本を増備したが、前年度からアルミ合金車体、全幹線新規格の大型車(車体幅2,800mm、対称型窓割り)の時代に入っており、試作車とはスタイルが異なったため、形式を分けた。

　試作車1編成⇒1251系、増備の1252F〜1257F⇒1250系と形式のみ改めたが、量産の1230系と車番が重複するため平成2年(1990)に1251系⇒1420系、1250系⇒1422系と改番した。

　両形式とも大阪線の所属。下記のデータはモ1421のもの。ク1521は角カッコで示した。

データ 最大寸法：長20,720×幅2,740×高4,150[4,055]mm◆主電動機：三菱MB-5014A／165kW×4・WN◆制御装置：三菱SIV-G135◆制動装置：HSC-R[HSC]◆台車：近車KD-88B[88A]◆製造年：昭和59年(1984)◆製造所：近畿車輛

1420系　VVVFインバータ制御の試作車、旧番号1251＋1351の1編成のみ、他形式との増結・併結用
　　　　今里　昭和61.2.15　写真：林 基一

VVVFインバータ制御の量産型1422系、2連6編成があり、他形式との増結、併結用に使われている
三本松〜赤目口　平成27.9.5
写真：早川昭文

◆三菱製VVVF制御器のグループ

1422系

モ1422〜1427・ク1522〜1527（2連×6本）
（旧・モ1252〜1227・ク1352〜1357）

大阪線用最初の量産型VVVFインバータ制御車

　1420系の項で述べたように、旧1252系の改番で生まれた形式で、昭和62年（1987）に登場した。アルミ合金車体、全幹線新規格の大型車（車体幅2,800㎜、対称型の窓割り）の車体を持つ2連だが、増備中にまたも共通仕様への変更があり、当形式は6編成のみで終わった。

　全車大阪線の所属で、他系列の2連とともに急行・準急の増結から普通にいたる各種列車で活躍している。右記のデータはモ1422形のもの。ク1522形は角カッコで示した。

データ　最大寸法：長20,720×幅2,800×高4,150[4,050]㎜◆主電動機：三菱MB-5023A/165kW×4・WN◆制御装置：三菱MAP-174-15VD13[同]◆制動装置：HSC-R[HSC]◆台車：近車KD-95[95A]◆製造年：昭和62年（1987）◆製造所：近畿車輛

1430系	モ1431〜1434・ク1531〜1534（2連×4本）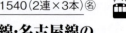
1435系	モ1435＋ク1535（2連×1本）
1436系	モ1436＋ク1536（2連×1本）
1437系	モ1439・1441〜1445＋ク1539・1541〜1545（2連×6本）
1440系	モ1437・1438・1440＋ク1537・1538・1540（2連×3本）

大阪線・名古屋線の三菱VVVF搭載の2連車

　1420系を共通仕様の車体で継承した形式。広義には「1430系」なのだが、見出しのように5系列に細分化する例が多い。その理由は、❶1430系は名古屋線1233系と同スタイルの基本形。1433F・1434Fは名古屋線所属。❷1435系は補助電源装置をSIVBS-483Q型（70kVA）に改良。❸1436系以降はボルスタレス台車を採用。❹1437系はT台車

1252系の改番で生まれた1422系、三菱製のインバータ制御装置をもつ
安堂〜河内国分　昭和24.11.10　写真：林 基一

のブレーキディスクを2枚化。❺1440系は1437系のうち3本をワンマン化改造したもので、名古屋線所属。

　2連のため、大阪・名古屋線ともに急行の増結車または単独でローカル運用に就いている（名古屋線の項P.174参照）。右記のデータはモ1430形共通のもの。ク1530形は角カッコで示した。

[データ]　最大寸法：長20,720×幅2,800×高4,150[4,050]mm◆主電動機：三菱MB-5035A/35B・165kW×4・WN◆制御装置：三菱MAP-174-15VD27◆制動装置：HSC-R[HSC]◆台車：近車KD-96B/306[96C/306A]◆製造年：平成2～10年（1990～98）◆製造所：近畿車輛

標準軌線共通仕様で三菱製インバータ制御装置の1430系　長谷寺〜榛原　平成13.11.17　写真：福田静二

補助電源装置を改良した1435系
　　　三本松〜赤目口　平成22.11.28　写真：林 基一

1437系はT台車のブレーキディスクを2枚化
　　　桔梗が丘〜美旗　平成23.12.2　写真：涌田 浩

ボルスタレス台車採用の1436系（前2両）
　　　室生口大野〜三本松　平成28.4.26　写真：福田静二

1440系は1437系のうちからワンマン改造
　　　鳥羽　平成25.5.17　写真：福田静二

1620系

モ1621～1625・1641（Mc）　モ1651（M）
モ1671～1675・1691（M）
ク1721～1725・1741（Tc）　サ1751（T）
サ1771～1775・1791（T）

大阪線用三菱製VVVFインバータ車4～6連版

　1437系の4連版として、平成6～7年（1994～95）に4連×5本が新製投入された。機器・車体は1437系（1430系の派生系）に準じた長距離用だったが、トイレなしだったので運用は青山町以西に限定された。平成8年（1996）にトイレなしの6連1本が追加新製された。

　上本町～青山町間の快速急行、急行、準急などの長距離輸送に6～10連で運用されている。全車高安検車区の所属。

　下記はモ1620形（Mc）のデータ。ク1720形は角カッコで示した。

データ　最大寸法：長20,720×幅2,800×高4,150[Tcは4,034、Tは4,025]mm◆主電動機：三菱MB-5035A/35B・165kW×4・WN◆制御装置：三菱MAP-174-15VD27[同]◆制動装置：HSC-R[HSC]◆台車：近車KD-306[306A]◆製造年：平成6～8年（1994～96）◆製造所：近畿車輛

◆日立製VVVF制御器のグループ

1220系

モ1221～1223・ク1321～1323（2連×3本）

大阪線用 日立製VVVFインバータ制御車

　昭和62年（1987）に1422系と同時に同スタイルで登場したが、制御器が日立製作所製のため形式が分けられた。3編成を製造したところで設計変更により全線共通車体の1230系に移行した。当形式はMcTcの2連なので、他系列の2連車とともに増結または単独で各種列車に使用されている。高安検車区の所属。

　下記はモ1220形（Mc）のデータ。ク1320形のデータは角カッコで示した。

データ　最大寸法：長20,720×幅2,800×高4,150[4,050]mm◆主電動機：三菱MB-5023A/165kW×4・WN◆制御装置：日立VF-HR-111◆制動装置：HSC-R[HSC]◆台車：近車KD-95[95A]◆製造年：昭和62年（1987）◆製造所：近畿車輛

VVVFインバータ制御の4～6連版として、他系列と併結で長大編成を組む1620系
河内国分　平成24.10.31　写真：福田静二

日立製VVVFインバータ制御器を搭載した1220系（前2両）　　大福～桜井　平成25.2.1　写真：林 基一

1253系 (2連×5本)

ク1353・1355〜1357・1361
モ1253・1255〜1257・1261

1220系派生形式の大阪線配置車

1253系は平成5年(1993)に奈良線用のボルスタレス台車付き1252系と同時に大阪線用として登場した。1252系がTcのブレーキディスクが1枚に対し、1253系(1254系も)は、2枚だったが、後に1枚プラス踏面ブレーキ併用となった。当系列中の1260Fは富吉区名古屋線配置となっている。

大阪・名古屋線用のため編成の向き、併結車種による主幹制御器等に違いがある。

1220系をモデルチェンジした1230系を細分化した1253系
今里　平成25.5.17
写真：福田静二

1254系

モ1254＋ク1354(2連×1本)

大阪線用日立製VVVF搭載量産型2連車

日立製のVVVFインバータ制御器を搭載した1220系を標準軌線共通仕様にモデルチェンジして、平成元〜8年(1989〜96)に製造されたのが1230系。2連×46編成が量産された(最終の1252系1277Fは1020系からの編入車)。

奈良・京都線、名古屋・大阪線に配置されたが、量産中の改良で、1230・1233・1240・1249・1252・1253・1254・1259系に細分化される。大阪線には見出しのように1253系5本、1254系1本が配属されており、増結または単独で各種列車に活用されている。

1254系は1253系に滑走検知器を取り付けた新製車で1編成2両のみ在籍する。

下記はモ1253形(Mc)のデータ。ク1353形は角カッコで示した。

[データ] 最大寸法：長20,720×幅2,800×高4,150[4,050]mm ◆主電動機：三菱MB-5035A/35B・165kW×4・WN◆制御装置：日立VF-HR-123◆制動装置：HSC-R[HSC]◆台車：近車KD-306[306A]◆製造年：平成5年(1993)◆製造所：近畿車輛

細分化された1230系のうち、T台車のブレーキが変更された1254系(右2両)
三本松〜赤目口
平成28.4.26　写真：福田静二

5200系	（大阪線配属車）
ク5101・5104〜5106(Tc)	
モ5201・5204〜5206(M)	
モ5251・5254〜5256(M)	
ク5151・5154〜5156(Tc)	

長距離急行用として、オール転換クロスシート車でデビューした5200系
高安検車区　昭和63.3.13　写真：林 基一

長距離急行用3扉オール転換クロスシート車

　昭和63年（1988）に大阪線、名古屋線の長距離急行用として3扉のオール転換クロスシート、VVVFインバータ制御の5200系が登場した。4両編成で、両端のTc車はトイレ付きである。

　昭和63〜平成元年（1988〜89）に5200系×8本、平成3年（1991）に5209系×2本、平成5年（1993）に5211系×3本の計52両が新製投入されたが、ラッシュ時には使いにくいため大阪線配置車は5200系の4編成に留まり、他は名古屋線所属となっている（名古屋線の項P.175参照）。

　前面窓は曲面ガラス、大型の窓をもつ貫通扉、扉間には5連の窓が並び、側面は腰羽目高さが800mmと低く、窓高さも950mmとなっている。強度の関係で車体は鋼製である。その完成度の高さから昭和63年（1988）度の日本デザイン振興会のグッドデザイン賞を受賞している。

　大阪線の急行で活躍しており、団体輸送で奈良・京都・橿原・天理線に入線することもある。下記のデータは大阪線所属モ5201のもの。同ク5101は角カッコで示した。

データ　最大寸法：長20,720×幅2,800×高4,150[4,022]mm◆主電動機：三菱MB-5023A/165kW×4・WN◆制御装置：三菱MAP-174-15VD27[同]◆制動装置：HSC-R[HSC]◆台車：近車KD-301[301A]◆製造年：昭和63年（1988）◆製造所：近畿車輛

複々線上を走り抜ける5200系(中央)と、大阪線2800系(左)、奈良線5820系(右)　　今里　平成25.5.17　写真：福田静二

大阪線で初の特急車両
2250系をイメージした復
刻塗装となった5105編成
桔梗が丘〜美旗
平成26.9.13
写真：涌田 浩

5800系 （大阪線配属車）

ク5311・5313（Tc）	モ5411・5413（M）
サ5511・5513（T）	モ5611・5613（M）
サ5711・5713（T）	モ5811・5813（Mc）

本格的デュアルシート車 L/Cカーの登場

新世代の通勤電車の一つとしてロング/クロスのシート切り替えが可能な「デュアルシート車」の試験が平成8年（1996）に2621Fで行われた。その結果が良好だったので、新製L/Cカー5800系が平成9〜10年（1997〜98）に奈良線に6連5本、大阪線に6連2本、名古屋線に4連1本が登場した（奈良線の項P.91、名古屋線の項P.176参照）。

大阪線の場合は奈良線とは編成の向きが逆で、各形式が10番台となった。急行や団体用に使用されるため、中間のサ5700形にトイレが設置された。L/Cの切り換えは車掌室から一斉操作で行う。

5800系は角型車体、GTO素子-VVVFインバータ制御の最終系列で、以後はIGRT素子インバータ制御の「シリーズ21」に移行する。

下記はMc車モ5800形のデータ。Tc車ク5300形は角カッコで示した。

データ 最大寸法：長20,720×幅2,800×高4,150[4,032]㎜◆主電動機：三菱MB-5035B・165kW×4・WN◆制御装置：三菱MAP-174-15VD27[同]◆制動装置：HSC-R[HSC]◆台車：近車KD-306[306A]◆製造年：平成9〜10年（1997〜98）◆製造所：近畿車輌

ロングシートとクロスシートの切り替え可能なL/Cカーの本格量産車5800系
三本松〜赤目口　平成24.4.15　写真：林 基一

角型車体としては最後の
系列となった5800系
安堂〜河内国分
平成27.10.31
写真：福田静二

奈良・京都線用に新製され、後に大阪線に転入した界磁チョッパ車8810系
大和高田～松塚　平成24.4.1　写真：林 基一

8810系

ク8911-モ8811-モ8812-ク8912（4連1本）

奈良線からの転入車❶　界磁チョッパ4連車

昭和56年（1981）に奈良・京都線用に新製された界磁チョッパ車4連グループのうち、第1編成の4連が平成16年（2004）に方向転換して、奈良線（東花園区）から大阪線（高安区）に転属してきたもの。区間列車主体に運用されている（詳細とデータは奈良線の項P.86参照）。

9200系

ク9301～9303（Tc）　サ9311～9313（T）
モ9201～9205（奇M）　モ9202～9206（偶Mc）

奈良線からの転入車❷　4連化されたチョッパ車

昭和58年（1983）に8810系の派生形式として2連の9000系、3連の9200系が新製された。3連車は京都線用だったが、3連の需要が減ったため、平成3年（1991）にサ9350形を新製・挿入して4連化した。しかし、9350形は最新のVVVF車と同じタイプだったので床面が低く、車体裾も低いため編成美を崩している。

平成18年（2006）より9207Fを残して3本が大阪線に転属、その頃にサ9350形はサ9310形に改番された。大阪線では各種列車で活躍中（詳細とデータは奈良線の項P.87参照）。

京都線から転入の9200系、中間にサ9350形を新製・挿入したため車体裾ラインが合わない
三本松～赤目口　平成24.4.15　写真：林 基一

5820系

ク5351・5352(Tc)	モ5451・5452(M)
サ5551・5552(T)	モ5651・5652(M)
モ5851・5852(M)	ク5751・5752(Tc)

大阪線の「シリーズ21」❶ L/Cカー

　次世代通勤電車「シリーズ21」のL/Cカーとして、平成12年(2000)に5820系の6連×5本が奈良線に登場した。2年後の平成14年(2002)には大阪線に6連×2本が登場した。
　大阪線配置車は奈良線とは逆向きで、車番も50番台で区画されている。ク5750形・サ5550形はトイレ付きで、急行を中心に活躍を続けている(詳細とデータは奈良線・京都線系統の項P.93を参照)。

5820系　次世代通勤電車「シリーズ21」の大阪線版
関屋〜二上　平成21.4.18
写真：林 基一

9020系

ク9151(Tc)＋モ9051(Mc)

大阪線の「シリーズ21」❷ ロングシートの2連車

　9020系は平成12〜20年(2000〜08)に奈良線に登場した「シリーズ21」ロングシート車9820系のTc＋Mc2連版。大阪線には平成14年(2002)製の50番台1編成が配置された。奈良線の兄弟車とは逆向きである。少数派なので他形式の2連とともに急行から普通に至る各種列車の増結車として活躍している(詳細とデータは奈良線の項P.94を参照)。

「シリーズ21」の2連版で、他形式の増結用として活躍する9020系
安堂〜河内国分　平成25.2.9
写真：林 基一

車庫・工場を観察する

きんてつ あらかると

車庫公開日には多くの電車を展示　五位堂車庫　平成27.10.3

　多数の会社を合併して成立した近鉄だけに、車両の保守・修繕工場も各社からの引き継ぎで、奈良線は玉川工場、大阪線は高安工場、南大阪線は古市工場、名古屋線は塩浜工場が担当していた。車体端部の腰板に、検査年月と担当工場名の「玉川工」「高安工」「古市工」「塩浜工」という文字が白い丸ゴシック体で記してあった。

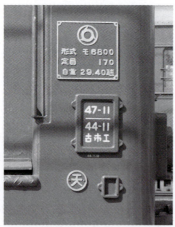
車体端部の標記、「天」は天美車庫所属を示す
写真：犬伏孝司

　また昭和40年代半ばまで、車両の所属車庫の略号を示す小さな丸い鋳物が上記検査標の下にビス止めされていた。そこに白文字で㈧（八戸ノ里）、㈷（西大寺）、㊔（高安）、㊑（明星）、㊒（古市）、㊓（白塚）…などと記してあって、一目で所属が判るようになっていた。国鉄の大ミハ（宮原客車区）、東シナ（品川客車区）のようなものである。
　ほかの私鉄では東武が国鉄式にニシ（西新井）、カワ（川越）など、西武が近鉄式に小（小手指）、北（北多磨）などと記していた。塒が判ってなかなか楽しいものだったが、各社とも昭和40年代前半にやめてしまった。その必要のない「編成単位」の時代を迎えていたのである。
　本書では略したが、現在は近鉄に限らず各社とも列車は編成単位で電算処理(管理)されていて、個々の車両番号や所属車庫を取り上げる必要はほとんどなくなっている。
　その典型が新幹線なのだが、味気ないと思う前に、この複雑化したダイヤと列車運行管理は、もはや人間の脳力では処理しきれなくなっているのだと思うと、改めて感慨もひとしおである。
　かつての国鉄と近鉄の類似点は、固定編成が少なく、個々の車両の検査周期の違いによって編成中の車両を自由に差し替えていたことだった。電算機（コンピューター）とは無縁ののどかさと、どの車両がどの編成に現れるかと期待に胸を高鳴らせていた時代が懐かしくなることがある。鉄道にも我にも青春期があったのである。

さまざまな出自の電車が見られた　西大寺車庫　写真：大西友三郎

塩浜車庫　モトが入場電車を牽く　写真：林 基一

魅惑の近鉄電車 ②

近畿・東海二府三県 人々の生活を彩る 一般型車両

日本一高い「あべのハルカス」から見た、
大阪阿倍野駅を発車した南大阪線の電車
平成28.8.27 (福田)

奈良線・京都線系統

近鉄難波を始発に奈良・京都方面に向かう系統で、快速急行を一般種別の筆頭として、急行、準急、区間準急が設定されている。一般型車両では最大両数の8000系はじめ、阪神電鉄相互直通乗り入れ車も含めて、車両面でも活気のある線区となっている。

5800系　奈良・京都線区に初登場したL/Cカー
（ロングシート・クロスシートの切り替え車両）
額田～石切　平成25.5.17　（福田）

9020系　次世代の通勤型電車のあるべき姿を示した「シリーズ21」
のロングシート車　　　　　瓢雄～学園前　平成21.11.22　（林）

3220系 「シリーズ21」の第1弾として登場、おもに京都市営地下鉄烏丸線との直通運転に使用される。写真は天理線へ乗り入れの臨時急行電車　平端〜二階堂　平成28.4.26　（福田）

〈上〉　3200系　量産車として初めてVVVFインバータ制御、アルミ車体となり、他車にはない左右非対称の顔
　　　　富雄〜学園前　平成23.2.11　（林）

〈右上〉9820系　L/Cカー5820系をロングシート版にした
　　　　瓢箪山〜枚岡　平成28.5.2　（福田）

〈右〉　8000系　一般型車両で最大両数を記録、廃車が進むものの、まだ元気な姿が見られる
　　　　ファミリー公園前〜結崎　平成28.4.5　（福田）

〈下〉　8400系　8000系の量産化の途中に派生形式として登場、ワンマン仕様はローカル線でも活躍
　　　　箸尾〜但馬　平成28.3.27　（福田）

大阪線系統

上本町を起点にして、快速急行、急行、準急、区間準急、普通が運転される。東へ行くほど、段落ちして、本数、編成が減っていく。最長は140km近く運転される五十鈴川行きで、トイレ付き車両も多い。

5820系 次世代通勤電車「シリーズ21」のL/Cカーとして、奈良線に続いて大阪線にも登場
美旗〜伊賀神戸 平成21.9.25 (早川)

2410系 五月の空のもと、車齢50年近い電車も元気に通り過ぎる 榛原〜室生口大野 平成27.4.30 (涌田)

1437系　大阪線で最初の量産型VVVFインバータ制御車で、細部の違いでいくつもの派生形式がある　室生口大野～三本松　平成25.10.28　（涌田）

〈上〉　5800系　デュアルシート車、L/Cカーの大阪線版、かつての特急の復刻塗装も登場
　　　　伊賀神戸　平成28.7.18　（涌田）

〈右上〉5200系　長距離急行用として3扉、オール転換クロスシート車として誕生
　　　　大和高田～松塚　平成25.1.18　（林）

〈右下〉1253系　量産型VVVFインバータ制御車、こちらは日立製を載せており、形式も別になる
　　　　美旗～伊賀神戸　平成21.10.31　（林）

〈下〉　2430系　2410系の3連版として登場、更新が行われ、今後の活躍も期待される　安堂～河内国分　（早川）

名古屋線系統

近鉄名古屋を始発として、山田線、鳥羽線、志摩線と一体の運行が行われ、急行、準急、普通の種別がある。JR関西本線などとの競合で、転換クロスシートの5200系やL/Cカーの配置が多い。

5200系　名古屋線の花形車両で、急行列車の下り方にはほとんど連結されている
箕田～伊勢若松　平成28.3.25　（福田）

5800系　名古屋線では少数の新製L/Cカーで1編成のみ　　　　　漕代～斎宮　平成28.8.9　（福田）

1230系　共通仕様車体で登場したVVVVF
インバータ制御車で各線区に配置される
鳥羽～中之郷　平成26.5.22　（涌田）

〈上〉　2000系　旧型車の機器を流用して造られた名古屋線
　　　の専用車、ワンマン仕様車も
　　　　　　　　三日市～平田町　平成28.3.25　（福田）
〈右上〉1201系　名古屋線の界磁チョッパ車の第1陣の車両
　　　　　　　伊勢中川～伊勢中原　平成28.8.9　（福田）
〈右〉　9000系　奈良線から転属、2連で、増結やローカル運用に
　　　就く　　　　　伊勢中原～松ヶ崎　平成28.6.1　（福田）
〈下〉　2800系　4扉クロスシートの2610系のロングシート車版と
　　　して誕生　　　漕代～斎宮　平成28.8.9　（福田）

135

南大阪線系統

近鉄では唯一の狭軌路線であり、南大阪線は吉野線と一体の運用で、急行、区間急行、準急、普通がある。車両は、以前には広軌線との格差も見られたが、「ラビットカー」の投入以降、急速に近代化が進んだ。

6620系 桜の吉野を発車する、VVVFインバータ制御の4両編成　吉野　平成15.4.10　（福田）

〈上〉　6020系　南大阪線で最大両数となったラインデリア装備車
　　　　　　　　　　　　　　　　　　　二上山～二上神社口　平成27.3.13　（早川）
〈右上〉6200系　南大阪線初の冷房車となった　　　　　　吉野口～薬水　平成22.7.10　（林）
〈右下〉6400系　南大阪線初のVVVFインバータ制御車、ワンマン改造でローカル運用にも
　　　　　　　　　　　　　　　　　　　道明寺～柏原南口　平成19.10.13　（福田）
〈下〉　6400系　葛城山系に沿って御所線を行く　尺土～近鉄新庄　平成28.3.27　（福田）

他社線との相互直通運転

阪神なんば線の開業で開始された阪神電鉄との相互直通乗り入れ、奈良線からの快速急行、急行、普通が阪神電鉄の尼崎、神戸三宮へ乗り入れする 5800系 伝法〜福 平成22.8.25 (福田)

けいはんな線は長田から大阪市営地下鉄中央線との相互直通運転を行い、コスモスクエアまで乗り入れる 7000系
コスモスクエア 平成28.8.20 (福田)

京都線は竹田から京都市営地下鉄烏丸線との相互直通運転を行い、国際会館まで乗り入れる 3220系
国際会館 平成28.8.22 (福田)

伊賀鉄道
養老鉄道
四日市あすなろう鉄道

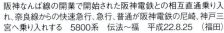

伊賀線は、上下分離方式の伊賀鉄道となり、近鉄は第3種事業者となる。東急電鉄の1000系を導入、200形として全車置き替えをはたした
伊賀神戸 平成28.7.18 (涌田)

養老線も上下分離方式の養老鉄道となり、近鉄は第3種事業者となる。名古屋線、南大阪線の一般型車両を改造・投入して、養老鉄道に引き継がれた 600系・610系 養老 平成28.7.23 (福田)

内部・八王子線は、公有民営方式の四日市あすなろう鉄道に移管された。762mm軌道の電車はパステルカラーとなり、このたび新車も登場した
日永 平成27.7.29 (福田)

■写真:早川昭文・林 基一・福田静二・涌田 浩

回想の近鉄電車 ①

昭和を飾った名車たち

奈良線の前身、大阪電気軌道の創業時の木造車デボ1形は、モ200形と改番されて卵型5枚窓の活躍は昭和30年代末まで続いた　信貴生駒電鉄(現・生駒線)203　昭和35.5　(鹿島)

奈良線

生駒へ向けて勾配を登っていく、奈良線の主力車両モ600形644ほかの臨時電車　枚岡付近　昭和35.5　(鹿島)

昭和30年から運転を始めた奈良線の特急に使われた高性能車、軽量車体の800系　枚岡付近　昭和35.5　(鹿島)

新生駒トンネルの開通で廃止された孔舎衛坂駅。向うに見えるのが廃止される旧生駒トンネル　昭和39　(中林)

京都線の前身は奈良電気鉄道、昭和38年に近鉄と合併した創業時から活躍のデハボ1000形1002　昭和35.3　(鹿島)

新生駒トンネルの開通で、奈良線でも4扉、20mの8000系が走り始めた　布施　昭和42.2　(犬伏)

8000系は近鉄の一般型車では最大の両数を記録し、今でも一部が活躍している　布施　昭和42.2　(犬伏)

大阪線

大阪線の長距離急行には2扉、転換クロスシートを装備したモ2200系が用いられた　モ2200系2235ほかの宇治山田行き急行　東松阪駅付近で国鉄C11の煙に迎えられる　昭和35　(奥井)

モ2200系のトップナンバー2201　松阪付近　昭和34　(奥井)

単行で試運転するモ2227系2234　松阪付近　昭和34 (奥井)

山間部を駆け抜ける急行　モ2200系2303ほか6連がダブルタイフォンを響かせ勾配を上って行く　　　　　　長谷寺～榛原　昭和44.11　(犬伏)

近鉄で初の高性能カルダン駆動の試作車1450系　1451+1452　桜井　昭和30.7　(羽村)

世界初の2階建て電車、「ビスタカー」10000系が試作され、昭和33年から営業を開始した　　　漕代〜斎宮　昭和38.7　（奥井）

新「ビスタカー」10100系、3車体4台車の連接構造、先頭車には、流線型と貫通型があった　　松阪付近　昭和38.7　（奥井）

昭和34年のダイヤ改正から主要駅に停車する準特急が設定された。先頭はサ3020を冷房ダクトを貫通路上に設けてク3120に改造した　3124+2253+2251+3121
安堂〜河内国分　昭和35.9　（鹿島）

特急網の充実をはかるため昭和38年から製造の11400系、新「エースカー」と呼ばれた　　長谷寺〜榛原　昭和44.11　（犬伏）

モ2200形2226ほか6連の大阪行き急行
伊勢中川　昭和35.5　（鹿島）

回想の近鉄電車①

6431系ク6581ほか4連の特急　狭軌だった名古屋線の最後を飾る特急専用車、この2連2本のみが在籍　松阪〜東松阪　昭和36　（奥井）

名古屋線

6421系ク6572ほか3連の準特急　大阪線2250系の名古屋線版として登場の特急専用車　桑名付近　昭和35.3　（鹿島）

特急車から格下げされて各駅停車に運用中の6421系2連　6425+6575　伊勢中川　昭和35.5　（鹿島）

6401系モ6403　名古屋線戦後初の特急専用車も一般塗装車と混結で急行運用に就く　桑名付近　昭和35.3　（鹿島）

関西急行電鉄のモハ1形、後の6301形は特急の座を降りてからも急行で活躍　近畿日本四日市付近　昭和35.3　（鹿島）

6441系　初めてクリームに青帯で名古屋線に登場し、新時代の幕開けを告げた　6441+6541　近畿日本四日市付近　昭和35.3　（鹿島）

廃止された伊勢線

桑名から江戸橋、新松阪、大神宮前まで延びていた伊勢電気鉄道は、合併で江戸橋以降は近鉄伊勢線となった。名古屋線とほぼ並行することから衰退し、昭和36年1月に残っていた江戸橋～新松阪が廃止されて、幕を閉じた。

モ5111が単線化された伊勢線を行く
江戸橋～部田　昭和35.5　（鹿島）

伊勢松江駅に停車中のモニ6202　　　昭和34.2　（奥井）

モ5121　江戸橋行き　伊勢松江付近　昭和34.2　（奥井）

モ5121形5122ほか　更新後、窓がHゴム、バス窓の独特の印象になった　　　　　昭和35.9　（鹿島）

更新前のモ5121形5122　伊勢線廃止後は電車は養老線、伊賀線へ移った　　　　　昭和34.2　（奥井）

南大阪線のイメージを塗り替えた「ラビットカー」6800系
6817＋6818＋6852　針中野付近　昭和35.11　（鹿島）

南大阪線

鋼体化で生まれた5800系　さまざまな先頭車があり、これは湘南型
2枚窓　5805＋5806＋5627　針中野付近　昭和35.11　（鹿島）

この5800系は正面2枚窓の5801ほか
針中野付近　昭和35.11　（鹿島）

「ラビットカー」6800系は普通から急行まで活躍した
古市～喜志　昭和33.5.2　（古川）

南大阪線には珍しい雪の日、当時の代表車が揃う　左から
6013、6821、6805　河内松原　昭和44.3　（犬伏）

我が国初の20m電車大鉄デニ形、改番後の6601形は、南大阪線の主と
して親しまれた　　　　　　　　　　　古市　昭和49.2　（犬伏）

伊賀電鉄創業時のモ5186+モ5185　桑町付近　昭和35.4　(鹿島)

旧吉野鉄道のモ5156+モ5252　上野市　昭和35.4　(鹿島)

モ5183+モ5182　　上野市付近　昭和35.4　(鹿島)

右は旧信貴山急行のモ5252　上野市　昭和46.1　(犬伏)

伊賀線・養老線

揖斐川電気の1形で、後にモニ5004となる　西大垣　昭和34.12　(鹿島)

揖斐川電気1形は大正12年製、関急合併時に5000番代となった　モ5001+モ5401
大垣　昭和35.2　(鹿島)

養老電鉄が昭和3年に製造、改番後のモ5011
西大垣　昭和45.10　(犬伏)

南大阪線から来た湘南形モ5805
西大垣　昭和45.10　(犬伏)

144　回想の近鉄電車 1

"お伊勢さん"の参拝の足として親しまれた三重交通神都線　外宮前　モ541・モ590　昭和34　（奥井）

廃止・転換された路線

神都線モ543　モ541〜543は昭和36年1月の廃止後、豊橋鉄道市内線へ移る　　　　　　昭和34　（奥井）

三重交通松阪線モニ201形203　同線の廃止後は、内部・八王子線に移る　　　　　　　昭和35.5　（鹿島）

三重交通松阪線の電気機関車デ61　グリーン色の凸型は客車も牽いた　　　　松阪　昭和33.5　（奥井）

ナロー軌間だった三重交通湯の山線、後に倍の標準軌に拡幅され近鉄の一員になる　　　昭和38　（奥井）

三重交通モ4400形4401ほか　3車体の連接車で、湯の山線の改軌で内部線に移って使用中、今も三岐鉄道北勢線で活躍　　　　　　　　　　　四日市　昭和35.3　（鹿島）

■写真：犬伏孝司・奥井宗夫・鹿島雅美・羽村　宏・吉川文夫

幌を楽しむ

きんてつ あらかると

特急列車の解併結でも幌の様子がわかった

　昔は関西の電車といえば前面に貫通幌を備えている社がほとんどで、関西の国電もその仲間だった。しかし、固定編成化が進んだ現在では近鉄、南海を除くと、必要に応じて装備するという方式が定着したように見える。

　近鉄は多数の社を合併したために、さまざまな車両の集合体となり、幌の寸法もまちまちになっていた。仮に生い立ちの異なる車両を連結したとしても、幌は繋げない車両が多かった。基本的にはやや背が低く幅の広い参急2200系、大軌1400系の幌を基本としていたが、車体幅の狭い車両に合わせた奈良線、標準寸法的な名古屋線、幅も高さも大きかった南大阪線に分かれていて、旧性能時代は増備

小型幌を装備した奈良線　昭和43.6.1　写真：福田静二

大型幌を装備した南大阪線　昭和32.9.12　写真：鹿島雅美

車両も各線区の在来車の規格に合わせていた。
　南大阪線の大型幌は旧大鉄デニ501系（⇒近鉄6601系）以来のもので、国鉄客車に近い寸法だった。初代6800系も当然この幌を装着していたが、昭和32年（1957）に名古屋線へ転属して6411系となり、昭和34年に戻ってきた。名

南大阪線の6411系は、名古屋線へ転属、幌を改造、そのまま南大阪線へ戻ってきた
昭和33.11.28　写真：沖中忠順

古屋線の幌に改造された姿で復帰したために顔立ちが若干変わってしまい、広い貫通扉が目立ったものである（後に標準幌に付け替え）。

1470系で採用した片幌が以後の規格となった
昭和52.8.16　写真：林 基一

　昭和30年代早々に、近鉄では従来の相互の車両から幌を引き出して繋ぐ「吊り幌」をやめて、国電式の車両の片側だけに装着し、操作の簡単な「片幌」に切り替えた。改造済みの車両は車番の下に白線を引いて区別していた。この片幌も、車体の幌取り付け台座の関係からやむなく各線区伝統の寸法を引き継いでいたが、高性能車の時代に入ると、大阪線の1470系で採用された片幌が以後の規格寸法となった。近鉄の片幌は、相方車両の台座に取り付ける外枠が細くて軽量なのが特色で、操作がしやすいため、南海をはじめ私鉄各社やJRにも広まっている。

　近鉄の幌は特急系と一般車系の二つの流れがあり、外観上は違いも見られるが、基本的には同じ方式である。

近鉄電車のすべて　一般型車両 3
名古屋線系統

名古屋線の前身となる関西急行電鉄が新造したモハ1形、後のモ6301形は、端正な姿と俊足ぶりで"緑の弾丸"と呼ばれた。戦後は特急に抜擢され、その後も急行で活躍を続けた
伊勢若松　昭和34.1.11　写真：鹿島雅美

◆名古屋線系統の概況

名古屋線は近鉄名古屋〜伊勢中川間78.8kmの幹線で、大阪線に対する一方の雄であり、名阪特急・名伊特急のルートである。支線には湯の山線・近鉄四日市〜湯の山温泉間15.4km、鈴鹿線・伊勢若松〜平田町間8.2kmがある。

かつては狭軌の養老線・桑名〜揖斐間57.5km(現・養老鉄道)、特殊狭軌762mm軌間の北勢線・西桑名〜阿下喜間20.4km(現・三岐鉄道北勢線)、および内部線・近鉄四日市〜内部間5.7km、八王子線・日永〜西日野間1.3km(両線とも現・四日市あすなろう鉄道)も名古屋線の支線であったが、平成19年(2007)10月1日に近鉄から経営が分離された。

名古屋線とそれに続く山田線・鳥羽線・志摩線は名古屋線と一体的な列車運行が行われており、東海道新幹線の名古屋から伊勢志摩方面、および奈良・京都方面を巡る観光客の主要なルートなっている。

使用される車両は、特急は大阪線と同格で格差がなく、名伊特急は阪伊特急の本数を上回っている。一般車両はJR東海の関西本線・

名古屋線の急行列車にはほとんど5200系が連結され、転換クロスシートの快適な乗車が楽しめる　　写真:福田靜二

伊勢鉄道・紀勢本線・参宮線経由の名古屋〜鳥羽間の気動車快速「みえ」との競合から、転換クロスシートの5200系、およびL/Cカーの配置が多い。しかし、奈良線区に優先導入された「シリーズ21」は今も未配置である。

車両の保守は塩浜検修車庫が担当し、車庫は富吉検車区(米野車庫を含む)、明星検車区(白塚車庫を含む)が担当。塩浜では経営分離した四日市あすなろう鉄道、養老鉄道、伊賀鉄道の車両検修も担当している。

■ 名古屋線系統路線略図

■ 区間運転車両

❶ 旧伊勢電気鉄道(伊勢電)の車両

伊勢電モハニ101形 ⇨ モニ5101形
モハニ101〜106 ➡ モニ5101〜5106

伊勢電初期の15m級新製車 ❶

　大正15年(1926)川崎車輌製の15m級半鋼製車で、非貫通、両運転台、乗務員扉なし。沿線事情から荷物室付きで、窓割りは1Ⓓ1D12D1(Ⓓは荷物室扉)。出力が小さく、手動扉だった。塗色は深紅色で、伊勢電気鉄道(以下、伊勢電と称す)の標準色となる。

　昭和16年(1941)関西急行鉄道(以下、関急と称す)成立時の改番(関急改番)でモニ5101形になり、近鉄に引き継がれた。戦後は貫通化、外板の張り替えを行い、のっぺりした風貌となる。昭和34年(1959)の名古屋線広軌化(標準軌化)から外されて養老線で過ごし、昭和46年(1971)に廃車となった。下記のデータのうち、角カッコは戦後の改造を示す。

［データ］　最大寸法:長15,543×幅2,705×高4,165㎜◆主電動機:K7-653A・48.49kW×4・吊掛◆制御装置:HL[ABN]◆制動装置:SME[AMA]◆台車:BW-A型◆製造年:大正15年(1926)◆製造所:川崎車輌

伊勢電モハニ111形 ⇨ モニ5111形
モハニ111・112 ➡ モニ5111・5112

伊勢電初期の15m級新製車 ❷

　昭和2年(1927)に日本車輌製のモハニ111形2両が増備された。機器面と車体はモハニ101形と同じだったが、貫通扉が付いた。関急改番でモニ5111形になり、昭和32年(1957)から更新され、荷物室と窓帯、リベットが撤去された。広軌化から外されて養老線に転属し、昭和46年(1971)に廃車となった。下記のデータのうち、角カッコは戦後の改造を示す。

［データ］　最大寸法:長15,543×幅2,705×高4,165㎜◆主電動機:KH7-653A・48.49kW×4・吊掛◆制御装置:HL[→ABN]◆制動装置:SME[AMA]◆台車:BW-A型◆製造年:昭和2年(1927)◆製造所:日本車輌

伊勢電の増備車両がモハニ111、関急改番でモニ5111となり、更新も行われ、狭軌の伊勢線で使われた
　　　　　　　　　江戸橋　昭和35.5.27　写真:野崎昭三

伊勢電モハニ101形は改番でモニ5101となって近鉄に引き継がれ、晩年は養老線で余生を過ごした
　　　　　桑名　昭和33.11.30　写真:高橋 弘

廃止の迫った伊勢線を行くモニ5111　伊勢線江戸橋〜新松阪は昭和36年1月に廃止された　昭和35.5.1　写真:鹿島雅美

伊勢電モハ121形 ⇨ モ5121形

モハ121・122 ➡ モ5121・5122

名鉄3200形と同型の初期日車半鋼製車

　大正15年(1926)日本車輌製で、愛知電気鉄道(現・名古屋鉄道)のデハ3080形(⇒名鉄モ3200形)9両とは同型の兄弟車だった。

モハ121形　伊勢電初の大型車に相当し改番でモ5121となった　5121+6236　白塚　昭和34.1.11　写真：鹿島雅美

　窓割りはd2D10D3(片隅密閉式運転台のため反対側はこの逆)、扉間クロスシートの優等列車用だったが、17m車が増えると普通専用となる。関急改番でモ5121形となり、戦後は伊勢線に配置された。更新でリベットや窓帯が消え、上段の窓ガラスはHゴムで固定した通称「バス窓」になる。

　伊勢線廃止後は養老線、伊賀線と転じて昭和46年(1971)に廃車となった。下記のデータのうち、角カッコは戦後の改造を示す。

[データ]　最大寸法：長16,688×幅2,641×高4,167㎜◆主電動機：K7-653A・48.49kW×4・吊掛◆制御装置：HL[ABN]◆制動装置：SME[AMA]◆台車：日車D型◆製造年：大正15年(1926)◆製造所：日本車輌

伊勢電モハニ131形 ⇨ モニ5131形

モハニ131・132 ➡ モ5131・5132

均整のとれた荷物室付きの15m級電車

　昭和2年(1927)日本車輌製の荷物室付き15m車。貫通扉付きで、原型の窓割りは1D9D1D1、関急改番でモ5131形になる。

　昭和30年(1955)に更新を受けて片運転台化、乗務員室扉の設置と荷物室撤去が行われ、d2D8D3の好ましいスタイルになる。晩年は養老線に転じ、昭和49年(1974)に廃車となった。

　下記のデータのうち、角カッコは戦後の改造を示す。

[データ]　最大寸法：長16,688×幅2,641×高4,167㎜◆主電動機：K7-653A・48.49kW×4・吊掛◆制御装置：HL[ABN]◆制動装置：SME[AMA]◆台車：日車D型◆製造年：大正15年(1926)◆製造所：日本車輌

荷物室付きの伊勢電モハニ131形、改番後はモニ5131に　5131+5112　新松阪　昭和33.7.27　写真：鹿島雅美

香良洲行きの「臨」表示を掲げて伊勢線を行くモ5121
5121+6236
　江戸橋～部田　昭和34.1.11
　　写真：鹿島雅美

半月型の飾り窓が特徴のモハニ201・211形　戦前、単行で伊勢線を行く　　撮影者不詳　所蔵：大西友三郎

伊勢電モハニ201形・211形 ⇨ モニ6201形

モハニ201・211 ➡ モニ6201・6202

伊勢電タイプの一つ　半月型の飾り窓第1号

　旧2形式とも昭和3年(1928)日本車輌製の荷物室・貫通扉付きの半鋼製車で、窓割りは1D2D2×5D21(D荷物扉)。前面運転台の窓上と側面の窓上には、半月型の優雅な飾り窓が付いていた。両形式の違いは、201の制御器がGEのPC型、211が東芝のRPC型だったため。関急改番の際にモニ6201形に統合された。

　昭和30年代初めの更新で外板を張り替え、飾り窓はつぶされた。養老線、伊賀線と転属して昭和52年(1977)に廃車となる。下記のデータのうち、角カッコは戦後の改造を示す。

［データ］最大寸法:長17,578×幅2,740×高4,171mm◆主電動機:SE132[AMJ]・74.6kW×4・吊掛◆制御装置:PC/RPC[MMC]◆制動装置:AMJ◆台車:日車D-16◆製造年:昭和3年(1928)◆製造所:日本車輌

伊勢電モハニ221形 ⇨ モニ6221形

モハニ221～226 ➡ モニ6221～6226

飾り窓なし　出力不足でローカル運用に

　昭和4年(1929)日本車輌製。貫通式、荷物室付きで飾り窓はなく、窓割りは1D1D10D4。関急改番でモニ6221形となり、昭和30年代初期に更新された。

　昭和34年(1959)の名古屋線改軌の際に6221・6222は養老線に転じ、6223～6226は広軌化して名古屋線に残った。昭和38年(1963)に6223・6224が改軌のうえ養老線へ転属したが、昭和45～46年(1970～71)に4両とも廃車。代わりに名古屋線残存の6225・6226が養老線に転じたが、昭和54年(1979)に廃車となった。下記のデータは狭軌時代のもの。角カッコは広軌化された時の変化を示す。

［データ］最大寸法:長17,578×幅2,740×高4,185mm◆主電動機:東洋TDK528A・74.6kW×4・吊掛◆制御装置:東洋◆制動装置:AMM◆台車:日車D-16[KD-31B]◆製造年:昭和4年(1929)◆製造所:日本車輌

飾り窓なしで登場した増備のモハニ221、改番でモニ6221に
6223+6225　　江戸橋　昭和32.12.15　写真:鹿島雅美

モニ6221編成、6225先頭の準急中川行き4両編成、すべてパンタグラフを上げている　伊勢中川付近　昭和34.1.11　写真:鹿島雅美

伊勢電モハニ231形 ⇨ モニ6231形

モハニ231〜240 ➡ モニ6231〜6240

伊勢電の代表車 幹線・支線で長く活躍

　昭和5年(1930)に日本車輌でデハニ231〜242の12両が新製された。急行系の車両で、窓割りは1①D1D9D2、扉間は転換クロスシートだった。同系のTc車はクハ471形3両のみで、クハ451形3両も改造して連結した。

　昭和7年(1932)に形式をデハニ⇒モハニと改称し、昭和10年(1935)からは桑名〜大神宮前間の特急「はつひ」(初日)・「かみち」(神路)用に抜擢されて参宮急行電鉄と対抗した。

　その後、231〜238は焼失事故により、昭和14年(1938)に関西急行電鉄(以下、関急電と称す)1形と同型の車体を新製して旧番号で復帰し、後にモ6241・6242と改称して系列を離れた。ほかの10両は昭和16年(1941)の関急改番でモニ6231形になった。

　戦後の昭和33年(1958)から名古屋線初の20m3扉車6441系に主電動機・制御器・台車を譲って順次Tc化することになり、まず、クニ5421〜5424が誕生して伊勢線、養老線(後に伊賀線も)で使用された。クニ5420形4両は翌昭和35年(1960)に南大阪線の季節特急「かもしか」号用にモ5821〜5824に改造された(南大阪

伊勢電の代表のモハニ231、戦前の特急にも抜擢、改番後はモニ6231となり複雑な経緯をたどる。写真の6233は制御車となった　　　塩浜検車区　昭和35.6.8　写真：丹羽 満

線の項P.194参照)。

　モニ6231形は昭和34年(1959)の名古屋線改軌で広軌化されたが、昭和35年には6240が狭軌化され、クニ5361となって伊賀線に転じている。同じ年にモニ6231〜6235がTc化されてクニ6481〜6484となり、6235のみクニ5421(Ⅱ)に改造後、養老線へ転出した。

　伊勢電モニ6231系出自の各形式は、昭和52年(1977)以降徐々に廃車が進み、昭和58年(1983)までに全廃となった。

　下記のデータは名古屋線改軌前のモニ6232号車のデータ。改軌・改造後のデータは角カッコで示した。

データ 最大寸法：長17,860×幅2,743×高4,186mm◆主電動機：東洋TDK528A・104.44kW×4・吊掛◆制御装置：TDK◆制動装置：AMA◆台車：日車D-16[→日車D-16B→近車KD-31C]◆製造年：昭和5年(1930)◆製造所：日本車輌

モニ6231形と改番された10両は写真のようにローカル運用に就いたが、順次Tc化されていった　　6234+6231
　　　　　津新町　昭和35.5.1
　　　　写真：鹿島雅美

| 伊勢電クハ451形・461形 ⇨ ク6451形・6461形 |

クハ451～453 ➡ ク6451～6453 ➡ サ6451～6453
クハ461～463 ➡ ク6461～6463 ➡ サ6461～6463

優雅な半月窓で名古屋線の急行を彩る

　伊勢電が将来の長距離客車輸送を考えて昭和3年(1928)に新製投入したのが「ハ451形」3両と、翌昭和4年(1929)に投入した制御車の「ハ461」形3両だった(後に両者を「クハ」と改称)。

　両形式の車体は全く同一で、窓割りはd22D2×4D22、2連窓の幕板部には半月型の優雅な飾り窓が付いていた。トイレ・洗面所付きだったが、座席はロングシート。関急改番でク6451形・6461形となった。

　昭和32年(1957)に6301形からの発生品を利用して、6451・6461形は転換/固定クロスシートになり、更新で窓帯も飾り窓も撤去されたが、急行を主体に改軌後も活躍を続けた。昭和35年(1960)にサ6451・6461形になり、両形式ともT車の少ない名古屋線で現役を通して昭和47～49年(1972～74)に廃車となった。

　下記はク6451・6461形時代共通のデータ。6461形のデータは角カッコで示した。改造後のデータは→印を付した。

データ　最大寸法:長17,578×幅2,740×高3,767㎜◆制御装置:TDK◆制動装置:ACA→ATA[ACM→ATM]◆台車:日車D-16→日車ND-8[日車D-16→日車ND-8]◆製造年:昭和3～4年(1928～29)◆製造所:日本車輌

| 伊勢電クハ471形 ⇨ ク6471形 |

クハ471～473 ➡ ク6471～6473 ➡ サ6471～6473

6231・6301形の相方を務めた名脇役

　昭和5年(1930)に、日本車輌でデハニ(後にモハニ)231形と同時にクハ471～473の3両が新造された。転換クロスシート、トイレ、洗面所を備えており、窓割り2D10D2の均整のとれた車体で、桑名方に乗務員室扉のない運転室があった。昭和16年(1941)の関急改番でク6471形となる。

　戦後の昭和22年(1947)に近鉄特急が誕生すると、名古屋線側の特急車にモ6301形3両とク6471・6472が選ばれて混成され、名古屋～

半月窓、トイレ・洗面所付きとなったクハ451、改番でク6451となる　　近畿日本四日市　昭和33.11.30　写真:高橋 弘

ク6451、6461として活躍するが、順次T車に改造される
6452+6322　米野～黄金　昭和35.7.5　写真:丹羽 満

2色塗装のまま急行運用に就くク6471
　　　近畿日本四日市　昭和35.6.8　写真:丹羽 満

ク6471はのちに全車サ6471に改造された
　　　白塚検車区　昭和43.9.29　写真:藤本哲男

伊勢中川間で活躍した。昭和34年(1959)11月の名古屋線改軌後も特急仕業に就いていたが、昭和36年に急行用に格下げとなる。昭和39年(1964)にサ6471形に改造され、昭和48年(1973)に廃車となった。

下記は原型時代のデータ。改造後のデータは角カッコで示した。

データ 最大寸法：長17,860×幅2,730×高3,760㎜◆制御装置：TDK◆制動装置：ACA[ATA]◆台車：日車D-16[D-16B]◆製造年：昭和5年(1930)◆製造所：日本車輌

❷ 旧参宮急行電鉄（参急）の車両

参宮急行電鉄デニ2000形 ⇒ モ6251形
デニ2000〜2007 ➡ モ6252〜6254・6256〜6258

参急最初の電車 ローカル輸送に奉仕

参宮急行電鉄(以下、参急と称す)が小運転用として、昭和5年(1930)に川崎車輌でデニ2000形2000〜2007を新製した。荷物室付きの19m車で、深い屋根、狭い幕板、ロングシートなど、個性的にして実用的な車両だった。

江戸橋〜中川〜宇治山田間で運用されていたが、昭和16年(1941)に中川〜江戸橋間が狭軌化されると、当形式が使用された。

関急改番でモニ6251〜6258となり、戦時中に6251、6255が被災・全焼したが、昭和22年(1947)に日本車輌で3扉車に復旧した。

昭和34年(1959)の名古屋線改軌で再び広軌化され、更新後は張上げ屋根のモ6251形と

参急が区間運転用に新製したデニ2000、戦前は一時狭軌化され、戦後はモニ6251に統合された
米野検車区　昭和33.11.28　写真：沖中忠順

なって活躍していたが、昭和49年(1974)までに廃車となった。下記は最終期のデータ。

データ 最大寸法：長19,000×幅2,743×高4,120㎜◆主電動機：TDK542-A(新製時)──◆制御装置：日立MMC-HTU-10◆制動装置：AMM◆台車：近車KD-32C◆製造年：昭和5年(1930)◆製造所：川崎車輌

参急、関急と、出自の違う車両が仲良く組んでいたのが改軌前の名古屋線だった　6252+6262+6257+6302
伊勢中川〜桃園　昭和34.1.11　写真：鹿島雅美

❸ 旧関西急行電鉄(関急電)の車両

関急電鉄モハ1形 ⇨ モ6301形
1~10 ➡ 1~3・5~11 ➡ モ6301~6310

"緑の弾丸"と称賛された関急電の逸品

昭和11年(1936)に伊勢電は参急と合併し、桑名~名古屋間の計画線は、大軌系の関西急行電鉄が建設を受け持った。開通に合わせて関急電が昭和12年に日本車輛で新製したのが1形(モハ1形ともいう)1~10である。

両運転台、窓割りはd2D8D2d、扉間は転換クロスシートの端正な17m車だった。塗色は大軌と同じ濃緑色で、旧伊勢電の深紅色とは対照的だった。名古屋~大神宮前間の料金不要特急に充当され、その俊足ぶりから"緑の弾丸"という愛称名が付けられ、伊勢神宮への参拝客や修学旅行生の人気を集めた。

昭和13年(1938)の事故で4号車が大破、復旧の際に11号車に改番し、4を忌み番号として欠番とした。昭和16年(1941)の関急改番でモ6301~6310となって近鉄に引き継がれた。昭和17年(1942)に名古屋・山田線と並行路線になっていた伊勢線の新松阪~大神宮前間が廃止になり、6301形の舞台は名古屋~伊勢中川間となる。

昭和22年(1947)の近鉄特急運転開始の際、

関急の開業に合わせて新造したモハ1形、改番でモ6301形となり、戦後、特急に使用され、その後も急行に活躍した
写真：奥野利夫　所蔵：鹿島雅美

均整のとれた美しい姿を最後まで維持して人気を集めた
6307+6510+6303　白塚　昭和32.12.15　写真：鹿島雅美

モ6301~6303とク6471・6472が抜擢されて、名古屋線区間の特急車となった。昭和28年(1953)の格下げ後は主に急行で活躍を続けた。

昭和34年(1959)の名古屋線改軌後も代表的な存在だったが、昭和45~46年(1970~71)に6308~6310が養老線へ転じ、昭和47年にモ

改軌後も台車交換、電動機強化などの改良が加えられて、健在ぶりを示していた
6305ほか　江戸橋　昭和36.1.21　写真：鹿島雅美

6301〜6306もク6301形に改造されて養老線へ転出。名古屋線に残った6307は昭和48年(1973)に廃車となった(以下養老線の項P.212参照)。

|データ| 最大寸法：長17,800×幅2,700×高4,100㎜◆主電動機：東洋TDK550/2-B・93.25kW×4・吊掛◆制御装置：ABF◆制動装置：AMA◆台車：日車D-16[広軌化→近車KD-32A→再狭軌→日車D-16他混用]◆製造年：昭和12年(1937)◆製造所：日本車輌

伊勢電モハニ231形2両 ⇒ モ6241形

モハニ231形231・238 ➡ モ6241・6242

"緑の弾丸"と同型車体に再生した旧伊勢電

前述のように、昭和11年(1936)の参宮急行との合併前に旧伊勢電モハニ231形のうち231と238は事故により休車になっていた。昭和14年(1939)に関急電が1形と同型車体を新造してこの2両が復活した。

伊勢若松で発車を待つ鈴鹿線の6241、行先板の伊勢神戸は、現在の鈴鹿市で、昭和38年に駅名改正された
昭和34.12.20 写真：鹿島雅美

破損したモハニ231に、モハ1と同型車体を載せ替えたモハ231、改番でモ6241となった 6241+6231
伊勢神戸 昭和34.12.20 写真：鹿島雅美

昭和16年(1941)の関急改番でモ6241・6242となり、昭和34年(1959)の名古屋線改軌後も同線に残っていたが、昭和46年(1971)にク6241＋モ6242となって養老線に転出した(以下養老線の項P.210参照)。

下記のデータは狭軌時代のもの。以後の改造点は角カッコで示した。

|データ| 最大寸法：長17,800×幅2,700×高4,162㎜◆主電動機：東洋TDK528C・104.44kW×4・吊掛◆制御装置：TDK◆制動装置：AMA◆台車：日車D-16[広軌化→近車KD-31C→狭軌化→日車D-16]◆製造(改造)年：昭和5年(1930)[改・昭和14年]◆製造(改造)所：日本車輌

ナローの内部・八王子線と顔を合わせた6241
近畿日本四日市
昭和40.4.25
写真：兼先 勤

❹ 旧関西急行鉄道（関急）の車両

関急モ6311形 ⇨ モ6311形 モ6311〜6320

関西急行鉄道時代に誕生 6301形の増備車

戦時体制化、関西急行鉄道成立後の昭和17年(1942)にモ6311〜6315が帝国車輌(旧・梅鉢鉄工所)で製造された。その後、近鉄成立後の昭和19年(1944)7月にモ6316〜6320が竣工した。

6311形は6301形の増備車で、機器、車体はほぼ同一ながら、完全溶接でリベットがなくなり、縦雨樋が車体の四隅に移って顔立ちが少し異なって見えた。6311〜6315は扉間が転換クロスシートだったが、6316〜6320はロングシートだった(昭和31年にセミクロス化)。

急行に使用され、昭和24年(1949)に6320が特急に、6314、6315が特急予備に指定されたことがある。名古屋線改軌後の昭和44年(1969)に6311〜6315の座席をロング席化、昭和45年に6311形は志摩線に転じ、昭和49年(1974)に6317〜6320がひと足先に廃車となる。

残った6311〜1616は昭和52年(1977)に伊賀線へ転属となり、モ5001〜5006に改番された(以下は伊賀線の項P.204参照)。下記は広軌化後のデータである。

データ 最大寸法:長17,800×幅2,710×高4,100㎜◆主電動機:東洋TDK528/16-G・112kW×4・吊掛◆制御装置:三菱ALF◆制動装置:AMA◆台車:帝車UD-26[広軌化後KD-32B/C]◆製造年:昭和17・19年(1942・44)◆製造所:帝国車輌

6301形の延長線で新製されたモ6311形、機器、車体ともほぼ同一　　米野検車区　　昭和33.11.28　写真：沖中忠順

近鉄名古屋駅で発車を待つ6319ほかの急行
昭和46.1.15　写真：林 基一

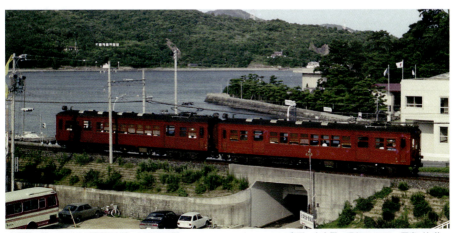
志摩線へ移ってローカル運用にも就いたモ6311形　　　鳥羽〜中之郷　昭和51.7.30　写真：林 基一

❺ 近鉄 旧性能時代の車両

モニ6251形戦災復旧車2両＋ク6231形5両
⇨ モ6261形　モ6261〜6267

名古屋線の戦後第1陣 新製19m車

　昭和22年(1947)3月に日本車輌で19m車・ク6321形5両が誕生した。同じときに日本車輌でモニ5251形の戦災車6251・6255も6321形と同じ車体で復旧し、モ6261形6261・6262として復帰した。

　両形式は輸送力が大きいため名古屋線の準急や普通で威力を発揮した。両形式ともスタイルは6301形以来の流れを汲んでおり、車体長が伸びたため窓割りはd2D4D4D2dという均整のとれた3扉車になっていた。その後ク6321形は電動車に改造され、モ6261形に編入されてモ6263〜6267となった。名古屋線改軌後も中堅どころとして活躍を続けていたが、高性能車の増備と老朽化により昭和49年(1974)に廃車となった。

　下記のデータのうち、改軌に伴う変更は角カッコで示した。

データ　最大寸法：長19,100×幅2,730×高4,110mm◆主電動機：東洋TDK528/11-1M・112kW×4・吊掛◆制御装置：日立MMC-H-10J◆制動装置：AMA◆台車：日車D-16[近車KD-32C]◆製造年：昭和22年(1947)◆製造所：日本車輌

名古屋線で戦後製造の第一陣となったモ6261
　　　　白塚検車区　昭和32.12.15　写真：鹿島雅美

改軌直後の湯の山線で運用中の6261
　　　湯ノ山　昭和40.4.25　写真：兼先 勤

モ6331形　モ6331〜6340

戦後混乱期に登場 後に20m車改造も

　戦後の運輸省規格型に該当する昭和23年度(1948)の新造車。この年度から規格が緩和されたので、モ6331形は6301形以来の関急電スタイルで製造された。6331〜6335が近畿車輌製、6336〜6340が日本車輌製で、扉間は固定クロスシートだった。

水煙を上げてホームに進入する
6334ほか　　　近畿日本四日市
昭和33.11.30　写真：高橋 弘

6334ほかの急行名古屋行き
伊勢中川〜桃園
昭和47.11.28 写真:林 基一

　名古屋線改軌後も急行を主体に活躍していたが、輸送力増強のため昭和37年(1962)に6338を20m3扉車に車体延長し、窓割りもd2D4D4D2d(Dは両開扉)となる。翌38年には6333も車体延長して、d1D4D4D1dとなったが、ともに扉間のクロス席は残してあった。

　昭和52年(1977)に6339が伊賀線へ転じてモ5007に改番、続いて4両がク5101〜5104に改造されて伊賀線へ転出した。残った6333・36・38・40は昭和54年までに廃車となった(以下伊賀線の項P.204参照)。

　下記のデータは名古屋線在籍時のもの。改軌、車体延長に伴う変更は角カッコで示した。

　データ　最大寸法:長17,800[20,626]×幅2,740×高4,100mm◆主電動機:三菱MB-148-AF・112kW×4・吊掛◆制御装置:三菱ABF◆制動装置:AMA◆台車:日車D-16[近車KD-32D]◆製造年:昭和23年(1948)◆製造所:近畿車輛・日本車輌

モ6401形　ク6551形

モ6401〜6403・ク6551・6552

特急車両として登場 私鉄初の蛍光灯も装備

　昭和22年(1947)から運転を開始した名阪間の特急(伊勢中川乗り換え)の名古屋線側が車両不足に陥っていたため、昭和25年(1950)に蛍光灯初採用の本格的な特急車として登場したのがモ6401形3両とク6551形2両だった。特急時代の模様は特急の項P.28で既述したので、ここでは格下げ後の動きを記しておく。

　昭和34年(1959)の名古屋線改軌後は「ビスタカー」10100系の増備により昭和36年に一般車に格下げされ、セミクロスシート(Tc車はロングシート)化して急行に活路を見いだしていたが、昭和51〜54年(1976〜79)に廃車となった。

　下記のデータはモ6401形のもの。ク6551形と改軌後のデータは角カッコで示した。

　データ　最大寸法:長17,800×幅2,740×高4,100[3,800]mm◆主電動機:三菱MB-148-AF・112kW×4・吊掛◆制御装置:日立MMC◆制動装置:AMA◆台車:日車D-18→改軌後:近車KD-32D[KD-31A]◆製造年:昭和25年(1950)◆製造所:日本車輌

特急用として製造されたモ6401形、ク6551形　6403
伊勢中川　昭和35.5.1　写真:鹿島雅美

6411系

モ6801〜6804 ➡ モ6411〜6414
ク6701・6702 ➡ ク6521・6522

南大阪線から転じた初代6800系

昭和25年(1950)に南大阪線区に登場した初代6800系は、20年ぶりの新造車として別格の扱いを受けていたが、昭和32年(1957)登場のラビットカーに車番を譲り、モ6411形・ク6521形に改番して名古屋線へ転属した。

格下げ後も、特急色のままでしばらく使われた6425
　　　　　　米野検車区　写真：丹羽 満

南大阪線から転属の6411系、名古屋線の改軌後は古巣へ戻った　　　昭和33.11.28　近畿日本弥富　写真：沖中忠順

南大阪線規格の大型幌が名古屋線6301形以来の標準幌に変わり、顔立ちが多少変わったくらいで原型のまま活躍していたが、昭和34年(1959)の名古屋線改軌で南大阪線へ戻っていった(南大阪線の項P.192参照)。

モ6421形　ク6571形　サ6531形

モ6421〜6426・ク6571〜6575　サ6531

大阪線2250系対応 名古屋線版19m車

昭和28年(1953)に大阪線の2250系と同時に名古屋線には6421系が登場した。特急時代の模様は特急の項P.30で既述したので、ここでは格下げ後の動きを見ておきたい。

昭和35〜38年(1960〜63)の格下げ後は順次3扉化、セミクロスシート化、冷房装置撤去などが行われ、急行を主体に活躍を続けていたが、昭和54年(1979)に養老線へ転属となった。昭和59年(1984)の支線の車番3桁化によりモ420系となり、養老線の近代化に寄与した後、平成4〜6年(1992〜94)に廃車となった(養老線の項P.213参照)。

下記はモ6421形のデータ。ク6571形のデータは角カッコで示した。

データ　最大寸法：長19,800×幅2,740×高4,095[3,995]mm◆主電動機：日立HS-256-BR-28・115kW×4・吊掛◆制御装置：日立MMC-H20A◆制動装置：AMA-R[ACA-R]◆台車：住友FS-11(6426のみ近車KD-16)→改軌後：近車KD-33/31A[日車ND-11/11A]◆製造年：昭和28年(1953)◆製造所：日本車輌

3扉、セミクロスシート化された6421系6421
　　　白塚検車区　昭和43.2.13　写真：藤本哲男

特徴のある冷房装置を先頭に載せた6421系モ6424ほか
　　　伊勢中川付近　昭和35.5.1　写真：鹿島雅美

モ6431形　ク6581形

モ6431＋ク6581　　モ6432＋ク6582

名古屋線初の20m特急車　最後の旧性能車

　昭和33年(1958)に大阪線に初代「ビスタカー」10000系が登場したのに合わせて、名古屋線用の新型特急車として登場した系列である。ここでは格下げ後の動きを追ってみる。

　名古屋線改軌後は名伊乙特急の仕業に就いていたが、昭和40年(1965)に格下げされ、中央に両開扉を設けて3扉化、ロングシート化の上、各種列車を担当していたが昭和54年(1979)に養老線に転属し、支線区車両の3桁化で昭和59年にモ431形・ク591形となった(以下は養老線の項P.213参照)。下記はモ6431形のデータ。ク6581形は角カッコで示した。

データ　最大寸法:長20,720×幅2,736×高4,190[3,995]mm ◆主電動機:日立HS-256-BR-28・115kW×4・吊掛◆制御装置:日立MMC-H20B◆制動装置:AMA-R[ACA-R]◆台車:近車KD-34[34A]◆製造年:昭和33年(1958)◆製造所:近畿車輛

モ6441形　ク6541形

モ6441～6450　　ク6541～6550

旧性能　大阪線1460系の名古屋線版

　名古屋線の通勤輸送改善のため、昭和33年(1958)にモ6441形+ク6541形の2連5本が新製投入された。車体は前年に大阪線に登場した高性能1460系と同型だったが、コスト節減で電装品は旧伊勢電出自のモニ6231形から転用され、台車もMc車はD-16、Tc車は旧吉野鉄道出自の各種旧型台車だった。

　登場時はクリーム/青帯で、側窓上部には雨除けバイザーが付いていた。昭和34年(1959)の名古屋線改軌では台車と制御器が交換され、翌昭和35年(1960)に2連5本が増備された。

　昭和54～58年(1979～83)に全車が再狭軌化のうえ養老線に転属となり、支線車両の3桁化で440系となった(以下は養老線の項P.213を参照)。下記は名古屋線在籍時のモ6441形のもの。ク6541形は角カッコで示した。

データ　最大寸法:長20,720×幅2,740×高4,190[3,990]mm◆主電動機:東洋TDK528C・104kW(→昭35、TDK528/171M・112kWに換装)×4・吊掛◆制御装置:東洋ES517A◆制動装置:AMA-R[ACA-R]◆台車:日車D-16(改軌後:KD-31C)[各種中古→改軌後:日車ND-10]◆製造年:昭和33・35年(1958・60)◆製造所:近畿車輛

名古屋線初の20m特急車となった6431系、格下げ後は3扉化された　　白塚検車区　昭和43.9.29　写真:藤本哲男

大阪線の1460系に相当する6441系、初のクリームに青帯で名古屋線に登場した
　　白塚検車区　昭和34.1.11
　　　　　　　写真:鹿島雅美

ク6561形

ク6561〜6565 ➡ サ6562・6563　ク6564・6565
(ク6561 ➡ 特急車6421系のサ6531となる)

急行の輸送力増強で登場 19m制御車

　名古屋線の輸送力向上のため、昭和27年(1952)に19m2扉の制御車ク6561形5両が新製投入された。張上げ屋根、窓帯なし、窓割りはd2D10D3、扉間は転換クロスシートの急行型仕様で、6301〜6401形と併結して活躍を続けた。

輸送力の向上のために登場した制御車ク6561形
米野検車区　昭和36.2.3　写真：丹羽 満

　その間の昭和33年(1958)に6561が特急用に改造され、6421系のサ6531となって系列を離れた。名古屋線改軌後は昭和50年(1975)に6562・6563が運転台を撤去してサ5661形と改称した。昭和52年に再び全車を狭軌化して養老線に転属、その際にサ6562が電装されてモ6562になった(以下は養老線の項P.212参照)

　下記は名古屋線時代(改軌後)のデータである。

|データ| 最大寸法：長19,720×幅2,740×高4,020㎜◆制御装置：間接自動◆制動装置：ACA-R◆台車：日車D-16(改軌後：KD-31B/D-18A)◆製造年：昭和27年(1952)◆製造所：近畿車輛

ク6501形

クハ301〜314 ➡ ク6501〜6510

旧吉野鉄道が出自　名古屋線の名脇役

　吉野鉄道(現・近鉄吉野線)では、昭和4年(1929)からの大阪鉄道(現・近鉄南大阪線)との相互乗り入れに備え、川崎車輛でテハ201形(Mc車)6両、サハ301形(Tc車)14両を新製した。17m級の角ばった形の全鋼鉄製で、窓割りはd1D5D1dで全車両運転台・両貫通、ロングシート、片隅運転台。扉間には1段上昇式、1.1m幅の広窓が並んでいた。

　花見シーズンには2M4T編成が走るほどの盛業だったが、平常は車両が余剰ぎみだった。そこで、昭和12年(1937)に200・300形全車が大軌系の関西急行電鉄(桑名〜名古屋間、伊勢線と直通運転)へ貸与の形で転属した。

　走行機器面で互換性のないMc車201形はローカル運用に就いたが、Tc車301形はトイレ・洗面所を新設して急行編成に組み込まれて好評だった。昭和16年(1941)の関急改番で普通・支線区用になっていた201形はモ5201〜

ク6501形はもとは吉野鉄道であり、関急に貸与の形で移ってきた。戦後は大部分が南大阪線へ戻ったが改軌後も10両が残る
近畿日本弥富
昭和33.11.28
写真：沖中忠順

5206に、急行用だった301形はク6501〜6510に、普通・支線区用になっていた311〜314はク5511〜5514に改番された。

制御車の少ない名古屋線区では重用されていたが、戦中・戦後にモ5201形は南大阪・吉野線に戻り、戦後も順次古巣に戻る車両が増え、改軌後も名古屋線区に残っていたク6501形は養老線へ転属した(南大阪線の項P.191、養老線の項P.211参照)。

下記のデータは改軌後のものである。

データ 最大寸法:長17,860×幅2,735×高3,860mm◆制動装置:ACA◆台車:D-16◆製造年:昭和4年(1929)◆製造所:川崎車輛

ク1563がサ1562に改造・改番のうえ名古屋線に　米野検車区　昭和35.4.24　写真:丹羽 満

ク1560形

サ1561・1562　ク1565〜1569(名古屋線転属後)

大阪線から転属の戦後派Tc車

昭和48〜49年(1974〜74)に、ク1561⇒サ1561、ク1562⇒ク1565(Ⅱ代目)、ク1563⇒ク1562(Ⅱ)⇒サ1562と改造・改番の上、見出しの車番に揃えて名古屋線に転入した。1560形は参急2227形と同じ床面高さ1,275mmという高床車だったので、1,225mmに低床化修正をしてから入線している。

昭和52年(1977)から養老線に転属し、同線の近代化に一役買っていたが、昭和59年(1984)までに廃車となった。下記は床面高さ修正後の名古屋線時代のデータである。

データ 最大寸法:長20,720×幅2,744×高3,735mm◆制動装置:ACA-R◆台車:近車KD32A/KD-3◆製造年:昭和27〜28年(1952〜53)◆製造所:近畿車輛

モ1421形　モ2204 ➡ (事故復旧) モ1421

1両だけの2200形の事故復旧車

昭和38年(1963)に急行用モ2200形の2204が高安で焼損事故に遭い、翌昭和39年(1964)に1460形類似の3扉ロングシート車で復旧した1形式1両の車両。1460形と似ているが、窓高さなどを2200系に合わせたため、印象は異なる。性能は2200系と同じである。

明星区にあって名古屋線で2200系と急行などに就役していたが、昭和46〜49年(1971〜74)に2200系が引退したあとは2250系と組んでいた。昭和58年(1983)にモワ601に改番して、大阪線の鮮魚列車に使用されていたが、平成元年(1989)に廃車となった。

データ 最大寸法:長20,720×幅2,736×高4,150mm◆主電動機:三菱MB-211-BF◆制御装置:三菱ABF◆制動装置:AMA-R◆台車:近車KD49A◆製造年:昭和5年(1930)/車体新造年:昭和39年(1964)◆製造/車体新造:日本車輛・近畿車輛

損傷した2200系を3扉ロングシートで復旧した1形式1両のモ1421
近鉄蟹江　昭和56.4.18　写真:毛呂信昭

❻ 高性能時代の車両

| モ1600形 | モ1650形 | ク1700形 | ク1750形 | ク1780形 |

(新製時の形式と車番)
モ1601～1615(Mc)　　モ1651～1659(Mc)
ク1701～1715　ク1751・1752　ク1781～1783

名古屋線区 初の高性能通勤車1600系

　名古屋線にも昭和34年(1959)に高性能・4扉車の1600系が登場した。当初は奇数車が宇治山田向きのモ1600形、偶数車が名古屋向きのク1600形の連番だったが、名古屋方からク1700形＋モ1600形に改称・改番した。

　昭和41年(1966)までにモ1600形、ク1700形、増結用のモ1650形、同ク1750形の計44両が新製投入され、昭和41年には大阪線の1480系のトイレ付きク1581～1583をク1781～1783に改番のうえ編入している。

　車体は南大阪線の6800形、大阪線の1470形と同型の初期丸型車体。塗色は当時の高性能通勤型の標準色であるクリーム/青帯。制御器は我が国最初のバーニア制御方式の日立VMC型を搭載していた。

　昭和48年(1973)にク1780形の運転台を撤去してサ1780形になり、昭和50年(1975)にはモ1601～1603が中間M車となる。昭和57年(1982)に増結用のモ1651～1654が京都線へ転出した。

　昭和57年から冷房化と更新が行われ、昭和63年(1988)から未更新の初期車から廃車が始まっていたが、平成4～6年(1992～94)に1600・1650・1700・1750形から計10両が養老線に転出し、600系に改造された(養老鉄道の項P.214参照)。名古屋線に残った1600系は昭和63～平成9年(1988～97)に順次廃車となった。

　下記のデータはモ1600形のもの。ク1700形は角カッコで示した。

高性能車時代の名古屋線の第1陣、1600系
　　　1601＋1602　米野　昭羽35.7.5　写真：丹羽 満

[データ] 最大寸法:長20,720×幅2,740×高4,150[3,990]mm◆主電動機:三菱MB-3020-D・125kW×4・WN◆制御装置:日立VMC-HTB-10◆制動装置:HSC-D[HSC]◆台車:近車KD-36A/30B/51B[KD-36B/30C/51C]◆製造年:昭和34～41年(1959～66)◆製造所:近畿車輛

1650系は後に冷房化、更新が行われる
　　　久居～津新町
　　　昭和48.6.3
　　　写真：林 基一

次世代の通勤型車両1800系は強力電動機を採用　鵜方〜神明　昭和52.5.4　写真：林 基一

モ1800形　ク1900形　ク1950形
モ1801〜1804　ク1901〜1904　ク1951・1952

強力電動機の採用で1M2Tが可能に

　1600系に続く通勤型として昭和41年(1966)に新製投入された。大阪線の2400系と共通の性能だが、1800系は発電ブレーキを装備しておらず、平坦線用の設計だった。名古屋方からク1900形＋モ1800形の2連を基本とし、さらに増結用のク1950形を名古屋方に連結していた。車体は1600系と同じ大窓グループだが、名古屋線ではこのタイプの最後となり、次のラインデリア通風器を装備した1810系がすぐ後に登場したため少数派に終わった。

　昭和54年(1979)から冷房化、昭和59年(1984)から更新が行われた。その際に増結用ク1950形2両は、モ1650形とペアを組んで冷房化された。平成4〜6年(1992〜94)に1800系は全車養老線に転属となり、600・610系に編入された(養老鉄道の項P.214参照)。

　下記のデータは名古屋線在籍時のモ1800形のもの。ク1900形のデータは角カッコで示してある。

データ　最大寸法：長20,720×幅2,709×高4,150[3,990]mm◆主電動機：三菱MB-3110-A・155kW×4・WN◆制御装置：日立MMC-HT-10E◆制動装置：HSC[HSC]◆台車：近車KD-60B[60C]◆製造年：昭和41年(1966)◆製造所：近畿車輛

2470系（名古屋線転属車）
ク2581〜2583（Tc）　モ2471〜2473（奇M）
モ2472〜2474（偶Mc）

大阪線から転属してきた1480系増備型

　この位置に当形式を置いたのは、大阪線の項P.113で述べたように、2470系は大阪線の1480系の増備車で、誕生の時期が昭和41年(1966)であり、性能に違いはあっても、車体は名古屋線の1800系とはほぼ同型だからである。

　昭和60年(1985)に二度目の更新を受けたあと全車名古屋線に転属し、各種列車に活躍していたが、平成13〜14年(2001〜02)に廃車となった。なお、端数となるク2583は1480系のモ1497-モ1498と3連を組んでいた。

1480系の増備車となる2470系(大阪線時代)
　　高安検車区　昭和47.1.6　写真：林 基一

モ1450形 モ1451・1452

最初の高性能車2両も名古屋線に

昭和50年(1975)に車種調整のため、1451+1452の2連で大阪線から名古屋線に転属してきた。主にローカル運用に就き、晩年は志摩線の線内列車を担当していたが、昭和60年(1985)に廃車となった(当形式の詳細とデータは大阪線の項P.111を参照)。

モ1460形 モ1461～1466

最初期の高性能車も志摩線に

昭和50年(1975)に車種調整のため、1450形2連1本とともに1461～1466の全車(2連×3本)が大阪線から名古屋線に転属してきた。名古屋・山田線のローカル運用に就いていたが、晩年は志摩線ローカルを担当し、昭和62～63年(1987～88)に廃車となった。転属後しばらくは名古屋線の同型車体6441系(旧性能車)と並ぶ光景も見られた(当形式の詳細とデータは大阪線の項P.111を参照)。

1480系 (名古屋線転属後)

元大阪線3連車 名古屋線で活躍

3連の需要が多い名古屋線に転じてからは重用されていたが、老朽化も進み、昭和63年(1988)に1487・1489Fが廃車になり、平成元年(1989)には1481Fが鮮魚列車に改造された。平成9～11年(1997～99)にすべて廃車になり、鮮魚列車の1481形も2680系と交代して平成13年(2001)に廃車となった(1480系の詳細は大阪線の項P.112参照)。

大阪線から転属してローカル運用に就く1450形 1452+1451
伊勢中川付近 昭和46.1.24 写真:犬伏孝司

こちらも大阪線からやってきた1460形
久居～津新町 昭和48.6.3 写真:林 基一

大阪線時代の1480系 McMTcで3連の需要の多い名古屋線へ移って来た
布施 昭和39.2.1 写真:丹羽 満

| モ1810形 | ク1910形 | サ1960形 | サ1970形 |

モ1811～1827　ク1911～1927
サ1961～1967　サ1976・1977（新製時の本数）
➡ モ1811～1827　ク1911～1927（車体交換後の本数）

ラインデリア装備車の第1陣は車体も一新

　1800系にラインデリアを搭載した増備形式で、昭和42～54年(1967～79)に新製された。モ1810＋サ1960＋ク1910形の3連、モ1810＋ク1910形の2連が投入されたが、昭和54年にサ1970形2両を追加して3連が増えた。

　車体は同期の大阪線2410系と共通しており、ラインデリア搭載で屋根が低くなったほか、奈良線の8000系の側面と同様に腰羽目が床面上850mmと高くなり、框から上の窓高さが900mmと上下寸法が縮んだ。昭和54年(1979)から冷房化が開始され、屋根のシルエットが変わった。

　昭和59年(1984)には1000系の高性能化に関連して、一部1000系のTc車と1810系のT車・Tc車を車体と車番ごと交換し、それぞれの編成に組み込まれた。その結果、1810系はモ1810＋ク1910形の2連×17本となった。

　準急・普通運用や急行の増結車として活躍してきたが、平成14年(2002)から順次廃車が進み、本書刊行の時点では名古屋線富吉区に1826・1827Fの2連2本、大阪線高安区に2430系

1800系にラインデリアを装備した増備形のモ1810形
近鉄八田　昭和63.4.1　写真：丹羽 満

付随車サ1970形1976、のちに2430系に組み込まれる
近鉄八田　昭和63.4.1　写真：丹羽 満

の編成に組み込まれた1976・1977の2両が残るだけとなっている。

　下記はモ1810形のデータ。ク1910形は角カッコで示した。

データ　最大寸法：長20,720×幅2,709/2,739×高4,150[3,885]mm◆主電動機：三菱MB-3110-A・155kW×4・WN◆制御装置：日立NMC-HTB-10B◆制動装置：HSC[HSC]◆台車：近車KD-65[65A]◆製造年：昭和42～54年(1967～79)◆製造所：近畿車輛

名古屋線のローカル運用に就くモ1824ほか　　　　桑名　平成14.10.5　写真：福田静二

2600系

ク2701〜2704(Tc)	モ2651・2652(M)
サ2751・2752(T)	モ2601〜2604(Mc)

オール固定クロスシートの4扉通勤型

　長距離通勤輸送の改善策と、2200系の代替車として、昭和45年(1970)に大阪線・名古屋線に登場した固定オールクロスシートを備えた4扉車である。昭和54年(1979)の冷房化とシートの改善後、全車名古屋線の所属となり、平成元年(1989)から更新が行われた。急行と団体用に活躍していたが、平成14〜16年(2002〜04)に廃車となった(大阪線の項P.116参照)。

オール固定クロスシートの2600系は最終的には全車名古屋線配置に　　小俣〜宮町
　　　　平成6.1.3　写真：林 基一

2680系

ク2781・2782(Tc)	モ2681・2683(M)
モ2682・2684(Mc)	

冷房付きクロスシート4扉車の増備

　昭和46年(1971)に近鉄一般車としては最初の新製冷房車として3連×2本が大阪線に登場した。車体は冷房機とラインデリア併設となったため、屋根が若干高く丸みを帯びた他は、2600系と同型車体である。

　新製時から高安区にあって大阪線の快速急行・急行を中心に運用されていたが、昭和54年(1979)に2610系と同じ座席に改装され、名古屋線富吉区に転属、急行を主体に活躍を続ける。5200系の増備により、平成3年(1991)の更新の際にロングシート化された。平成13年(2001)に2684Fが大阪線の鮮魚列車に改造、高安区に転じて先代の1481Fと交代した。

　平成14年(2002)に2682Fが廃車となり、名古屋線から2680系が消えた。残るは大阪線の鮮魚列車2684Fだけである。

　詳細とデータは大阪線の項P.116参照。

2680系　モ2681　近鉄八田　昭和63.3.6　写真：丹羽 満

2680系　ク2781　近鉄八田　昭和63.3.6　写真：丹羽 満

2610系

ク2711〜2727（Tc）　モ2661〜2677（M）
サ2761〜2777（T）　モ2611〜2627（Mc）

クロス席4扉車の最終版、L/C車の試験も

　当系列は昭和47〜51年（1972〜76）に製造された4連の4扉固定クロスシート車で、当初は2611F〜2620Fが大阪線、2621F〜2627Fが名古屋線の配置だった。その後、移動と改造があり、現在は2611F〜2620F・2622F〜2625Fが明星区所属で一部が大阪線用ながら名古屋線にも使用（またはその逆）、2621Fが平成8年

2610系　ク2724　近鉄八田　昭和63.3.6　写真：丹羽 満

（1996）に試験的にLCカーに改造。2626・2627Fが富吉区にあり、L/Cカーに改造の上、名古屋線専用となっている。名古屋線では急行を担当している（大阪線の項P.117を参照）。

2800系（名古屋線配置車）

ク2901〜2904・2909・2911〜2865・2917（Tc）
モ2851〜2854・2859・2861〜2865・2867（M）
サ2961・2963・2965・2967（T）
モ2801〜2804・2809・2811・2815・2817（Mc）

クロス席4扉車2610系のロング席版

　2800系は昭和47〜51年（1972〜76）に2610系のロングシート車版として大阪・名古屋線に登場した。機器面は2610系に準じているが、車体はロングシート車標準の腰羽目、窓高さに戻っている（大阪線の項P.118参照）。
　編成は調整の後、4連が10本（うち3本が名古屋線用）、3連が5本（全車名古屋線用）、2連が2本（同）となっており、名古屋線富吉区所属の4連のうち2811F、2813F、2815FはL/Cカーに改造され、中間のサ2950形にトイレが設置されている。明星区所属の4連2817Fは大阪線用で（名古屋線にも使用する）、やはり、サ2967にトイレが設置されている。
　2800系は大阪・名古屋線の汎用型として急行、準急、普通にフル活用されている。

2800系　モ2817　近鉄八田　昭和63.3.6　写真：丹羽 満

モ2811先頭の2800系名古屋線急行　　　桑名　平成14.10.5　写真：福田静二

1000系	1200系 初代

ク1101～1107(Tc)	サ1151(T)	
モ1051(M)	モ1001～1007(Mc)	
ク1301(Tc)	サ1251(T)	サ1351(T)	モ1201(Mc)

車体は4扉通勤型 走行機器は旧性能

　名古屋線通勤車の近代化を進めるため、昭和47～48年(1972～73)に登場した通勤型である。車体は1810系に準じた最新型であったが、当時の投資事情から走行機器類は2200系からの流用品による旧性能車となった。1000系は4連1本、2連6本、1200系は4連1本が製造された。1000系はラインデリア車、1200系は冷房装置搭載車だったので、形式が分けられた。

　昭和55～57年(1980～82)に1000系を冷房化して1200系とは接客面が同じになったので、1200系を1000系に編入して4連の1002Fとなる。2連の1002Fは1008Fに改番した。

　昭和59年(1984)以降、余剰車から主電動機・制御器を流用して1000系の高性能化が行われた。それに伴って高出力発電機を装着するため同型車体の1810系のク1910形と1000系のク1100形との間で車体交換と改番が行われ、1000系の3連化を進めていった。

　その結果、1000系は4連2本(うち1101Fは2430系2両との混成)、および3連6本になり、名古屋線の各種列車で活躍していたが、平成16年(2004)以降、廃車が進み、現在は3連×5本が明星区にあって長寿を保っている。

　下記は高性能化後のモ1000形のデータ。ク1100形のデータは角カッコで示した。

[データ] 最大寸法：長20,720×幅2,740×高4,150[4,032] mm◆主電動機：三菱MB-3020-E・132kW×4・WN◆制御装置：日立MMC-HT-R-20E◆制動装置：HSC-R[HSC]◆台車：近車KD-75[65A]◆製造年：昭和47～48年(1972～73)◆製造所：近畿車輛

1000系　モ1001　近鉄八田　昭和63.3.6　写真：丹羽 満

1010系　ク1112　近鉄八田　昭和63.3.6　写真：丹羽 満

1010系	
モ921～929(奇・Mc) ➡ モ1011～1015(Mc)	
モ922～930(偶・M) ➡ モ1061～1065(M)	
ク971～975(Tc) ➡ ク1111～1115(Tc)	

(名古屋線転入時の形式・番号)

元京都線の920系、高性能化で名古屋線へ

　昭和47年(1972)に京都線の小型車600系の

1000系　旧性能で登場の1000・1200系は、後に高性能化が行われた
伊勢朝日付近　平成25.5.9
写真：早川昭文

1010系モ1012　元京都線の920系は改造・改番して入線
近鉄八田　昭和63.3.6　写真：丹羽 満

車）。全車明星区にあって、現在もローカル運用で活躍を続けている。

下記のデータは高性能化後のパンタグラフ付き中間M車モ1060形のもの。ク1110形のデータは角カッコで示した。

データ　最大寸法：長20,720×幅2,800×高4,150[4,017]mm◆主電動機：三菱MB-3020-E・132kW×4・WN◆制御装置：日立MMC-HTR-20E◆制動装置：HSC-R[HSC]◆台車：近車KD-74[KD-32E/42A/ND-8A]◆製造年：昭和47年（1972）◆製造所：近畿車輛

代替として登場した3連×5編成の4扉車である。車体は8400系に準じていたが、機器は600系からの再利用による旧性能車だった。

昭和57年（1982）から冷房化と、「ビスタカーⅡ世」10100系の主電動機を出力アップの上、流用して高性能化が行われた。京都線の3連が不要になったため、昭和62～平成元年（1987～89）に全車名古屋線へ転属し、見出しのように1010系に改番された。

名古屋線では主にローカル運用に就き、平成18～19年（2006～07）に3連3本が更新とワンマン対応化された。しかし、1012Fが鈴鹿線で床下からの出火事故を2度も起こしたため、一部廃車と編成替えが行われた。

その結果、1010系は1011・1013・1015・1016Fの3連5本となった（1011F以外はワンマン対応

2430系　（3連×3本）

モ2434-モ2454-ク2534　モ2446-モ2466-ク2546
モ2447-モ2467-ク2547

2444系　（3連×2本・2430系ワンマン対応車）

モ2444-モ2464-ク2544　モ2445-モ2465-ク2545

名古屋線では3連のみの少数派

名古屋線の1810系に相当する大阪線の2410系のうち、3連のグループが2430系である（大阪線の項P.115参照）。昭和46・48年（1971・73）の製造で、高安区に配置され大阪線の近郊区間で使用されていたが、3連の需要が減ったため、表題の3連5本が名古屋線富吉区に転属してきて、現在も活躍している。派生形式の2444系は、湯の山線、鈴鹿線用のワンマン運転対応改造車である。

湯の山線を行く2444系のワンマン列車　　大羽根園～湯の山温泉　平成28.3.25　写真：福田静二

「ビスタカー」の電動機、台車の一部を流用して製造された2000系　ク2103ほか
大羽根園〜湯の山温泉　平成24.2.16
写真：早川昭文

2000系　(3連×11本)

ク2101〜2106・2108〜2112(Tc)
モ2001〜2011・2015〜2023(奇M)
モ2002〜2012・2016〜2024(偶Mc)

2013系　(イベント列車「つどい」3連1本)

ク2107＋モ2013＋モ2014

名古屋線の生え抜き 旧型車の代替

　名古屋線に残っていた旧性能車の代替として昭和53〜54年(1978〜79)に「ビスタカーⅡ世」10100系の主電動機と台車(一部)を流用して3連×12本が登場した。

　車体は2800系2805F以降と同一、発電ブレーキを装備しているため、大阪線に貸し出されたこともあるが、名古屋線の専用車である。平成8〜11年(1996〜99)に更新され、2101F・2102F・2107F以外は湯の山線、鈴鹿線用のワンマン対応車に小改造された。さらに平成14年(2002)から2回目の更新が行われた。

イベント列車「つどい」に改造され2013系となった
鳥羽〜中之郷　平成28.3.26　写真：福田静二

　その間の平成元年(1989)に2107Fのク2107にトイレが設置された。同編成は平成25年(2013)にイベント列車用の「つどい」に改造され、派生系列の「2013系」となった(この編成のみ明星区配置)。

　2000系は全車健在で、富吉検車区に配置されて活躍を続けている。下記のデータはパンタグラフ付きのモ2000形奇数車のもの。ク2100形のデータは角カッコで示した。

データ　最大寸法：長20,720×幅2,740×高4,150[4,040]mm◆主電動機：三菱MB-3020-E・132kW×4・WN◆制御装置：日立MMC-HTB-20M◆制動装置：HSC-D[HSC]◆台車：近車KD-41J/KD-41K/KD-85[41L]◆製造年：昭和53〜54年(1978〜79)◆製造所：近畿車輛

1201系　(2連×10本)

モ1201〜1210　ク1301〜1310

1200系Ⅱ代目　(4連2本　斜字は2430系)

ク2592-モ2461-サ1381-モ1211
ク2593-モ2462-サ1382-モ1212

名古屋線の界磁チョッパ車の第1陣

　大阪線用の界磁チョッパ車1400系の名古屋線版として、昭和57年(1982)にモ1200形＋ク1300形の2連×10本が登場した。性能と車体は1400系に準じており、奈良線の9000系とも車体幅以外は兄弟車である。

　平成12〜15年(2000〜03)に更新が行われ、ワンマン対応改造されたが、その際に系列名

ワンマン化改造された1201系モ1209　伊勢中川〜桃園　平成27.9.5　写真：早川昭文

を「1201系」と改めている。山田・鳥羽・志摩線の運用と名古屋線の準急、普通、急行の増結車などにも使われている。

　昭和59年(1984)に増備車としてモ1211＋サ1381、モ1212＋サ1382(サはトイレ付き)の4両が大阪線に登場したが、4連の片割れだったので、見出しに掲げたように2430系の片割れ2連と組んだ4連×2本が誕生した。2430系は丸型車体なので、編成の2両ずつでスタイルが異なり、前後の顔立ちも異なる珍編成となった。系列名は「1200系(Ⅱ代目)」となって

「1201系」と分離された。

　平成14年(2002)にこの2本も名古屋線に転属し、トイレ付きのため急行を主体に団体貸切にも重用されている。

　下記のデータはモ1201形のもの。ク1301形は角カッコで示した。

データ　最大寸法：長20,720×幅2,740×高4,150[4,055]mm◆主電動機：三菱MB-3277-AC・160kW×4・WN◆制御装置：三菱FCM-214-15-MRDH◆制動装置：HSC-R[HSC]◆台車：近車KD-88[88A/78A]◆製造年：昭和57年(1982)◆製造所：近畿車輛

2050系（3連×2本）

ク2151-モ2051-モ2052
ク2152-モ2053-モ2054

大阪線からの転属車　3連の界磁チョッパ車

　1400系チョッパ制御車の3連版で、昭和58年(1983)に上本町方からク2150＋モ2050(奇)＋モ2050(偶)の3連×2本が大阪線に登場した。M-Mcでユニットを組む。平成2〜3年(1990〜91)に大阪線高安区から名古屋線富吉検車区に転属した。

　名古屋線の準急、普通を中心に活用されており、平成14年(2002)に更新された。平成24年(2012)に明星検車区に転属して現在に至る。

　右記のデータはパンタグラフ付きのモ2050形奇数車のもの。ク2150形は角カッコで示した。

データ　最大寸法：長20,720×幅2,740×高4,150[4,055]mm◆主電動機：三菱MB-3270-A・160kW×4・WN◆制御装置：三菱FCM-214-15-MRDH◆制動装置：HSC-R[HSC]◆台車：近車KD-88[88A]◆製造年：昭和58年(1983)◆製造所：近畿車輛

ラッピング車の2052ほか
塩浜〜海山道　平成21.4.26　写真：林 基一

1230系はVVVF車の量産型、各線区に配置された
漕代～斎宮　平成28.3.26
写真：福田静二

1230系 （名古屋線配置車）

ク1330形-モ1230形の2連×14本
【名古屋線配置車細分化の場合】◆1230系：31・32F◆1233系：42・43・47・48F◆1240系：40F◆1253系：60F◆1259系：59・65～69F（下線はワンマン対応編成）

日立製VVVF制御車 共通仕様車体で登場

　VVVFインバータ制御車1420系の量産型として昭和62年（1987）に登場した2両編成のグループである。車体は1233系以降が標準軌共通仕様のアルミ合金車体となっている。

　昭和62～平成8年（1987～96）にわたって47編成が製造され、奈良・京都・大阪、名古屋の各線区に配置されたうえ、改良、他系列関連の編成替えなどがあったので複雑である。通常は「1230系」「1233系」の2種に分類でよいのだが、派生系列の細分化をする場合もある。ここでは名古屋線に限定して見出しのようにまとめておいた。

　2連のため、名古屋線急行の増結や単独での運行、志摩線での運用のほか大阪線急行の増結運用にも使用される。配置は1233・1253系が富吉検車区、その他が明星検車区である。

　下記のデータはモ1230形のもの。ク1330形のデータは角カッコに示した。

|データ| 最大寸法：長20,720×幅2,800×高4,150[4,050]mm◆主電動機：三菱MB-5035-A/B・165kW×4・WN◆制御装置：日立VF-HR-123◆制動装置：HSC-R[HSC]◆台車：近鉄KD-96/96B[306A/306H/306B/306I]◆製造年：昭和62～平成8年（1987～96）◆製造所：近畿車輛

1430系 （名古屋線配置車）

モ1433・1434　ク1533・1534（2連×2）

1440系 （名古屋線配置車）

モ1437・1438・1440　ク1537・1538・1540（2連×3）

三菱製VVVF制御車 共通仕様車体で登場

　1233系と同型のVVVFインバータ制御車だが、こちらは三菱電機製インバータを採用しているため形式を分けたもの。1430系は平成2～5年（1990～93）にモ1430＋ク1530形の2連が15本製造され、大阪線と名古屋線に配置された。

　名古屋線配置車は急行の増結とローカル運用に就いていたが、ワンマン対応車に改造された編成が1440系となり、名古屋線だけでなく山田・鳥羽・志摩線でも使用される。1430系が富吉区、1440系が明星区の配置である（1430系については大阪線の項P.120参照）。

　下記のデータは名古屋線配置モ1430形のもの。ク1530形のデータは角カッコで示した。

|データ| 最大寸法：長20,720×幅2,800×高4,150[4,034]mm◆主電動機：三菱MB-5035-A・165kW×4・WN◆制御装置：三菱MAP-174-15-VD27◆制動装置：HSC-R[HSC]◆台車：近鉄KD-96B[96C]（1440系：KD-306[306A/306D]）◆製造年：平成2～5年（1990～93）◆製造所：近畿車輛

1440系　1430系をワンマン対応車に改造
塩浜検車区　平成10.2　写真：丹羽 満

3扉オール転換クロスの5200系グループは、名古屋線での運用が多い　5211系　伊勢中川～伊勢中原　平成22.1.3　写真：林 基一

5200系（名古屋線配置車）

| ク5102・5103・5107・5108（Tc） |
| モ5202・5203・5207・5208（M） |
| モ5252・5253・5257・5258（M） |
| ク5152・5153・5157・5158（Tc） |

5209系（名古屋線配置車）

| ク5109・5110（Tc） | モ5209・5210（M） |
| モ5259・5210（M） | ク5159・5160（Tc） |

5211系（名古屋線配置車）

| ク5111～5113（Tc） | モ5211～5213（M） |
| モ5261～5263（M） | ク5161～5163（Tc） |

急行の花形 3扉オール転換クロスシート車

5200系は昭和63年（1988）に大阪線・名古屋線に登場した急行兼団体用の3扉転換クロスシート車で、平成5年（1993）までに4連×13本が新製投入された。配置はJR東海の快速「みえ」や、マイカーと競り合う名古屋線のほうが多く、ラッシュ時に使いにくく、所要時間の関係で特急に利用者が流れる大阪線の配置は少ない（明星検車区所属の4編成のみ）。

名古屋線の場合は改良型の5209系、5211系も全車揃っており、ロングシート車との併結による6両編成での運用が多い。平成19～26年（2007～14）に更新されており、急行の主役として活躍を続けている（大阪線の項P.124も参照）。

下記のデータは最新の5211系のもの。ク5111系は角カッコで示した。

データ　最大寸法：長20,720×幅2,800×高4,150[4,022]㎜◆主電動機：三菱MB-5035-A・165kW×4・WN◆制御装置：三菱MAP-174-15-VD27◆制動装置：HSC-R[HSC]◆台車：近車KD-306B[306C]◆製造年：平成5年（1993）◆製造所：近畿車輛

昭和63年デビューの5200系、改良型も生んで名古屋線の花形に　松阪　平成25.5.17　写真：福田静二

改良型の5209系　ロングシート車との併結が多い
伊勢朝日付近　平成25.5.9　写真：早川昭文

名古屋線では1本のみ配置の
5800系5812F
富吉～近鉄蟹江　平成28.8.9
写真：徳田耕一

5800系（名古屋線配置車）

モ5812-サ5712-モ5612-ク5312（4連×1）

名古屋線では少数派の新製L/Cカー

平成9年（1997）に登場したロングとクロスのデュアルシートのL/Cカー5800系は、奈良線に6連×5本、大阪線に6連×2本が配置されたが、名古屋線は見出しのように編成の4連が1本所属するだけとなった。

これはクロスシート車5200系の配置が9編成あり、改造による2610系、2800系のL/Cカーが6編成あるため。名古屋線配置の1本は急行用としてフルに活用されている（5800系の詳細とデータは大阪線の項P.125、奈良線の項P.91参照）。

データ　最大寸法：長20,720×幅2,800×高4,150[4,025]mm◆主電動機：三菱MB-5035B／165kW×4・WN◆制御器：三菱MAP-174-15VD27◆制動装置：HSC-R[HSC]◆台車：KD-306[306A]◆製造年：平成9～10（1997～98）年◆製造所：近畿車輛

9000系

モ9001～9008　ク9101～9108（2連×8）

奈良線からの転属　増結とローカルで活躍

奈良線の界磁チョッパ車8810系の2連版として昭和58年（1983）にモ9000＋ク9100形の2連8本が登場した。増結と単独で運用されていたが、平成13～14年（2001～02）に更新された後、平成15～18年（2003～06）に全車が名古屋線に転属した。

以後、急行の増結や2連での準急・普通、支線などで活躍を続けて、4本がワンマン対応車となっている。9003・9004・9006Fが富吉検車区、その他は明星検車区に配置されている。

下記はモ9000形のデータ。ク9100形は角カッコで示した。

データ　最大寸法：長20,720×幅2,800×高4,150[4,055]mm◆主電動機：三菱MB-3277-AC／160kW×4・WN◆制御器：日立MMC-HTR-20H◆制動装置：HSC-R[HSC]◆台車：近車KD-88[88A]◆製造年：昭和58（1983）年◆製造所：近畿車輛

奈良線から平成15～18年に全車転属した9000系
漕代～斎宮　平成28.6.1　写真：福田静二

高層鉄柱に心響く

きんてつ あらかると

近鉄を印象づける高層鉄柱と一直線区間　　櫛田〜漕代

　私鉄らしい風景の一つに、線路上にそびえ立ち、延々と続く高層の架線鉄柱がある。特に関西の私鉄各社では、1910〜20年代の米国のそれを模した高層の「門型鉄骨柱（もんりゅう）」を線路上に建立し、昭和10年代（1935〜44）にはすでに完熟の域に達していた。

　具体的にいえば、大軌・参急（現・近鉄）、南海、阪急、阪神、京阪、新京阪（現・阪急京都線）の高層鉄柱である。しかし全区間が高層鉄柱という路線はなく、ターミナルを発車してしばらく進むと線路を囲んだ鉄柱の巣のような設備があり、そこへ鉄塔からの高圧送電線が合流して、それから先は見事な高層鉄柱の真下を快走するという路線がほとんどである。

　この"鉄柱の巣"は、反対に鉄道線から送電線が自前の鉄塔に別れていく分岐点の設備となっている箇所もある。また、近鉄の新生駒トンネルや新青山トンネルのような長大トンネルを越える場合も、高圧線は別途に鉄塔で山越えするほうが安全なので、トンネルを挟んだ両坑口付近にも"鉄柱の巣"が見られる。

　また、近鉄のトンネル内は架線のたわみ防止のため、鋼体式コンパウンドカテナリーを使用しているので、通常の架線との切り替え地点でも、坑口付近には柱の間隔を詰めた"鉄柱の巣"が置かれている。

　高層鉄柱は眺めているだけでも楽しいもので、いろいろな思いをそそられる。以前、自己流に分類してみて、近鉄の高層鉄柱はデザインがスマートで芸術的だと評価したことがあった。奈良線、京都線、橿原線、大阪線、南大阪線それぞれの鉄柱には個性があるが、統一規格の近鉄型鉄柱も多く見られる（名古屋線は元々高層鉄柱数では少数派）。

　昭和30年代までの古い写真を見ると、意外にも高層化以前は木柱やアングルを組んだ低い鉄柱だった区間があり、戦後も近鉄では高層鉄柱の新設・増設を進めていたことがわかった。

　他社の場合、阪神の高層鉄柱は男性的でたくましかったが、現在は廃止されている。優雅だった阪急もすでに姿を消しており、今も鉄柱の美がたっぷり鑑賞できるのは近鉄、南海、京阪の3社となっている。関東でも残っているのは東急、京急、小田急、西武の一部だけで、「延々と続く光景」は過去のものとなっている。

　廃止した社では後釜としてコンクリート柱、鋼管柱、アルミ柱などを建植しているが、明るくモダンながらも心に響くものがないのは惜しまれる。近鉄の高層鉄柱がいつまでも見られるように祈りたい。　（写真：福田静二）

長大トンネル前後には、鉄柱の密集区間が見られる　　新青山トンネル東口

特急に乗る

きんてつ あらかると

特急ネットワークの集大成が見られる伊勢中川駅

●最大のネットワーク網

5時台発の初発から、0時台着の終発まで、1日の運転本数が400本以上にもなる近鉄の特急列車。通勤時には10連運転があり、制服姿の高校生たちが通学に利用し、昼間は主婦層の買い物の足となり、深夜には酔客の帰還にも利用されて一日を終える。新幹線をもしのぐ、有料特急では最大のネットワークを構築している。

単にAからBの往復にとどまらない。多様な路線をフルに活かして、さまざまな経路をもつ特急を設定、さらに乗換駅では有機的に結びつけ、乗車チャンスの拡大を図り、ネットワークをつくり上げていった。

これを体感するのは伊勢中川駅や大和八木駅での光景だ。まるで計ったように絶妙のタイミングで特急が同時到着、同一ホームで乗り換えが終わると、なにごともなかったように発車していく。特急系統の組み合わせによるフリークエントサービス、同一ホームでのシームレスな移動を見たものだ。

先日も、四日市から京都へ戻る際に利用した特急は、3列車の乗り継ぎだった。あたかも1本の特急列車のように、1枚の特急券で、たとえ1時間に1本しかない特急も、組み合わせによって2本も3本もの乗車チャンスができあがる。

●ユーザーが見た最近の特急

近鉄特急を分けると、行楽用の観光特急と、日常的に沿線客の移動に利用されている特急に大別される。私自身、特別な"ハレ"の日の観光特急の利用はあまりないが、一利用者から見た最近の様子を観察したい。

事前の計画などはなく、駅へ行ってから特急乗車を決める。最近は、一部の人気列車以外は、よく空いている。フラリと行って乗れるのも特急の魅力だ。駅に着いて見上げたホームの列車案内に赤色の特急の種別が見える。そんな時に限って、目に飛び込むのが駅ホームの一等地にある特急券自動販売機だ。鶴橋駅や大和八木駅では、有人の販売窓口までもある。気が付いたときは、しっかり特急券を握りしめている自分がいた。

ホームの一等地の特急券自動発売機が特急乗車へ心動かす

とは言いながらも経済観念も働く。特急先発の場合は確かに有効だが、これが急行先発だと、たとえ中間駅で特急に抜かれたとしても、その到着時間差はわずかで特急乗車は却下だ。特急料金と到着時間を天秤に掛けた費用対効果を考えての選択となる。

さて座席に着いてみよう。経年を経た特急車も更新が行われ、形式による格差もなく、手入れの行き届いた清潔な車内が心地いい。乗務員の居住まいの正しさにも感心する。皇室・賓客の乗車も多く、直近の伊勢志摩サミットの成功と、誇りの高さが作用したのかもしれない。そして、停車駅ごとに聞かれる車内チャイムも魅力の一つ。停車駅ごとに異なるクラシックの名曲や童謡のアレンジで、近鉄の品格を耳から感じる瞬間だ。

車内販売が一部を除いてなくなったのは残念だが、その代わり、ホーム売店のコンビニ化が進み、その商品の充実ぶりには目を見張る。すべての店舗ではないものの、人気の100円コーヒーも設置されており、挽きたてのコーヒーを飲みながら、特急のシートに身を沈めるときは至福のひとときだ。

車内チャイムに見送られて、特急乗車はすぐに終わる。"また乗ってみたい"の思いを抱いてホームへ降り立つのだった。

(文・写真：福田静二)

近鉄電車のすべて 一般型車両④
南大阪線系統

南大阪線の前身、大阪鉄道が吉野への直通運転を計画して製造したデ二形、後のモ6601形は、我が国初の20m級電車、野武士を思わせる重厚なスタイルは、南大阪線の顔として親しまれてきた
今川付近 昭和48.2.25 写真：犬伏孝司

◆南大阪線系統の概況

南大阪線系統の路線は、現在の近鉄では唯一の1,067mm軌間の狭軌路線であり、奈良・京都・大阪・名古屋線系統の標準軌(広軌)1,435mm軌間の路線とは橿原神宮前で連絡しているが、車両の規格は同じでも互換性はない。

狭軌線内でも旧大阪鉄道(大鉄系)の南大阪線と、旧吉野鉄道(大軌系)の吉野線に大きく分かれるが、現在はこの2線が一体化した大幹線になっている。

南大阪線は大阪阿部野橋〜橿原神宮前間39.8kmの幹線で、橿原神宮前〜吉野間の吉野線25.2kmと合わせて65.0kmを1本の路線として特急、急行の運転が行われている。

支線は道明寺線の道明寺〜柏原間2.2km、長野線の古市〜河内長野間12.5km、尺土〜近鉄御所間の御所線5.2kmがある。複線区間は南大阪線全線と長野線の古市〜富田林間5.7km、ほかは単線である。

沿線の宅地開発が活発化して通勤客が増え、昭和32年(1957)の「ラビットカー」6800系投入以降、急速に車両の近代化が進んだ。

南大阪線・吉野線の急行列車。車庫のある古市では解併結が多い
写真：早川昭文

現在は特急から普通にいたるまで他線区と均質の車両が輸送に当たっている。

車庫は古市検車区(天美車庫・六田車庫を含む)が担当、保守は大阪線の五位堂検修車庫に入場する。軌間が異なるため、橿原神宮前駅構内の台車振替場で広軌仮台車に履き替えたうえ、狭軌台車を積んだモト97と98に挟まれて五位堂へ向かい、出場車はその逆の方法で戻ってくる。

■ 南大阪線系統路線略図

❶ 旧大阪鉄道(大鉄)の車両

大鉄デイ形 ⇨ **モ5601形**

デイ形1～13 ➡ モ5601～5611

卵型・前面5枚窓 飾り窓の優雅な電車

　大阪鉄道(以下、大鉄と称す)が大正12年(1923)の大阪天王寺(現・大阪阿部野橋)〜布忍間の開業、大阪天王寺〜道明寺〜古市間の1,500V電化に合わせて川崎造船所で新製したのがデイ1形1〜13である。

　15m級の小型木造車で、前面は関西私鉄で流行していた5枚窓の卵型丸妻、屋根は丸屋根、窓割りはD222D222D、側面幕板部にはアーチ型(半月型)の飾り窓が付いていた。車内は凝った木工が施され、扉両側にはみごとな彫りの柱があった。電装品は米国ウエスチングハウス(WH)社製、台車も米国ボールドウィン(BW)社製が装備されていた。

　形式の「デ」は電車、「イ」は製造順をイロハで表したもので、イは最初の製造車両という意味である(以後イロハニと続く)。

　使いやすい車両として活躍していたが、事故により2が昭和7年(1932)に田中車輌で鋼体化復旧してデイ甲2となり、12が昭和14年(1939)に木南車輌で復旧しデイ甲12となる。

飾り窓のある電車として、大正12年の大阪鉄道開業時に登場のデイ1形　西尾克三郎コレクション　所蔵:湯口徹

　昭和18年(1943)の関西急行鉄道への合併でデイ1・3～11・13をモ5601～5611、デイ甲2・12をモ5612形5612・5613と改番した。翌昭和19年(1944)発足の近畿日本鉄道にそのまま引き継がれ、戦後も活躍を続けていたが、昭和23年(1948)に5607が焼失し、昭和24年(1949)に日本車輌で鋼体化復旧してモ5631形となって復帰した。

　昭和30～31年(1955～56)に近畿車輛で簡易鋼体化され、モ5801形5801～5810となった(以下は5801系の項P.193参照)。下記のデータは原型時代のものである。

[データ] 最大寸法:長14,833×幅2,705×高4,150mm◆主電動機:米国WH-556-J6・75kW×4・吊掛◆制御装置:AL◆制動装置:AMM◆台車:米国BW-84-25-AA◆製造年:大正12年(1923)◆製造所:川崎造船所

デイ1形はモ5601形に改番され、戦後も飾り窓のまま活躍した。後に鋼体化されてモ5801となった写真の5611はトレーラーとなり、同系3連の中間車で使用
　　　　　　　　　古市検車区　昭和26.8　写真:鹿島雅美

大鉄デイ形2・12 ⇨ モ5612形

デイ形2・12 ➡ モ5612・5613

事故復旧で卵型車体が箱型に

　事故に遭ったデイ1形2・12を大鉄時代にそれぞれ鋼体化復旧したもので、箱型の平凡なタイプに生まれ変わった。前面はゆるい円を描いた非貫通の3枚窓、側面の窓割りは1D6D6D1、窓は2段上昇式となった。機器類は旧車からの再用だが、制御器がAL、制動装置がAMM型に変わっている。

　2連で近距離、支線で重用されていたが、昭和47年(1972)に廃車となった。

［データ］最大寸法：長14,866×幅2,677×高4,036㎜◆主電動機：米国WH-556J6・75kW×4・吊掛◆制御装置：AL◆制動装置：AMM◆台車：米国BW-84-25-AA◆製造年：大正12年(1923)◆製造所：川崎造船所◆改造年・所：昭和7・14年、田中車輛／木南車輛

大鉄デイ形7 ⇨ 近鉄モ5607 ⇨ モ5631形

モ5607 ➡ モ5631形5631

モ5607を戦後、鋼体化したモ5631　1形式1両で他形式と併結した　　大阪阿部野橋　昭和35.10.2　写真：大津 宏

事故復旧で1形式1両 戦後製箱型車に

　昭和23年(1948)に焼損したモ5607を、翌昭和24年に近畿車輛で鋼体化復旧したもの。スタイルは5612形に似ているが、車長が若干延びて乗務員室扉が付き、窓割りはdD6D6Ddとなった。機器類は旧車のものを再用しているが、台車は5651形の発生品を使っていた。

　1形式1両のため、貫通化の上、他形式との併結で過ごしていた。昭和45年(1970)に養老線へ転属し、昭和54年(1979)に廃車となった（養老線の項P.210参照）。

［データ］最大寸法：長15,636×幅2,680×高4,150㎜◆主電動機：米国WH-556J6・75kW×4・吊掛◆制御装置：AL◆制動装置：AMM◆台車：国産BW型◆製造年：大正12年(1923)◆製造所：川崎造船所◆改造年・改造所：昭和24年(1949)・近畿車輛

御所線で活躍する　5613+5612
　　　　近畿日本御所　昭和35.5.3　写真：鹿島雅美

事故に遭ったデイ1形を鋼体化で復旧、改番でモ5612となり、同形車2連で働いた
　　　　　　　　　古市　昭和35.3.5　写真：中島忠夫

| 大鉄デロ形 ⇒ モ5621形 |

デロ21〜27 ➡ モ5621〜5627

大鉄初の半鋼製車 優雅スタイル継承

　大正14年(1925)の増備車で、初の半鋼製車となる。21〜25が川崎造船所製、26・27が大阪鉄工場所製。スタイルと車内設備はデイ形を継承しており、前面は5枚窓、窓割りは1D6D6D1、窓2個分に一つずつの飾り窓が付いていた。形式デロの「ロ」は2番目の形式を表すイロハの「ロ」である。機器面では電動機、台車がデイ形と同じ、制御器もHL型だったが、戦後AL型に換装している。

　比較的原型を保って活躍していたが、昭和35年(1960)に名古屋線から転じてきたクニ5421形(旧伊勢電モハニ231形⇒モニ6231形⇒クニ5421形)4両を特急用モ5820形5821〜5824に改造するため、5621〜5624の電装品が転用され、この4両は廃車となった。

　抜け殻となった5621〜5624の車体は昭和36年(1961)に高松琴平電気鉄道へ譲渡され、同社の21〜24となる。この4両は再電装と箱型貫通扉付き車体に改造されて長く活躍した(22のみ飾り窓の跡がしばらく残っていた)。現在23のみ動態保存車として健在で、イベント時に運転されている。

　南大阪線に残った5625〜5627の3両は昭和44年(1969)に廃車となった。

データ　最大寸法：長15,272×幅2,705×高4,204mm◆主電動機：米国WH-556J6・75kW×4・吊掛◆制御装置：AL◆制動装置：AMM◆台車：米国BW-84-25-AA◆製造年：大正14年(1925)◆製造所：川崎造船所・大阪鉄工所

飾り窓を継承した大阪鉄道初の半鋼製車、デロ形、「ロ」は、2番目の形式を表すイロハの「ロ」
西尾克三郎コレクション　所蔵：湯口 徹

区間電車で活躍するモ5621形5624　　古市　昭和35.3.5　写真：中島忠夫

モ5621の車体は高松琴平電鉄に譲渡され、再電装されて同社21〜24となった
瓦町　昭和44.3.19　写真：藤本哲男

前面が3枚窓となり、飾り窓が継承されたデハ形101〜115
西尾克三郎コレクション　所蔵：湯口 徹

大鉄デハ形 ⇒ モ5651形

デハ101〜115 ➡ モ5651・5653〜5663

飾り窓は継承され　前面は3枚窓に

　5621形の前面5枚窓をゆるやかな曲面の3枚窓とした半鋼製車で、昭和2年(1927)に15両が日本車輛で新製された。デハ形の「ハ」は3番目、イロハの「ハ」である。

　車長は16m級に延長され、窓割りは1D222D222D1、幕板部の飾り窓が継承されていた。機器面は主電動機がWH製だが、制御器がAL型、制動装置がAMM型になり、台車は汽車製造製のBWタイプになった。

　大鉄時代の昭和4年(1929)に104・114が事故に遭い、昭和10年(1935)に廃車となった。昭和18年(1943)の関急改番で残存車がモ5651〜5663となった。戦後の昭和23年(1948)に5652が焼損事故で廃車、欠番となる。

　昭和34年(1959)から車体を若干延長して両貫通式に改め、幕板の飾り窓が撤去された。続いて昭和35年(1960)から片運化が進み、5655〜5658は2両固定編成となった。

　昭和41年(1966)に5651・5663、昭和45年(1970)に5659〜5662が養老線に転属して重用されていたが、前の2両が昭和45〜46年(1970〜1971)、後の4両が昭和54〜55年に廃車となり、南大阪線に残った5655〜5658も昭和56年(1981)に廃車となった(養老線の項P.210参照)。

データ　最大寸法：長16,904×幅2,743×高4,191㎜◆主電動機：米国WH-556J6・75kW×4・吊掛◆制御装置：AL/MMC◆制動装置：AMM◆台車：汽車BW型◆製造年：昭和2年(1927)◆製造所：日本車輛

後に車体延長、貫通式に改められた
古市検車区　昭和42.10.14　写真：犬伏孝司

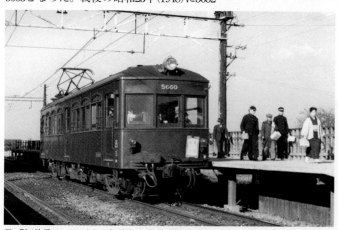

デハ形は改番でモ5651となり、御所線では単行で働く　5660
近畿日本新庄　昭和33.10.28　写真：鹿島雅美

❶ 大鉄デニ形 ⇨ モ6601形
デニ501～535 ➡ モ6601～6632

我が国初の20m電車 6601系

　吉野鉄道への直通運転を計画して、大鉄が昭和3～4年(1928～29)に新製投入したのがデニ501形35両、デホニ551形7両、デホユ561形3両、フイ601形15両、計60両の大型車グループである。基幹のデニ形(501形)は昭和3年(1928)に501～519が田中車輛、520～535が川崎車輛で製造された。デニの「ニ」はイロハニ…の4番目相当の電動車の意味である。

　デニ501系は我が国初の20m車体の電車で、昭和4～6年に登場した大軌、参急、南海や鉄道省(横須賀線)の20m電車の先駆けとなった。魚腹台枠を採用し、リベットを多用した豪快な車体は、長距離運転にふさわしい車両であった。しかし、高い腰羽目と天地寸法の短い2段上昇窓が並ぶ姿は、いかにも重苦しく見えた。

　基幹となる501形の窓割りはd2D12D2d、阿部野橋方は非貫通、吉野方は幅の広い貫通扉付きとなっていた。車内は重厚な彫刻調で、扉間はゆったりとした固定クロスシートが並んでいた(紀元二千六百年〔1940〕の橿原神宮への大輸送のため昭和14年(1939)にロングシート化)。

　機器面は米国WH社製の大出力主電動機、

初の20m級電車のデニ形501～535ほか、グループで60両もの製造があった　西尾克三郎コレクション　所蔵：湯口 徹

ALF型制御器、制動装置はAMM型を採用している。台車は米国BW社の製品を模した川崎車輛製の軸距2,450mmの大型台車が装備されていた。

　昭和4年(1929)の上ノ太子における衝突事故で502・509が大破、昭和5年(1930)の古市における事故で520が大破した(いずれも昭和14年〔1939〕にフイ616・618・617として復旧)。昭和18年(1943)の関急合併でモ6601形6601～6632に改番、翌19年(1944)に「近鉄」へ引き継がれた。

　戦後は派生形式ともども昭和25年(1950)以降、MG(電動発電機)の取り付け、自動ドア化が行われ、続いて昭和27～40年(1952～65)代半ばの間に順次両貫通化、3扉化、制動装置のAMA化(一部)、制御器のABFM化、一部車両の片運化と腰羽目を低くする工事が行われた。

　昭和40年代初期には6603・6616・6617がク

モ6601形の車内
　　　昭和44.1.3　写真：犬伏孝司

モ6601に改番後、順次両貫通化3扉化が進められた　　　橿原神宮前
　　　昭和34.9.28　写真：高橋 弘

南大阪線、吉野線の代表として地道な活躍を続けた6601系6612ほか　古市　昭和43.12.1　写真：犬伏孝司

6689・6691・6690に改造され、6614がⅡ代目6603となる。"野武士"の愛称名のもと、長らく南大阪・吉野線の顔として地道に奉仕を続けてきたが、昭和47～49年(1972～1974)に廃車となった。

下記はモ6601形のデータ。ク6671形は角カッコで示した。

データ　最大寸法：長20,206×幅2,743×高4,204[3,873]mm◆主電動機：米国WH-586JP5・127kW×4・吊掛◆制御装置：ALF→ABFM[同]◆制動装置：AMM/AMA◆台車：汽車BW型◆製造年：昭和3年(1928)◆製造所：田中車輛・川崎車輛

❷ 大鉄デホニ形 ⇨ モ6651形

デホニ551～557 ➡ モニ6651～6657
➡ モ6651～6657

501形を手荷物室合造車とした形式で、昭和5年(1930)川崎車輛製。手荷物室は阿部野橋側に設置され、窓割りはd1⒟11D2dとなっていた(⒟は荷物用扉)。関急改番でモニ6651形6651～6657となる。戦後の改造は6601形に準じ、昭和30年代初めに荷物室を撤去、窓割りはd3D11D2dとなり、形式もモ6651形となった。続いて片運化され、昭和42年(1967)にモ6652をク6692に改造編入。昭和46～47年(1971～72)に廃車となった。

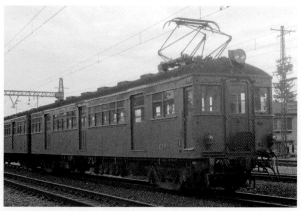

手荷物室合造のデホニ形、改番でモニ6651形、荷物室撤去でモ6651形となる6656　古市検車区　昭和45.10.30　写真：犬伏孝司

南大阪線系統

郵便室合造車のデホユ形、改番でモユ6661形となり、郵便室撤去でモ6661形に改められた　6662
古市検車区　昭和35.3.7　写真：中島忠夫

❸ 大鉄デホユ形 ⇒ モ6661形

デホユ561〜563 ➡ モユ6661〜6663
➡ モ6661〜6663

　501形を郵便室合造車とした形式で、昭和4年(1929)川崎車輌製。郵便室は阿部野橋側に設置され、窓割りはデホニ形と同じd1④11D2d。関急改番でモユ6661形6661〜6663となる。戦後の改造はモニ6651形に準じて行われ、昭和30年(1955)に郵便室を撤去、モ6651形と同じ窓割りになり、形式をモ6661形に改めた。昭和46〜47年(1971〜72)に廃車となった。

❹ 大鉄フイ形 ⇒ ク6671形

フイ601〜618 ➡ ク6671〜6692

　デニ形の相棒となる制御車(Tc)として、昭和3年(1928)に川崎車輌でフイ601〜615が新製された。形態はデニ形と同じだが、車内はロングシートだった。
　昭和14年(1939)に事故復旧車のデニ形502・509・520をフイ形616〜618として編入、昭和18年(1943)の関急合併でク6671形6671〜6688となる。戦後の改造等は基幹のモ6601形に準じて行われ、晩年を迎えた昭和41〜42年(1966〜67)にモ6601形でTc化された6603・6616・6617を6689・6691・6690として編入、さらにモ6651形の6652をク6692に改造して編入し、両数が増えた。昭和47〜50年(1972〜75)に廃車となった。

[データ] 最大寸法：長20,206×幅2,743×高[3,873]mm◆制動装置：AMM◆台車：汽車BW型◆製造年：昭和3年(1928)◆製造所：田中車輌(現・近畿車輛)

制御車のフイ形601〜618、デニ形とペアを組んだ
西尾克三郎コレクション　所蔵：湯口 徹

フイ形601〜618は改番でク6671形6671〜6692となった
吉野神宮　昭和30.4.26　写真：高橋 弘

❷ 旧吉野鉄道の車両

端正な木造省電タイプの吉野の電車

❶ 吉野テハ1形 ⇨ モ5151形

テハ1〜6 ➡ モ5151〜5156

吉野鉄道が電化に備えて大正12年(1923)に川崎造船所で新造した鉄道省タイプの電車がテハ1形1〜6である。同時に派生形式としてテハニ100形2両、ホハ11形6両、ホハニ111形2両も同系として登場している。

省型電車は上信、長野、信濃(現・JR大糸線)、松本、伊奈(現・JR飯田線の一部)など関東・中部の私鉄に登場していたが、近畿では吉野鉄道だけだった。吉野の省型車は各社の中で最も省電に酷似し、窓割りも1D232D232D1と整っていた。

機器類は、米国WH社の主電動機41kW×4、制御器も同社製のHL、台車は川崎造船所製の省型TR10系であった。未搭載だったMGは戦争末期に取り付けている。

昭和4年(1929)3月から大鉄との相互直通運転が開始され、空前の花見客輸送が実現した。しかし、諸般の事情から財政難に陥った吉野鉄道は、昭和4年8月に大阪電気軌道(大軌)と合併して大軌吉野線となる。昭和16年(1941)

吉野鉄道が電化時に新造した鉄道省タイプの木造電車、テハ1形1〜6　西尾克三郎コレクション　所蔵：湯口 徹

の関西急行鉄道成立時の改番でテハ1形はモ5151形となり、近鉄に引き継がれた。

小出力のため、戦中に5153と5156は伊賀線へ転属し、戦後も残った5151・5152・5154・5155は御所線、道明寺線など支線用となる。美しいスタイルを残したまま地味な奉仕を続けていたが、昭和35〜36年(1960〜61)に全車廃車となった(伊賀線の項P.203参照)。

下記はモ5151形のデータ。参考までにホハ11形(付随車)のデータを角カッコで示した。

データ　最大寸法:長16,706×幅2,730×高4,111[3,654]mm◆主電動機:米国WH-540JD6・41kW×4・吊掛◆制御装置:HL[同]◆制動装置:SME[同]◆台車:汽車TR10型◆製造年:大正12年(1923)◆製造所:川崎造船所

改番でモ5151となり、残った車両は美しい姿のまま支線で活躍を続けた
5151+5162　尺土　昭和30.1.23　写真：鹿島雅美

❷ 吉野テハニ100形 ⇨ モニ5161形

テハニ101・102 ➡ モニ5161・5162

手荷物室を設けたテハニ100、改番でモニ5162に
　　　近畿日本新庄　昭和30.1.23　写真：鹿島雅美

　テハ1形に手荷物室を設けた車両で、大正12年（1923）川崎造船所製。窓割りはd1①1D1332D1、見付けは国鉄の木造合造車に似ていた。昭和16年（1941）の関急改番でモニ5161・5162となり、MGを搭載していた。

　戦後の昭和30年（1955）に5162は伊賀線に転属して5171と改番、昭和36年（1961）に廃車となった。5161は旧大鉄出自のモ5601形鋼体化の際に5800系のサ5701に生まれ変わって活躍を続けたが、昭和46年（1971）に廃車となった。

データ P.188 モ5151形と同

❸ 吉野ホハ11形 ⇨ ク5421形

ホハ11～16 ➡ ク5421・5423

大正13年（1924）に6両が川崎造船所で製造

運転台なしの付随車ホハ11形、改番でク5421となった　写真は伊勢線、養老線へ転属後
　　　白塚検車区　昭和32.12.15　写真：鹿島雅美

定山渓鉄道へ譲渡され休車中のクハ501（左）
　　　豊平　昭和44.9.1　写真：福田静二

された。テハ1形から運転台を撤去した形の付随車で、窓割りも1形と同じ1D232D232D1だった。

　シーズン以外の出番は少なかったので、昭和4年（1929）の大軌合併後に整理され、昭和8年（1933）に11・15が一畑電気鉄道へ譲渡されてクハ102・103となり（昭和35年に105・106）、13も定山渓鉄道へ譲渡されてクハ501となる。

　残った12・14・16は昭和16年（1941）の関急改番でク5421～5423となり、伊勢線、養老線などで旧伊勢電系車両と組んでいたが、昭和34年（1959）に廃車となった。

　一畑の2両は昭和36年（1961）、定山渓の1両は昭和45年（1970）に廃車となっている。

データ P.188 モ5151形データ [　]内と同

❹ 吉野ホハニ111形 ⇨ クニ5431形

ホハニ111・112 ➡ クニ5431・5432

　大正13年（1924）に2両が川崎造船所で製造された。テハニ100形と同じ窓割りの手荷物室合造の付随車である。大軌吉野線時代の昭和15年（1940）に111が名古屋線へ転属。昭和16年の関急改番で順にクニ5431・5432となり、戦争末期に5432が伊賀線に転じている。

　名古屋線にいた5431（旧111）は昭和34年（1959）に廃車となり、伊賀線にいた5432は5601形鋼体化の際に同様車体に生まれ変わり、5800系のサ5702（書類上では5162がタネ車とされる）となって南大阪線に戻って活躍を続けたが、昭和46年（1971）に廃車となった（伊賀線の項P.203参照）。

データ P.188 モ5151形データ [　]内と同

吉野への観光客を迎えた2扉・広窓

❶ 吉野テハ201形 ⇨ 大軌モハ201形 ⇨ モ5201形・5211形

テハ201〜206 ➡ モ5201・5202・5204・5205、
モ5203・5206 ➡ モ5211・5212

　吉野鉄道と大鉄の相互直通運転に備えて、吉野鉄道側では昭和4年(1929)に川崎車輌でテハ201形(Mc)6両、サハ301形(Tc)14両を新製投入した。

　昭和3年(1928)5月に川崎造船所から独立した川崎車輌では、次世代車両として吉野テハ201形や上毛100形など、私鉄向けの斬新な車両の製造を始めていた。吉野の201形はd1D5D1dの窓割りで両貫通、側面に広窓を7個配した17m2扉の全鋼製車だった。車内は木目のプリントが施され、奥行きのあるロングシートをソファに見立てて、向かい側の大きな窓からの眺望が楽しめる設計だった。

　主電動機は川崎製で150kW×4個、制御器も川崎製のHL、制動装置はAMM。2両でサハ301形を4両挟んで吉野への勾配を上り下りした。

　しかし、花見シーズン以外は余剰気味だっ

吉野鉄道の2扉、広窓のテハ201形、制御車は改番後に再電装されモ5211に　道明寺　昭和48.2.25　写真:犬伏孝司

たので、昭和13年(1938)に大軌系の関西急行電鉄(関急電。現・名古屋線名古屋〜桑名間)に201形6両、301形14両のすべてが大軌からの貸与の形で転属した。この時にテハ⇒モハ、サハ⇒クハに形式称号を改めている。

　昭和16年(1941)の関西急行鉄道(関急)成立に伴う改番で、モハ201形はモ5201形、クハ301形はク6501形(急行用)と5511形(ローカル用)となる。Tc車は名古屋線で重用されたが、モ5201形は昭和15〜23年(1940〜48)の間に順次南大阪・吉野線へ戻り、昭和26年(1951)に5203・5206がTc代用となったが、昭和35年

急行電車で活躍中のモ5201
5201+5203+5202
道明寺
昭和30.11.13
写真:鹿島雅美

(1960)にモ5211形5211・5212となる。

中型クラスの車両として各種列車に運用されていたが、昭和46年(1971)に5201形、昭和49年(1974)に5211形が廃車になった。

下記は5201形のデータ。再電装の5211形のデータは角カッコで示した。

|データ| 最大寸法:長16,852×幅2,735×高4,135mm◆主電動機:川崎K-7-1503A[米国WH-586JP5]・150kW[128kW]×4・吊掛◆制御装置:HL[ABF]◆制動装置:AMM◆台車:川崎BW型◆製造年:昭和4年(1929)◆製造所:川崎車輌

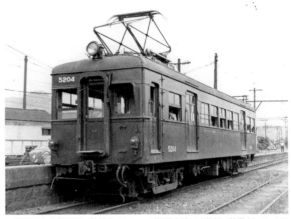

国鉄関西本線柏原駅で接続する2.2kmの道明寺線では単行で使用されていたモ5201形 5204　　　柏原　昭和26.7.21　写真:鹿島雅美

❷ 吉野サハ301形 ⇨ 大軌クハ301形 ⇨ ク6501形
サハ301〜314 ➡ クハ301〜314
➡ ク6501〜6510・ク5511〜5514
➡ ク6501〜6514

テハ201形の制御車として昭和4年(1929)に川崎車輌で14両が新製された。車体はテハ201形と同じである。余剰気味であったため、大軌合併後の昭和13年(1938)に関西急行電鉄(現・名古屋線の一部)に全車が転属した。6501形・5511形に改番後、名古屋線とその支線で活躍し、昭和34年(1959)に5511形のみ南大阪線に戻って6511形と改番し、5201形と編成を組んだ。他は名古屋線で活躍した期間が長かったので、以後の詳細とデータは名古屋線の項P.162を参照いただきたい。

制御車のサハ301、現在の名古屋線に転属後に改番され、一部はク6511形となって南大阪線に戻ってきた　6513
古市検車区　昭和45.10.30　写真:犬伏孝司

❸ 近鉄 旧性能時代の車両

南大阪線、戦後初の新車、モ6801、ク6701形、3扉ロングシート車で、特別のクリーム色と青の塗装を施された　ク6701ほか
古市　昭和30.11.6　写真：鹿島雅美

モ6801形・ク6701形 ⇒ モ6411形・ク6521形

モ6801～6804　　ク6701・6702
➡ モ6411～6414　　ク6521・6522

20年ぶりの新製車 旧6801系

　昭和3～5年(1928～30)製の6601系以来、南大阪線区には新製車両が途絶えていたが、昭和25年(1950)に20年ぶりとなる新造車・モ6801形4両、ク6701形2両がお目見えした。

　戦後の復興も軌道にのってきた時期の製造だけに、張上げ屋根の3扉ロングシート車となり、車内の木工も彫りの深いものが多少復活していた。大阪線の1400系との類似点も見られたが、屋根が深く、貫通扉が広幅で、6601系以来の(そして近鉄きっての)大型幌も受け継いでいた。

　主電動機は三菱電機の150kW×4の大出力、制御器は日立製のMMC-H200シリーズ、台車は近車製のBWタイプと、当時の安定した製品の選択が見られた。

　ピカイチの新車として、大阪線の特急と同じクリーム/青に塗装され、得意の一時期を過ごしていたが、昭和32年(1957)に「ラビットカー」6800系が登場すると車番を譲り、モ6411形・ク6521形に改番して名古屋線へ転属した。

　昭和34年の名古屋線改軌により南大阪線に戻り、各種別の列車で運用されていたが、高性能車の増備で、昭和40年代からは支線の運用と荷電代用が主となり、昭和58年(1983)に廃車となった。下記はモ6411形のデータ。ク6521形は角カッコで示した。

データ 最大寸法：長20,900×幅2,744×高4,190[3,965]mm◆主電動機：三菱MB292-AF・150kW×4・吊掛◆制御装置：日立MMC-H200EZ◆制動装置：AMA-R[ACA-R]◆台車：近車BW型◆製造年：昭和25年(1950)◆製造所：近畿車輛

一時名古屋線に移ったモ6801形、改軌により南大阪線に戻ってきた　6413　古市検車区　昭和46.6.6　写真：犬伏孝司

| モ5601形 | ⇨ | モ5800形 |

モ5601〜5606・5608〜5610・5611
➡ モ5801〜5810

| モニ5161形 | ⇨ | サ5700形 |

モニ5161・5162 ➡ サ5701・5702

5601形ほかの簡易鋼体化小型車

　南大阪線生え抜きのモ5601形と吉野鉄道出自のモニ5161形を、奈良線460系と同じ手法で昭和30〜31年(1955〜56)に簡易鋼体化した系列である。

　旧車の機器・装備品を活用したため、小柄でずんぐりした車体に生まれ変わったが、快速から普通までこまめに活躍を続けた。窓割りは5800形がdD5D5D1、5700形が1D6D6D1で、旧車の窓枠を活用した1段下降式の小窓が並んでいた。

　モ5801〜5804は前面2枚窓、5805〜5810は張上げ屋根で、5805・5806は流線型2枚窓、5807〜5810は貫通式だった。奇数車が吉野向き、偶数車が阿部野橋向きで、付随車の5700形2両を加えて、MTM×2本、MMM×2本に組成された。塗色は近鉄バス(当時)と同じクリーム/茶色とし、快速「かもしか」に充当する5805-5806Fは淡緑1色となっていた。

　昭和41年(1966)から2両ユニット化され、全車貫通式となる。昭和46年(1971)に養老線へ転属となったが、サ5700形は移動せず、廃車となる。ほかは養老線を第2の職場として定着していたが、昭和54〜55年(1979〜80)に廃車となった(養老線

の項P.211参照)。下記はモ5800形のデータ。サ5700形のデータは角カッコで示した。

データ　最大寸法:長15,070(5805・06は15,205)[16,500]×幅2,740×高4,150(偶数車3,989)[3,820]mm◆主電動機:米国WH-556-J6・75kW×4・吊掛◆制御装置:MMC◆制動装置:AMA◆台車:米国BW-84-25-AA◆製造年:大正12年(1923)◆製造所:川崎造船所(改造:昭和30〜31年近畿車輛)

モ5601を簡易鋼体化、前面2枚窓の5801〜5804
河内天美　昭和30.11.13　写真:鹿島雅美

モ5807〜5810は貫通式となった　5808+5810+5809
古市　昭和32.9.12　写真:鹿島雅美

モ5805・5806は流線型2枚窓、張上げ屋根で、快速「かもしか」にも充当され、特別な塗装となった
昭和34.3.18　写真:大津宏

モニ6231形 ⇒ クニ5421形 ⇒ モ5820形
クニ5421～5424 ➡ モ5821～5824

「吉野特急」でよみがえった旧伊勢電

旧伊勢電気鉄道が昭和5年(1930)に新製投入した急行用のモハニ231形12両のうち、昭和33年(1958)にモ6441形に電装品を譲ってクニ6481形・5421形になって伊勢線、養老線で使用されていた中から、クニ5421～5424を昭和35年に南大阪・吉野線の特急用に改造したのが5820形4両(MM×2本)である。その詳細は特急車の項で記したので、ここではその後の動きを簡潔にまとめておく。

特急「かもしか」として使用されていたが、利用率から快速に格下げされ、昭和40年(1965)に16000系特急車が登場してからは予

伊勢電出自モハニ231のクニ5421～5424を改装したモ5820
5821＋5822　古市検車区　昭和40.2.18　写真：鹿島雅美

備的存在になり、昭和45年(1970)に養老線へ転属した。

転属後もクロスシートのまま使用していたが、老朽化で昭和58年(1983)までに廃車となった(詳細とデータは特急車の項P.53、養老線の項P.210を参照)。

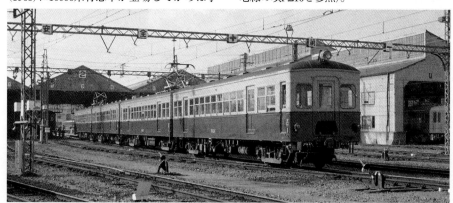

モ5820は標準軌線の特急と同じ塗装になり、南大阪線の特急「かもしか」に使用された　古市検車区　昭和43.12.25　写真：涌田 浩

「かもしか」は、後に快速となり、モ5820も一般車に交じって運用された　河内松原付近
河内松原付近　昭和43.12.11　写真：犬伏孝司

養老線転属に際しては装飾も施された
昭和45.11.29　六田　写真：林 基一

❹ 高性能時代の車両

モ6800形・モ6850形

モ6801〜6832(MMユニット)
モ6851〜6858(増結用単独M)

南大阪線を変えた「ラビットカー」

昭和32年(1957)に登場した南大阪線では8年ぶりの新車で、我が国初の高加減速を実現した各駅停車専用の高性能車である。当時旧性能車で鈍足運行していた急行や準急の間をぬって、「兎が跳ぶように発進・停止を繰り返しながら高速で駆け抜ける電車」ということで、愛称名は「ラビットカー」と命名された。

MMの2連が基本で、増結車は1M方式の片運転台。増結車同士の2連運用もあった。車体は丸型で、近鉄初の両開4扉車となり、窓割りはd1D2D2D2D1の非対称型、床面からの腰羽目高さ800㎜、框の上に高さ980㎜のシュ

兎が飛ぶように駆け抜けることで「ラビットカー」と命名され、岡本太郎画伯のラビットマークも掲示された
河内長野　昭和38.5.19　写真:大西友三郎

リーレン型2連下降窓が並ぶ明るい車両だった。このスタイルと寸法は同期車の大阪線1470系、名古屋線1600系にも採用された。

車体はオレンジに白帯という新鮮な色彩を採用し、車体には岡本太郎画伯デザインの「ラビットマーク」が表示されていた。

オール電動車方式を採用し、起動加速度4.0km/h/s、減速度4.5km/h/sという高加減速を実現している。そのためラッシュ時の矢田〜阿部野橋間の準急と、「ラビットカー」を使用した普通の所要時分が同じ15分となる運転を可能にした。

6800形・6850形は昭和32〜38年(1957〜63)に4次にわたって新製投入された。普通専用の位置づけであったが、昭和44年(1969)に減速度を4.0km/h/sに下げた後は他形式との併結が

高加減速を実現した各駅停車専用の高性能車モ6800がデビューした　大阪阿部野橋　昭和36.5.7　写真:大津 宏

塗装もオレンジ・白帯の新鮮な塗装となって、地味だった南大阪線沿線のイメージを塗り替えた
6804+6803+6851
河内長野〜汐ノ宮
昭和34.9.20
写真:鹿島雅美

可能となり、急行・準急の運用や増結運用も増えていった。

冷房化改造は製造年度に鑑みて増結用の最新車6855～6858にのみ平成元年(1989)に施工された。昭和58年(1983)から廃車が始まり、平成5年(1993)に6855～6858の養老線転出をもって南大阪線から姿を消した(養老鉄道の項P.214参照)。

下記はモ6800形奇数車のデータ。偶数車は角カッコで示した。

> データ　最大寸法:長20,720×幅2,736×高4,146[3,990]mm◆主電動機:三菱MB-3020-C・75kW×4・WN◆制御装置:三菱ABF-108-15MDH◆制動装置:三菱HSC-D◆台車:近車KD-23[23/39]川崎BW型◆製造年:昭和32～38年(1957～63)◆製造所:近畿車輛

オール電動車で、ラッシュ時、旧性能の準急と、「ラビットカー」の各駅停車の所要時分を同じとした。増結用単独M車は別形式モ6850に　　河内天美　昭和44.3　写真:早川昭文

6000系

モ6001～6017(奇Mc)　モ6002～6018(偶M)
ク6105～6108・6110～6114(Tc)
サ6101～6104・6109(T)　サ6151～6153(T)
(南大阪線区最終時の両数)

増備の新ラビットカーは出力アップの経済車

「ラビットカー」6800系の増備車として昭和38～43年(1963～68)に投入された。当初は6900系と称していたが、昭和42年に6000系に改番された。車体と塗色は6800系と同じだが、機器面では135kWの大出力主電動機を装備してMcMcTcの3連で登場し、後にMcMTcTcやMcMTTcの4連が主流となった。そのため、中間に組まれるク6100形は運転台が撤去されてサ6100形になり、さらにサ6150形が追加増備された。

高加減速度は6800形と同じ4.5km/h/sであったが、昭和44年(1969)より4.0km/h/sに下げて、6800系以外との併結が可能になる。昭和43年(1968)以降、ほかの一般車と同じマルーンレッド1色になり、ラビット塗装は消えた。

昭和58年(1983)から車体更新が行われ、平成4年(1992)以降に14両が養老線に転属して620系に改番されたほか、順次廃車が進んで平成14年(2002)までに全廃された(養老鉄道

の項P.214参照)。

下記データはパンタグラフ付きのモ6000形偶数車のもの。ク6100形は角カッコで示した。

> データ　最大寸法:長20,720×幅2,736/2,709[2,709]×高4,146[4,037]mm◆主電動機:三菱MB-3082-A・135kW×4・WN◆制御装置:日立VMC-HTB-20B◆制動装置:三菱HSC-D◆台車:近車KD-48/61[61A]◆製造年:昭和38～43年(1963～68)◆製造所:近畿車輛

6020系

モ6021～6077(奇Mc)　モ6022～6078(偶M)
ク6121～6149・6110～6114(Tc)
サ6161～6172(T)(新製時の両数)

最多両数となった南大阪線のラインデリア車

昭和43年(1968)に登場したラインデリア装備車。性能面では6000系と同じで、車体は大

マルーンレッド1色で並ぶ6000系(左)と6020系
大阪阿倍野橋　昭和54.5.20　写真:林基一

6020系はMcMcTcの3連で登場のあと、McMTTcとなった
上ノ太子〜二上山　昭和58.7.9　写真：林 基一

阪線の2410系、名古屋線の1810系と同じである。ラインデリア搭載の関係で屋根が低く、平らになったのが目立つ。

また、奈良線の900系以降に合わせて側面の腰羽目高さが床面上から850mmと高くなり、窓は框からの高さが900mmと若干低くなった。これが各線区とも以後のロングシート車の標準寸法となる。なお、車体幅も昭和46年度(1971)製から2709mm⇒2740mmと若干広くなっている(大2410系、名1810系も同じ)。

編成は吉野方から3連がMcMTc、4連がMcMTTcとなっている。旧性能車の代替を進めた関係で、昭和43〜47年(1968〜72)に99両が出揃い、南大阪線区最多を誇るグループとなった。昭和55年(1980)から冷房化工事、昭和62年(1987)から車体更新が行われた。さらに平成9年(1997)以降、断続的に2回目の更新が行われている。

その一方で、平成15〜16年(2003〜04)に4連の6021・6027F、サ6164・6165が余剰廃車になり、6037Fが養老線に転属して3連の620系に加わっている。それ以降の動きはなく、今後も活躍が続く形式である(養老鉄道の項P.214参照)。下記はパンタ付きモ6020形偶数車のデータ。ク6120形は角カッコで示した。

データ　最大寸法：長20,720×幅2,709/2,740×高4,150[4,032]mm◆主電動機：三菱MB-3082-A・135kW×4・WN◆制御装置：日立NMC-HTB-20A/ MMC-HTB-20K◆制動装置：三菱HSC-D[HSC]◆台車：近KD-61B/61F[61C/61G]◆製造年：昭和43〜47年(1968〜72)◆製造所：近畿車輛

花の吉野線を行く6020系、増備が続き南大阪線では最大両数になる
葛〜吉野口　昭和59.4.15　写真：林 基一

「ラビットカー」復元塗装の6051F編成
上市〜吉野神宮　平成24.10.25
写真：林 基一

6200系

ク6301〜6310（Tc）　サ6351〜6355（T）
モ6202〜6220（偶M）　モ6201〜6219（奇Mc）

南大阪線初の新製冷房車

　昭和49〜50年（1974〜75）に登場した南大阪線区最初の新製冷房車で、車体は前年製の大阪線2800系2805F以降と同型である。ラインデリア装備の6020系よりも幾分丸屋根に戻ったが、「ラビットカー」6800系以来の丸型車体は、当形式が最後の新製車となる。前面の行先表示器と排障スカートは最初から備えていた。塗色もデビュー当時からマルーンレッド1色だった。

　編成は吉野方からMcMTTcの4連が5本、McMTcの3連が6本に組成されている。機器・性能面は6020系に準じているが、台車は空気バネのKD-77に変わっている（事故復旧のモ6208のみKD-61B）。

　平成6年（1994）から車体更新が行われ、平成21年（2009）から2回目の更新が行われている。急行から普通までの各列車に中堅どころとして活躍を続けている。さらに、平成28年（2016）9月に6221Fが観光特急「青の交響曲(シンフォニー)」に改造された（写真はP.14）。

　下記はパンタグラフ付きモ6200形偶数車のデータ。ク6300形は角カッコで示した。

データ ◆最大寸法：長20,720×幅2,740×高4,150[4,040]mm◆主電動機：三菱MB-3082-A・135kW×4・WN◆制御装置：日立MMC-HTB-20K◆制動装置：三菱HSC-D[HSC]◆台車：近車KD-77[77A]◆製造年：昭和49〜50年（1974〜75）◆製造所：近畿車輛

冷房車で新造された6200系、中堅どころとして活躍が続く
　　　　　　　　　上市〜吉野神宮　平成22.7.10　写真：林 基一

6600系

モ6601〜6604　ク6701〜6704

車体モデルチェンジのチョッパ制御車

　昭和58年（1983）に登場した南大阪線では最初で最後の界磁チョッパ制御車である。昭和56年（1981）以降に登場していた大阪線の1400系、名古屋線の1200系、奈良線の8810系（車体幅が広い）と同型の狭軌線版で、各線共通

南大阪線では初の界磁チョッパ車6600系、車体も箱型になった
　　　　　　道明寺〜古市　平成24.10.6　写真：林 基一

して車体のモデルチェンジが行われた。

車体は「ラビットカー」以来続いていた丸型車体から一転して箱型車体になり、前面には行先表示器が貫通扉上に埋め込まれ、左右の窓上にはステンレスの化粧板が張られた。側面の窓割りと縦寸法は変わりがなかったので、肩部のRを除けば在来型と併結しても窓や腰羽目のラインは揃う。

主電動機は三菱電機のMB-3287-AC型、制御器は日立製作所製のMMC-HTR-10Eが採用された。近鉄では今後の新造車はVVVFインバータ制御方式の導入を計画していたため、各線ともチョッパ制御車は少数となったが、南大阪線では6600系の2連×4本に終わった。少数派のため、増結車や6400系との併結で各種列車に活躍している。下記はモ6600形のデータ。ク6700形は角カッコで示した。

データ 最大寸法:長20,720×幅2,740×高4,150[4,050]mm◆主電動機:三菱MB-3287-AC・150kW×4・WN◆制御装置:日立MMC-HTR-10E◆制動装置:三菱HSC-R[HSC]◆台車:近車KD-90[90A]◆製造年:昭和58年(1983)◆製造所:近畿車輛

6400系

モ6401～6433　ク6501～6533

初のVVVFインバータ制御車

昭和61年(1986)に奈良・京都線区に登場した3200形からVVVFインバータ制御、アルミ押出型材を使用した軽量車体、新しい窓割りの統一車体となった。ほぼ同時期にその貫通タイプの車体で登場したのが南大阪線の6400系であった。

車体は6600系と似ていたが、窓割りがdD2D2D2D1の対称型となり、車体幅が2,800ミリの裾絞りに変わっている。このあと大阪線1422系、名古屋線1220系、奈良線1230系も同じ車体で登場する。

6400系の場合は、三菱電機製のMB-5020A型電動機と、日立製のGTO素子によるVVVFインバータ装置を装備し、台車は近車のKD-94型が採用された。

路線の性格からモ6400+ク6500形の2連で製造され、昭和61～平成5年(1986～1993)の間に33編成が出揃った。製造途中の仕様変更や小改造により、以下の派生形式(小分類)が生じている。

- 6400系:6401～06F。基本形(昭和61年)。
- 6407系:6407～12F。台車をKD-98に変更(平成2年)。
- 6413系:6413～18F。床面を低くした全線共通の新車体、台車をKD-98Bに変更(平成2年)。
- 6419系:6419～21F。MGを静止型インバータSIVに変更。バリアフリー導入(平成4年)。
- 6422系:6430～31F。台車がKD-305形ボルスタレスに。ほとんどを6432系に改造(平成5年)。
- 6432系:6422～29F・6432～33F。ワンマン対応。6422系ワンマン改の編入多数(平成4年)。

全車未更新で、同形同士、他系列の増結で活躍を続けている。下記はモ6400形のデータ。ク6500形は角カッコで示した。

データ 最大寸法:長20,720×幅2,800×高4,150[4,040]mm◆主電動機:三菱MB-5020-A・155kW×4・WN◆制御装置:日立VF-HR-114A◆制動装置:三菱HSC-R[HSC]◆台車:近車KD-94/98B/305[94A/98C/305A]◆製造年:昭和61～平成5年(1986～93)◆製造所:近畿車輛

VVVFインバータ制御車の6400系、2連単位で、単独、併結に活躍している
橿原神宮西口～橿原神宮前　平成26.9.9　写真:涌田 浩

6620系

ク6721～6727(Tc)　モ6671～6677(M)
サ6771～6777(T)　モ6621～6627(Mc)

重宝なVVVFインバータ制御の4連車

平成5年(1993)に登場した6400系の4両編成版。奈良線の1026系、大阪線の1620系と同型車体で、機器面は6400系に準じている。編成は吉野方からMcTMTcの4連×7本である。

最新型の4連であるところから、アートライナー(車体外部を利用したPR・広告車)に選ばれることが多く、延べ4編成がカラフルな塗装でお目見えしていた。全車未更新だが、内装の小改装などは行われている。急行から普通にいたる各種列車で活躍中。

下記はモ6620形のデータ。ク6720形は角カッコで示した。

[データ] 最大寸法:長20,720×幅2,800×高4,150[4,025]mm◆主電動機:三菱MB-5020-A・155kW×4・WN◆制御装置:日立VF-HR-114A◆制動装置:三菱HSC-R[HSC]◆台車:近車KD-305[305A]◆製造年:平成5年(1993)◆製造所:近畿車輛

VVVFインバータ制御車の4連版6620系　6627ほか
二上神社口～当麻寺　平成24.11.27　写真:早川昭文

6620系にはラッピング編成も多い
坊城～橿原神宮西口　平成25.1.2　写真:林 基一

6820系

モ6821・6822　ク6921・6922

少数ながら「シリーズ21」の南大阪線版

21世紀の通勤型電車のあるべき姿の一つとして平成12年(2000)から登場した「シリーズ21」は、平成20年(2008)までに奈良・京都線に3220・5820・9020・9820系、大阪線に5820系(50番台)・9020系(同)が新製投入された(「シリーズ21」の詳細は奈良線の項P.92を参照)。

狭軌線の南大阪線区にも平成14年(2002)にモ6820-ク6920形×2編成が登場している。性能は奈良線のオールロングシートタイプの9020系とほぼ同じだが、狭軌線仕様と路線条件により、主電動機は三菱MB-5071A・160kW×4、制御器は日立VFI-HR-2420C、最高時速100km/hとなっている。

車体は「シリーズ21」共通の上半分がアースブラウン、下半分がクリスタルホワイト、サンフラワーイエローの細い帯が塗装されている。少数派のため在来形式との併結も多い。

下記はモ6820形のデータ。ク6920形は角カッコ内に示した。

[データ] 最大寸法:長20,720×幅2,800×高4,150[4,110]mm◆主電動機:三菱MB-5071-A・160kW×4・WN◆制御装置:日立VFI-HR-2420C◆制動装置:KEBS-21A[同]◆台車:近車KD-313[313A]◆製造年:平成14年(2002)◆製造所:近畿車輛

「シリーズ21」の南大阪線版、2連2編成のみで単独、併結に使用(前2両)　河内天美　平成22.8.27　写真:福田静二

近鉄電車のすべて　その他線区の車両

伊賀線(伊賀鉄道)・養老線(養老鉄道)

近鉄には既述の線区系統以外に、伊賀線、養老線があった。現在では経営分離されているが、ほかの線区で活躍した歴代車両の最後の働き場所として、興味深い車両が集まってきた
〈上〉　上野市　昭和48.4.8　写真:犬伏孝司
〈下〉　養老　昭和50.5.27　写真:大西友三郎

① 伊賀線

◆伊賀線の概況

大正5年(1916)開業の伊賀電気鉄道・伊賀上野～名張(後の西名張)間26.3kmが当線の前身で、昭和4年(1929)3月に伊勢方面への進出をはかっていた大阪電気軌道(大軌)と合併、大軌伊賀線となり、大軌系の参宮急行電鉄が大軌から借用の形で参急の支線となる。昭和6年に参急に譲渡され参急伊賀線となる。

昭和16年(1941)の関西急行鉄道成立で急伊賀線となり、昭和19年(1944)の近鉄成立で近鉄伊賀線となる。昭和39年(1964)に伊賀神戸～西名張間を廃止、伊賀上野～伊賀神戸間16.6km(全線単線)となる。

赤字体質改善のためワンマン化をはかり、

伊賀鉄道は、伊賀神戸駅で大阪線と接続　写真:涌田 浩

観光客誘致に努め、伊賀の忍者を車体に描き、サイクルトレインなども試行していたが、平成19年(2007)10月1日に近鉄から分離して、公有民営の「伊賀鉄道」に経営を移行した。経営移行後に東急電鉄の軽量ステンレス車1000系を導入して若返りを果たしている。

❶ 旧伊賀電気鉄道の車両

モニ5181形

デハ1～6 ➡ デハニ1～6 ➡ モニ5181～5186

長寿を保った伊賀線の主

旧伊賀鉄道が1500Vで電化して伊賀電気鉄道となった大正15年(1926)に、川崎造船所で製造した荷物室付きの14m級初期半鋼製車。デハニ1形と改称されていたが、昭和16年(1941)の関西急行鉄道成立時にモニ5181形に改番され、そのまま近鉄に引き継がれた。他線区からの転入車が増え、昭和52年(1977)に廃車となった。

データ　最大寸法:長14,871×幅2,635×高3,972㎜◆主電動機:川造K7-553-A・37kW×4・吊掛◆制御装置:HL◆制動装置:AMA◆台車:川造BW-84-25A◆製造年:大正15年(1926)◆製造所:川崎造船所

モニ5181形5184
上野市　昭和48.4.8　写真:犬伏孝司

❷ 旧信貴山急行電鉄の車両

モ5251形

信貴山デ5～7 ➡ モ5251・5252

信貴山を降りたニコニコ目の軽快電車

昭和5年(1930)に高安山～信貴山門間2.5kmを開業した大軌系の信貴山電鉄が日本車輌で新造したデ5～7が前身である。社番は鋼索線1～4に続けたもので、同社は昭和6年(1931)に信貴山急行電鉄と改称した。戦争末期の昭和19年(1944)1月に不要不急路線として休止になり、関西急行鉄道に合併。旧5・7 ⇒ モ5161・5162と改番され、近鉄に引き継がれた(旧6は事故廃車)。昭和21年(1946)に伊賀線に転属し、昭和52年(1977)に廃車となった。

データ　最大寸法:長14,260×幅2,650×高3,775㎜◆主電動機:三菱MB-64-C・60kW×4・吊掛◆制御装置:HL◆制動装置:AMA◆台車:住友KS-85L◆製造年:昭和5年(1930)◆製造所:日本車輌

モ5251形5252
伊賀上野
昭和46.6.13
写真:福田静二

❸ 旧吉野鉄道の車両

モ5151形 (元吉野鉄道テハ1形1〜6)
吉野テハ3・6 ➡ モ5153・5156

院電タイプの旧吉野鉄道の木造車 ❶

旧吉野鉄道が電化した際の大正12年(1923)に川崎造船所で新製したテハ1形1〜6両ほかが新製された。大正末期に各地の私鉄に登場した院電(→省電→国電)タイプだった。昭和16年(1941)の関西急行関急改番でモ5151形となった。戦時中に5153・5156の2両が伊賀線に転属し、昭和36年(1961)に老朽廃車となった(南大阪線「5151形」の項P.188参照)。

モ5151形5153　伊賀神戸　昭和33.1.26　写真:鹿島雅美

モニ5161形 (元吉野テハニ100形101・102)
吉野テハニ102 ➡ モニ5162 ➡ モニ5171

院電タイプの旧吉野鉄道の木造車 ❷

やはり大正12年(1923)川崎造船所製で、手荷物室を設けた車両がテハニ100形2両である。昭和16年(1941)の関急改番でモニ5161・5162となり、戦後の昭和30年(1955)に5162が伊賀線に転入してモニ5171と改番した。老朽化で昭和36年(1961)に廃車となった(南大阪線「モニ5161形」の項P.189参照)。

モニ5161形5171　上野市　昭和33.1.26　写真:鹿島雅美

クニ5431形 (元吉野鉄道ホハニ111形)
吉野ホハニ112 ➡ クニ5432

院電タイプの旧吉野鉄道の木造車 ❸

大正13年(1924)に、テハニ100形と同型の手荷物室付きの付随車111・112が川崎造船所で新製された。大軌合併後の昭和15年(1940)に111は名古屋線に転じ、関急改番でクニ5431となる。吉野線にいた112はクニ5432となり、戦争末期に伊賀線に転属した。その後、南大阪線の5601系鋼体化の折にサ5702号車のタネ車となった(南大阪線「クニ5431形」の項P.189参照)。

クニ5431形5432
近畿車輛工場　昭和30.9　写真:鹿島雅美

❹ 旧伊勢電気鉄道の車両

モニ6201形
伊勢電モハニ201・211 ➡ モニ6201・6202
(伊賀線で最終改番 ➡ モニ5201・5202)

元飾り窓付き伊勢電ローカル電車

昭和3年(1928)日本車輌製の旧伊勢電車輌。関急改番でモニ6201・6202となる。昭和34年(1959)の名古屋線改軌で養老線に転じ、昭和36年(1961)に吉野系木造車の代替として伊賀線に転属。昭和49年(1974)に南大阪線の新造車に車番を譲ってモニ5201・5202と改番、昭和52年(1977)に廃車となった(名古屋線の項P.151、養老線の項P.209参照)。

モニ6201形6201
上野市
昭和46.1.24
写真:犬伏孝司

クニ5361形

伊勢電モハニ231形240 ➡ モニ6240 ➡ クニ5361

元伊勢電の花形・モハニ231系の一員

　昭和5年(1930)日本車輛製のモハニ231形12両中の240が前身で元特急・急行用。関急改番でモニ6231形6240となり、昭和33年(1958)にモ6441形に電装品を譲ってクニ6240形になり、昭和35年(1960)にク5361形となって伊賀線に転入。昭和52年(1977)に廃車となった。

データ　最大寸法:長17,860×幅2,743×高3,880mm◆制御装置:TDK◆制動装置:ACA◆台車:日車D-16◆製造年:昭和5年(1930)◆製造所:日本車輛

モ5001形5001　丸山〜上林　昭和58.7.12　写真:鹿島雅美

クニ5361形5361　上野市　昭和48.4.8　写真:犬伏孝司

モ5000形

モ6311〜6316・6339 ➡ モ5001〜5007

ク5100形

ク6331・6332・6334・6335・6337 ➡ ク5101〜5105

近代化は6311・6331系の転入から

　老朽車の多い伊賀線の車両を少しでも若返らせるため、昭和52年(1977)に名古屋線のモ6311形(昭和17〜19年製)とモ6331形(昭和23年製)を改軌して伊賀線に登場させた。急行用として活躍してきた両形式だが、全車ロングシート化しての登場だった。860系と交代して昭和61年(1986)に廃車となった。下記のデータは伊賀線におけるモ5000形のもの。ク5100形は角カッコで示した。

データ　最大寸法:長17,800×幅2,710×高4,100[4,020]mm◆主電動機:東洋TDK528-C・104kW×4・吊掛◆制御装置:三菱ALF/日立MMC◆制動装置:AMA◆台車:日車D-16C/D-18[近車KD-23D]◆製造年:昭和17・19・23年(1942・44・48)◆製造所:帝国車輛・日本車輛

モ880系

モ805＋ク713 ➡ モ881＋ク781
モ807＋ク714 ➡ モ882＋ク782

高性能化は奈良線の名車転入から

　昭和30年(1955)に奈良線に登場した高性能2扉車の800系を改軌化して昭和61年(1986)に伊賀線に投入したもの(860系の補完として投入)。モ800形は正面2枚窓の流線型、ク710形は改造でフラット・非貫通の運転台付きで登場した。車体幅が2.5m級と狭いのでドアには張り出しステップが取り付けられた。機器類は廃車になった南大阪線の6800系のものを流用した、後輩の860系が揃ったところで平成5年(1993)に廃車となった。下記はモ880形のデータ。ク780形は角カッコで示した。

データ　最大寸法:長18,500×幅2,700×高4,009[3,670]mm◆主電動機:三菱MB-3032S・75kW×4・WN◆制御装置:日立MMC-HB-10A◆制動装置:HSC-D◆台車:近車KD-23A[KD-23B]◆製造年:昭和31年(1956)◆製造所:近畿車輛

880系781＋881　上野市　昭和62　写真:鹿島雅美

モ860系（モ860形＋ク760形）

モ824・823・821・825～828F ➡ モ861～867F

伊賀線のイメージを変えた「忍者電車」

　昭和36～37年(1961～62)に奈良線にモ820＋ク720の2連×8本が登場した。昭和59年(1984)から伊賀線近代化のため、車体改装と冷房化を行って7本が移籍した。平成9年(1997)以降、松本零士氏デザインの忍者(くノ一)塗装になり、伊賀上野を訪れる観光客を喜ばせた。

820系を狭軌化した860系
　　　　　伊賀神戸　平成1.10.31　写真：林 基一

　平成19年(2007)10月、伊賀線は上下分離方式により、近鉄が「伊賀鉄道」に施設・車両を貸与する形になった。伊賀鉄道の車両更新として東急1000系の導入が決まり、平成22年(2000)から導入と引き換えに860系の廃車が始まって、平成24年(2012)に全車の廃車が完了した(以後の動きは「伊賀鉄道」の項参照)。

忍者電車(左)など860系の各色の車両が集まる
　　　　　上野市　平成1.10.31　写真：林 基一

データ　最大寸法：長18,500×幅2,700×高3,999[3,820]mm◆主電動機：三菱MB-3032-S・75kW×4・WN◆制御装置：日立MMC-HB-10A◆制動装置：HSC-D[HSC]◆台車：近車KD-23A/39F[KD-23B/39G]◆製造年：昭和36～37年(1961～62)◆製造所：近畿車輌

伊賀鉄道

　伊賀鉄道は、平成19年(2007)10月1日に近畿日本鉄道伊賀線を引き継いで発足した近鉄系の連結子会社である(平成29年4月に施設を伊賀市に譲渡して公有民営化予定)。

　現会社発足後、車両更新が進められ、東京急行電鉄で余剰となった18m1000系車10両を譲受して200形としてデビューさせた。

　伊賀鉄道200形の現状は以下のとおり(カッコ内は旧番、下線は運転台取付車)。

　モ201＋ク101(デハ1311・クハ1010)
　モ202＋ク102(デハ1310・クハ1011)
　モ203＋ク103(デハ1406・クハ1106)
　モ204＋ク104(デハ1206・クハ1006)
　モ205＋ク105(デハ1306・デハ1356)

　車体はVVVFインバータ制御の軽量ステンレス製で、dD3D3D1の窓割り、冷房付き、ロングシート車だったが、入線に当たり一部転換クロスシートとした。製造が平成元年～

現在の伊賀鉄道の200形、東急1000系を譲受して置き替えが完了、全車がラッピング塗装になっている
　　　　　平成28.7.18　写真：涌田 浩

2年(1989～90)と比較的新しく、今後の活躍が期待される。なお、860系に続いて忍者塗装も見られ、観光開発にも力を入れている。

　下記はモ200形の主要データ。ク100形は角カッコで示した。

データ　最大寸法：長18,000×幅2,800×高4,000[3,990]mm◆主電動機：TKM-88・130kW×4・平行カルダン◆制御装置：ATR-H8130-RG621A-M/636A-M◆制動装置：HRA◆台車：東急TS1006/1007◆製造年：平成1～2年(1989～90)◆製造所：東急車輌

② 養老線

◆養老線の概況

大正2年(1913)7月31日に養老鉄道が養老〜大垣〜池野間を蒸気運転で開業、大正8年(1919)4月27日に桑名〜養老〜揖斐間57.5kmが全通した。大正11年(1922)6月、養老鉄道は揖斐川電気に合併、大正12(1923)年5月に1500Vで電化した。

昭和3年(1928)4月、揖斐川電気は鉄道事業を養老電気鉄道に譲渡。昭和4年(1929)10月1日に伊勢電気鉄道が養老電気鉄道を合併、昭和11年(1936)5月、伊勢電気鉄道が養老電鉄へ譲渡、昭和15年(1940)8月、参宮急行電鉄が養老電鉄を合併、昭和16年(1941)3月15日に大軌、参急の合併で関西急行鉄道となり、昭和19年(1944)6月1日、「近畿日本鉄道」成立、近鉄養老線となる。

養老鉄道は、桑名駅で名古屋線と接続　写真：福田静二

経営主体は変化に富んでいたが、現物の養老線は全通以来の営業距離と単線の軌道を堅持してきた。車両の変遷も戦後はめまぐるしかったが、近鉄末期に20m4扉の高性能車に統一され、平成19年(2007)10月1日、経営分離後の「養老鉄道」に引き継がれている。車庫は西大垣にあり、車両の検修は近鉄四日市検修車庫で行うため、桑名に台車振替場がある。

❶ 旧養老電気鉄道の車両

① モ5001形

揖斐川モハニ1・2 ➡ モ5001・5002
揖斐川モハニ8 ➡ モニ5003

生え抜き揖斐電・養老電引継ぎ車

揖斐川電気時代の大正12年(1923)日本車輌製、荷物室付き木造14m車モハニ1形10両のうちの3両である。昭和16年(1941)の関急合併・改番で5000番台になる。昭和30年(1955)の外板鋼板化で3両を上記の形式番号に収め、昭和39年(1964)に5001・5002は荷物室廃止により5003と形式を分けた。昭和45〜46年(1970〜71)に廃車。下記のデータは5001形のもの。

データ　最大寸法：長14,355×幅2,489×高3,864mm◆主電動機：米国GE-269-C・37kW×4・吊掛◆制御装置：TDK◆制動装置：AMA◆台車：米国ブリル27-MCB-2◆製造年：大正12年(1923)◆製造所：日本車輌

② モ5011形

養老11・12 ➡ モ5011・5012

揖斐川電気から分離した養老電気鉄道が昭和3年(1928)に東洋車輌で新製の半鋼製車。モニ5001形に似ており当初はモニ5011形だった。昭和30年代前半に荷物室撤去、外板張替えが行われた。後に5021+5011、5041+5012でユニット化された。昭和45〜46年(1970〜71)廃車。

モ5001形5001　　西大垣　昭和45.10.4　写真：藤本哲男

モ5011形5012　　西大垣　昭和45.10.4　写真：犬伏孝司

③ モニ5021形

揖斐川3 ➡ モニ21 ➡ モニ5021

　揖斐川電気1形3で、事故復旧で昭和7年(1932)に半鋼製車として復旧した。5021＋5011でユニットを組んでいた。昭和45～46年(1970～71)廃車。

モニ5021形5021　西大垣　昭和45.10.4　写真：藤本哲男

④ モ5031形

揖斐川モハニ10 ➡ 伊勢電モハニ32 ➡ モ5032

　揖斐川電気モハニ1形5・10が昭和11年(1936)に事故復旧の際、モニ5021形と同系の車体に鋼体化されてモハニ31・32となる。関急改番でモニ5031形5031・5032となり、昭和39年(1964)に5031をクニ5331に改造したので5032だけが残ったもの。5003＋5032でユニットを組んでいた。昭和45～46年(1970～71)廃車。

モ5031形5032
西大垣　昭和45.10.4　写真：藤本哲男

⑤ モニ5040形

揖斐川モハニ9・6・7 ➡ 関急モニ5005～5007
➡ モ5041～5043

　揖斐川電気モハニ1形9・6・7が関急改番でモニ5005～5007になり、昭和30年(1955)に鋼体化の上、モニ5041～5043に改番したもの。モニ5003とは同系車体。5041＋5012、5042＋5002、5043＋5001でユニットを組んでいた。昭和45～46年(1970～71)廃車。

モニ5040形5041　西大垣　昭和42.7.23　写真：藤本哲男

⑥ ク5401形

揖斐川クハ101～103 ➡ 伊勢電クハ401～403 ➡ ク5401～5403

　揖斐川電気時代の大正13年(1924)に日本車輌で製造された木造のクハ101形3両が前身。関急改番でク5401～5403となり、昭和30年(1955)に鋼体化・片運転台化され、前面は2枚窓であった。昭和45～46年(1970～71)に廃車。

ク5401形5401　西大垣　昭和42.7.23　写真：藤本哲男

⑦ ク5411形

養老クハ201～204 ➡ 伊勢電クハ411～414
➡ ク5411～5414

　揖斐川電気から養老電気鉄道が分離した大正13年(1924)に東洋車輌で製造されたTc車4両の後身。昭和33年(1958)に片運転台化、連結面側を貫通化した。窓割りはD1221D1221D。昭和40年(1965)に5414を除き外板を張り替え、窓帯を撤去、固定窓をHゴム止めにしていた。昭和45～46年(1970～71)に廃車。

ク5441形5411　大垣　昭和45.10.4　写真：犬伏孝司

⑧ クニ5320形
揖斐川モハニ4 ➡ モニ5004 ➡ クニ5321

　揖斐川電気モハニ1形4の後身。昭和40年(1965)にTc化されてクニ5321となった。短い車体ながら窓割りは1①1D13331Dと細かく分かれていた。昭和46年(1971)までに廃車。

クニ5320形5321　西大垣　昭和45.10.4　写真:犬伏孝司

⑨ クニ5330形
揖斐川モハニ5 ➡ モニ5031 ➡ クニ5331

　揖斐川電気モハニ1形5の後身である。5・10が昭和11年(1936)に事故復旧の際、鋼体化されてモハニ31・32となり、関急改番でモニ5031形5031・5032となっていたが、昭和39年(1964)に5031がTc化されてクニ5331となった。昭和46年(1971)に廃車。

クニ5330形5331
　　西大垣　昭和45.10.4　写真:犬伏孝司

❷ 旧伊勢電気鉄道の車両

① モニ5101形
伊勢電モハニ101〜106 ➡ モニ5101〜5106

伊勢電の小型車 低出力車の王国に

　大正15年(1926)川崎造船所製の15m級・荷物室付き2扉車モハニ101形4両が、関急改番でモニ5101〜5106になったもの。昭和30年代初頭に更新された。養老線には昭和34年(1959)

モニ5101形5101　西大垣　昭和42.7.23　写真:藤本哲男

に転入し、昭和46年(1971)に廃車となった(詳細およびデータは名古屋線の項P.149参照)。

② モ5111形
伊勢電モハニ111・112 ➡ モ5111・5112

　昭和2年(1927)川崎車輛製のモハニ111・112が関急改番でモニ5111・5112となった。前面は貫通式、昭和32年(1957)以降の更新で外板を張り替え、窓帯も撤去。養老線には昭和46年(1971)に転入、昭和46年(1971)に廃車となる(名古屋線の項P.149参照)。

モ5111形5111　西大垣　昭和42.7.23　写真:藤本哲男

③ モ5121形
伊勢電モハ121・122 ➡ モ5121・5122

　大正15年(1926)日本車輌製の17m車で、名鉄のモ3200形とは同型車だった。両運転台・両貫通式のクロスシート車だったが、戦中にロングシート化。昭和35年(1960)の更新で外板を張り替え、固定窓にHゴムを多用、伊勢線から養老線に転入した。昭和46年(1971)廃車(名古屋線の項P.150を参照)。

モ5121形5121
　　　西大垣　昭和42.7.23　写真:藤本哲男

④ モ5131形

伊勢電モハニ131・132 ➡ モニ5131・5132 ➡ モ5131・5132

昭和2年(1927)の日本車輌製。昭和30年(1955)の更新後、長く活躍したが養老線に転入、昭和49年(1974)に廃車となる(名古屋線の項P.150参照)。

モ5131形5132　西大垣　昭和42.7.23　写真：藤本哲男

⑤ モニ6201形

伊勢電モハニ201・211 ➡ モニ6201・6202

昭和3年(1928)日本車輌製の旧伊勢電車両。幕関急改番でモニ6201・6202となる。昭和34年(1959)の名古屋線改軌で養老線に転入したが、昭和36年に伊賀線へ転属。昭和49年(1974)にモニ5201・5202と改番、昭和52年(1977)に廃車となった(名古屋線の項P.151、伊賀線の項P.203参照)。

モニ6201形6201　西大垣　昭和27.9.21　写真：鹿島雅美

⑥ モニ6221形

伊勢電モハニ221～226 ➡ モニ6221～6226

昭和4年(1929)日本車輌製の荷物室付き17m車で、モハニ221～226の6両。関急改番でモニ6221～6226となり、昭和34年(1959)11月の名古屋線改軌の際に6221・6222の2両が養老線へ転属した。その後、6223・6224も転じてきたが、すべて昭和45～46年(1970～71)に廃車。代替に6225・6226が転入したが、昭和54年(1979)に廃車となった(名古屋線の項P.151参照)。

「臨時急行」札を掲げたモニ6221形6225
養老　昭和50.5.27
写真所蔵：福田静二

⑦ クニ5421形

伊勢電モハニ235 ➡ モニ6235 ➡ クニ5421

前身は伊勢電の代表車だったモハニ231形(231～242)の235。関急改番でモニ6231形の6235となり、改軌後の昭和35年(1960)に6440形に電装品を譲って再狭軌化、養老線に転入した。昭和52年(1977)頃に廃車となった(名古屋線「モニ6231形」の項P.152参照)。

[データ] 最大寸法：長17,860×幅2,743×高3,889mm◆制御装置：TDK◆制動装置：ACA◆台車：日車D-16◆製造年：昭和5年(1930)◆製造所：日本車輌

クニ5421形5421
　　西大垣　昭和45.10.4　写真：藤本哲男

⑧ クニ6481形

伊勢電モハニ231形 ➡ モニ6231形のうち ➡ Tc化 ➡ クニ6481形6481～6484

伊勢電の名車6231形のうち昭和35年(1960)にTc化され、クニ6481形となったグループ。昭和36年(1961)に狭軌に戻されて養老線に転入した。昭和54年(1979)に廃車となった(名古屋線「モニ6231形」の項P.152参照)。

クニ6481形6484
　　西大垣　昭和46.7.25　写真：藤本哲男

⑨ モ6241形

伊勢電モハニ231・238 ➡ モ6241・6242
　　　　　　　　　➡ ク6241＋モ6242

　伊勢電の名車モハニ231形のうち、事故休車になっていた231・238を昭和14年（1939）に日本車輌で関急電1形（⇒近鉄6301形）と同型車体で復旧したもの。昭和46年（1971）にク6241＋モ6242に改造のうえ養老線に入線し、近代化の一翼を担う。昭和54年（1979）に廃車となった（名古屋線の「モ6231形」の項P.152、「モ6241形」の項P.156参照）。

モ6241形6241　美濃高田　昭和54.10.14　写真：鹿島雅美

⑩ モ5820形

伊勢電モハニ236・237・242・239 ➡ モニ6236・6237～6239 ➡ クニ5421・5422～5424
　　　　　　　　　➡ モ5821～5824

　旧伊勢電モハニ231形のモニ6231形が電装品を6441系に譲り、Tc化されていた中から4両が昭和35年（1960）に南大阪・吉野線の特急「かもしか」号用のモ5820形に改造されたもの。昭和40年（1965）に16000系特急車が登場すると予備車になり、昭和45年（1970）に養老線に転じた。クロスシートのままで奉仕を続けていたが、昭和58年（1983）までに廃車となった（南大阪線の項P.194参照）。

モ5820形5823　西大垣　昭和46.7.25　写真：犬伏孝司

❸ 旧大阪鉄道の車両

① モ5631形（事故復旧車）

大鉄デイ形7 ➡ モ5607 ➡ モ5631

南大阪線区からの転入車が奮闘

　大阪鉄道最初の電車・デイ形13両は、関急合併でモ5601～5611（2両は事故復旧時に他形式となる）に改番していた。昭和23年（1948）に5607が焼損し、昭和24年（1949）に鋼体化復旧したが、ほかに同型車がないため1両だけのモ5631形となっていた。車体は事故復旧のモ5612形と似ているが、やや大型だった。昭和45年（1970）に養老線に転じ、昭和54年（1979）に廃車となった（南大阪線の項P.182参照）。

南大阪線時代のモ5631形5631
大阪阿部野橋　昭和35.10.2　写真：大津 宏

② モ5651形

大鉄デハ形15両 ➡ モ5651形12両のうち
　　　　　　　➡ モ5651・5659～5663

　大阪鉄道が昭和2年（1927）に日本車輌で新製した半鋼車で、見出しの車両が養老線に転属した。昭和41年（1966）にまず5651・5663、昭和45年（1970）に5659～5662が入線、代替に5651・5663が廃車となる。後から来た4両は昭和54～55年（1979～80）に廃車となった（南大阪線の項P.184を参照）。

モ5651形5651　西大垣　昭和45.10.4　写真：藤本哲男

③ モ5800形

大鉄デイ1～13 ➡ モ5601～06・08～11
➡ モ5801～5810

　大阪鉄道が大正12年(1923)に川崎造船所で新製した最初の電車で、前面5枚窓の木造小型車。関急合併でモ5601形となり、南大阪線区で活躍を続けていたが、昭和30～31年(1955～56)に近畿車輛で簡易鋼体化され、モ5800形10両となる。昭和46年(1971)に全10両が養老線に転入し、昭和55年(1980)に廃車となった(南大阪線の「モ5601形」の項P.181、「モ5800形」の項P.193参照)。

ク6501形6502　　西大垣　　昭和45.10.4　　写真：犬伏孝司

モ5800形5805　　西大垣　　昭和45.10.4　　写真：犬伏孝司

④ 旧吉野鉄道の車両

ク6501形

吉野サハ300形 ➡ クハ300形 ➡ ク6501形
(養老線関連の車番は6502～6510)

旧吉野の全鋼製車は早くから養老線に

　旧吉野鉄道が昭和4年(1929)に川崎車輛で新製した全鋼製のテハ201形(Mc)6両、サハ301形(Tc)14両は、昭和13年(1938)に関西急行電鉄(現・近鉄名古屋線)に転属した。
　その後、南大阪・吉野線に戻った車両もあったが、関急改番でモ5201形・ク6501形となっていた中のク6509、6510が養老線に転入した。その後も6502～6508が転入し、代替で6509・6510は廃車となる。昭和47年(1972)までに6502～6508も廃車となった(名古屋線「ク6501形」の項P.162、南大阪線「ク6501形」の項P.191参照)。下記は養老線配置車のデータ。

データ　最大寸法：長17,860×幅2,735×高3,860㎜◆制御装置：ABF◆制動装置：ACA◆台車：汽車BW型/日車D-16◆製造年：昭和4年(1929)◆製造所：川崎車輛

⑤ 旧三重交通の車両

① サ5940形・5945形

志摩電10形11・12 ➡ モニ551・552 ➡ 三交モニ5211・5212 ➡ 近鉄モ5941・5945 ➡ サ5941・5945

旧三重交通志摩線の小型車

　志摩電気鉄道が昭和4年(1929)に日本車輛で新製した10形5両のうち1・2がモニ551・552になり、三重交通時代の昭和34年(1959)に車体新製してモニ5211・5212となる。近鉄合併でモ5940形の5941・5945に改番され、昭和44年(1969)の志摩線改軌でサ5941・5945となって養老線に転属した。張上げ屋根・2扉、広窓のd1D5D1dの端正な小型車で、各形式と併結していたが、昭和59年(1984)までに廃車となった。

データ　最大寸法：長16,140×幅2,692×高3,850㎜◆制動装置：AMM-R◆台車：日車D-14改◆製造年：昭和4年(1929)◆製造所：日本車輛

サ5945形5945　　西大垣　　昭和46.7.25　　写真：藤本哲男

② サ5930形

三重交通ク602 ➡ ク3502 ➡ 近鉄ク5931 ➡ サ5931

　三重交通が昭和27年(1952)にナニワ工機で新製したク600形3両のうちの1両。張上げ屋根、窓割りd2D8D2、クロスシートの均整のとれた小型車だった。近鉄合併でク5930形5931となり、昭和44年(1969)の志摩線改軌でサ5931に改造のうえ養老線に転属した。昭和52年(1977)に廃車となった。

データ　最大寸法：長15,830×幅2,600×高3,710mm◆制動装置：ACM-R◆台車：扶桑KS-33E◆製造年：昭和27年(1952)◆製造所：ナニワ工機

サ5930形5931
西大垣
昭和46.7.25
写真：藤本哲男

③ サ5960形

三重交通モ5401 ➡ 近鉄モ5961 ➡ サ5961

　三重交通が昭和33年(1958)に日本車輌で新製した高性能カルダン駆動車で、1形式1両。張上げ屋根、窓帯なし、広窓クロスシート車で、窓割りd1D6D1dの中型車だった。近鉄合併でモ5960形5961となり、昭和44年(1969)の志摩線改軌の折にサ5961に改造して養老線に転属した。昭和58年(1983)の20m車転入時に廃車となった。

データ　最大寸法：長17,840×幅2,600×高3,870mm◆制動装置：AMM-R◆台車：日車ND-105◆製造年：昭和33年(1958)◆製造所：日本車輌

サ5960形5961
西大垣
昭和46.7.25
写真：藤本哲男

❻ 旧関西急行電鉄の車両

モ5301形・ク5301形

関急電1形1～10 ➡ モ6301形6301～6310 ➡ モ5301形5308～10・ク5301形5301～06

　参急系の関西急行電鉄が昭和12年(1937)に日本車輌で新製した17m級2扉クロスシート車。戦前戦後に特急・急行などで活躍。名古屋線改軌後も重用されていたが、昭和45年(1970)から養老線に転属し、改番して車両のグレードアップに貢献していた。昭和58年(1983)までに廃車となった(名古屋線の項P.155参照)。

モ5301形5308
桑名
昭和54.7.29
写真：林 基一

❼ 大阪線からの車両

ク1560形・サ1560形 (旧ク1560形)

ク1561～1569 ➡ ク1560形1565～69　サ1560形1561・62

　大阪線の区間用のTcとして昭和27～28年(1952～53)に9両が新造された20m3扉車。昭和29年に1564・1564が高性能車モ1451・1452に改造され、残りの7両は改番・改造の後、見出しのようにまとめられ、名古屋線へ転属した。昭和52年(1977)に養老線へ転属して、昭和59年(1984)に廃車となった(名古屋線の項P.163参照)。

ク1560形1565
桑名
昭和54.7.29
写真：鹿島雅美

❽ 名古屋線からの車両

モ561形・ク561形 (旧ク6561形)

ク6561～6565 ➡ サ6562・6563　ク6564・6565
➡ 養老線モ6562　ク6563～6565 ➡ モ562　ク563～565

　名古屋線の急行増強用として昭和27年(1952)に新造した19m2扉・クロスシートの19m車。昭和33年(1958)に6561が6421系特急車のサ6531となって系列を離れ、6562・6563が運転台を撤去してT車になる。昭和52年に全車養老線へ転属。サ6562を電装してモ6562に、サ6563はク6563に戻る。昭和59年(1984)に車番3桁化。平成4年(1992)までに廃車となった(名古屋線「ク6561形」の項P.162参照)。

1970年代以降の転入車両

① モ420形・ク470形・サ530形 (旧6421系)
モ6421～6426　ク6571～6575　サ6531
➡ モ421～426　ク571～575　サ531

戦後の名古屋線の名車が養老線に集結

　6421系は名古屋線の特急車として、昭和28年(1953)に日本車輌で新製した19m車。MTc編成×6本が登場したが、Tc車が1両不足するため、冷房化の際にユニットの相方として急行用のク6561をサ6531に改造して仲間に加えた。名古屋線改軌後の昭和35～38年(1960～63)に一般車に格下げし、冷房撤去、3扉セミクロス車になった。

　昭和54年(1979)に狭軌化して養老線に転属し、昭和59年(1984)に形式番号が3桁化された。近代化に貢献して平成4～6年(1992～94)に廃車となる。421Fは大井川鐵道に譲渡され、平成21年(2009)まで活躍した(名古屋線「6421系」の項P.160参照)。

モ420形424　　大垣　平成6.6.26　写真:丹羽満

② モ430形・ク590形 (旧6430系)
モ6431・6432　ク6581・6582
➡ モ431・432　ク591・592

　大阪線の初代「ビスタカー」10000系に対応する名古屋線の特急車6430系として昭和33年(1958)に近畿車輛で新製された。名古屋線初の20m車にして近鉄最後の吊掛け駆動車となる。名古屋線改軌後は名伊乙特急などで活躍していたが、3扉・ロング席に改造され、昭和54年(1979)に狭軌化して養老線に転属、昭和59年(1984)に形式番号が3桁となる。平成4～6年(1992～94)に廃車となった(名古屋線の項P.161参照)。

モ430形431　　大垣　平成6.6.26　写真:丹羽満

③ モ440形・ク540形・ク550形 (旧6441系)
モ6441～45　ク6541～50　モ6446～50
➡ モ441～445　ク541～550　ク556～560

　旧6441系は名古屋線の輸送力増強のため、旧車6231系の電装品を流用して昭和33～35年(1958～60)に新製された旧性能の3扉車で、車体は大阪線の1460形と同型だった。

　昭和54～58年(1979～83)に順次養老線に移り、昭和59年に車番が3桁になる。両数が多く、主力となっていたが、高性能4扉車の転入によって平成6年(1994)までに廃車となった(名古屋線の項P.161参照)。

440系ク550によるギャラリートレイン
　　　　　桑名　平成1.11.26　写真:毛呂信昭

養老鉄道

　養老線は慢性的な赤字ローカル線であったが、平成19年(2007)10月1日に近鉄系の「養老鉄道」が近鉄より引き継いだ。沿線各自治体の支援を受けて運営中で、平成29年(2017)中に公有民営方式(上下分離方式)に移行する予定である。

　旧性能車両が集まっていた養老線の輸送改善を一気に推進するために、近鉄保有中の平成4年(1992)から名古屋線・南大阪線の高性能・20m4扉の通勤型車両を改造して投入を行い、全車が養老鉄道に引き継がれた。

① 600系

モ1600・1650・6850形 ➡ モ600形
ク1700・1750・1950形・モ6850形
➡ ク500形　サ6150形 ➡ サ550形

　1000番台車は名古屋線、6000番台車は南大阪線の車両。同期の製造のためスタイルは同じで、初期の大型窓の丸型車体である。養老線では次のように編成を組んで平成4年(1992)に登場した(カッコ内は旧番号。左が大垣方。斜字体は近鉄養老線時代に廃車)。

モ601(モ1656)-サ551(サ6152)-ク501(ク1751)
モ602(モ1657)-サ552(サ6153)-ク502(ク1752)
モ603(モ1658)-ク503(ク1951)廃車
モ604(モ1659)-ク504(ク1952)
モ605(モ1615)-ク505(ク1715)廃車
モ606(モ6857)-ク506(モ6858)

　主要機器は主電動機が三菱電機MB-3082-A・135kW×4、制御器はVMC型に統一されている。平成13年以降廃車も進んでおり、603F、605Fがすでに廃車済み。601Fを除き2回目の更新済みである。

610系611　美濃山崎　平成28.7.23　写真：福田静二

　なお、604Fは初期高性能車色(クリーム/青帯)、606Fは「ラビットカー」の色(オレンジ/白帯)に復元塗装されている。

② 610系

モ1800形 ➡ モ610形　ク1900形 ➡ ク510形
ク1700形 ➡ ク500形
サ6100形 ➡ サ570形

　平成5年(1993)から養老線に登場したグループで、名古屋線1800系の改造である。

モ611(モ1801)-サ571(サ6109)-ク511(ク1901)
モ612(モ1802)-ク512(ク1902)
モ613(モ1803)-ク513(ク1903)
モ614(モ1804)-ク514(ク1904)

　このグループの主電動機は三菱MB-3082-A・135kW×4、台車はMc車に近車KD-48、Tc車にKD-39が装備されている。

③ 620系

　平成5年(1993)に南大阪線6010系を改造して入線したグループである。600・610系とは逆に大垣方がTc車になっている。新旧対照は次のとおり(斜字は近鉄養老線時代に廃車)。

ク521(ク6106)-サ561(モ6012)-モ621(モ6011)
ク522(ク6107)-サ562(モ6014)-モ623(モ6013)
ク523(ク6108)-サ563(モ6016)-モ623(モ6015)
ク524(ク6114)-サ564(モ6018)-モ624(モ6017)
ク525(ク6129)-サ565(モ6038)-モ625(モ6037)

　以上の600・610・620の3系列が現在は「養老鉄道」に引き継がれている。下記はモ621のデータ。ク521は角カッコで示した。

[データ] 最大寸法：長20,720×幅2,736×高4,146[4,037]
◆主電動機：三菱MB-3082-A・135kW×4◆制御装置：MMC◆制動装置：HSC-D◆台車：近車KD-61[KD-61A]◆製造年：昭和38～42年(1963～67)◆製造所：近畿車輛

600系506　美濃高田～烏江　平成21.10.4　写真：林基一

近鉄電車のすべて　貨物電車と電気機関車

貨物電車・電気機関車

近鉄では、近年まで貨物電車が運転されており、現在でも鮮魚専用の電車が運転されている。事業用電車も数多く、狭軌車両が工場入りする際、仮台車に履き替えて前後を事業用電車に挟まれて回送するシーンは近鉄ならではの光景だ。また狭軌線では貨車輸送も行われ、国鉄直通の貨車を牽引していた
〈上〉　竹田　昭和39.11.26　写真：高橋 弘
〈下〉　養老　昭和50.5.27　写真：大西友三郎

■奈良線系統の電動貨車

モワ10形(初代) 11〜14

大正10年(1921)藤永田造船所製の木造有蓋電動貨車。旅客車の増備に合わせて801〜804から改番を繰り返して11〜14となる。全長11,645mm、出力78kW×4、昭和44年(1969)の昇圧時に廃車。

モワ10形12　八戸ノ里　昭和38.12.12　写真:鹿島雅美

モワ20形 21

昭和2年(1927)藤永田造船所製の半鋼製有蓋電動貨車。811⇒911⇒111⇒21と改番した。全長13,296mm、出力78kW×4、昭和44年(1969)の昇圧時に廃車。

モワ20形21　八戸ノ里　昭和38.12.12　写真:鹿島雅美

モト50形(初代) 51〜55

大正11年(1922)藤永田造船所製の木造無蓋電動貨車。701〜705⇒改番を繰り返し51〜55となる。全長11,645mm、出力78kW×4、昭和44年(1969)の昇圧時に廃車。

モト50形54　西大寺　昭和44.5.18　写真:藤本哲男

モト60形 61

旧奈良電が昭和3年(1928)に日本車輌で新製した無蓋電貨デトボ301が前身。全長14,440mm、出力60kW×4。近鉄合併でモト61となり、昭和44年(1969)の昇圧時に廃車。

モト60形61　新田辺付近　昭和42.12.10　写真:藤本哲男

モト70形 71

旧奈良電が昭和3年(1928)に日本車輌で新製した無蓋電動貨車デトボ361が前身。全長15,900mm、出力110kW×4。近鉄合併でモト71となり、昭和51年(1976)に廃車。

モト70形71　竹田付近　昭和39.11.26　写真:高橋弘

モト75形 77・78

昭和44年(1969)に旧奈良電430形4両の電装品を流用して近畿車輛でモト50形51～54を新造。昭和46年(1971)に75～78に。昭和59年(1984)に高性能化、75+76は名古屋線へ転属(平成3年廃車)、77+78は、けいはんな線車両の五位堂検修車庫への牽引用に改造、今も現役。

モト75形77　西大寺　昭和56.3.14　写真：鹿島雅美

モワ50形(Ⅲ代目)・クワ50形(Ⅱ代目)
モワ11・12　クワ51・52

旧特急車2250系のモ2251・2258、ク3124・3126を荷電化したもの。昭和61年(1986)から東大阪線(⇒けいはんな線)車両の五位堂検修車庫への牽引車になったが、モト75形と交代して平成10年(1998)に廃車。

クワ50形51　富吉　昭和58.5.21　写真：毛呂信昭

モワ87形 87

昭和44年(1969)の昇圧後に旧奈良電出自のモ445(旧1016)を改造してモワ61とした。昭和46年(1971)にモワ87に改番、西大寺車庫の救援車を務める。昭和60年(1985)に廃車。

モワ87形87　西大寺　昭和50.6.9　写真：鹿島雅美

モワ80形 81・82

参急が昭和5年(1930)に川崎車輛で新製した17m級の無蓋電動貨車デト2100～2103が前身。昭和6年以降改番を重ね、昭和45年(1970)モワ81・82に。昭和51年(1976)に廃車。

モワ80形82　高安検車区　昭和46.4　写真：丹羽 満

■大阪線系統の電動貨車

モワ10形(Ⅱ代目)・クワ50形
モワ11～19(元1400形)・20～22(元2227形)
クワ51・52(元ク1500形)

旧大軌のモ1400形・ク1500形、旧参急の2227形を昭和51年(1976)に電動貨車化したもの。昭和56～58年(1981～83)に廃車となった。

モワ80形 83・84

昭和5年(1930)、奈良線の卵型木造車デボ61形78・79の車体を利用、デワボ1800・1801として登場した。昭和38年(1963)にモワ2832・2831に⇒昭和43年に旧奈良電モ430形の車体に載せ替え、モワ84・83となる。昭和51年(1976)に廃車。

モワ10形22　高安　昭和53.7.16　写真：兼先 勤

モワ80形83　安堂　昭和46.7.25　写真：犬伏孝司

モワ80形 85

前面5枚窓の卵型木造車旧モ61形の車体を利用した旧2821の改造車。前面は取り払ってデッキ状になっており、白色に塗られて高安工場の入換車になっていた。昭和51年(1976)に廃車。

モワ80形85 高安 昭和46.6.20 写真：福田静二

モワ80形 86

昭和23年(1948)日本車輌製の有蓋電動貨車モワ2811が前身。全長17,100㎜、出力112kW×4。昭和45年(1970)にモワ86となる。昭和51年(1976)に廃車。

モワ80形86の旧番号2811 伊賀神戸 昭和33.1.26 写真：鹿島雅美

モト90形 91・92

昭和5年(1930)川崎車輌製の旧参急・無蓋貨デト2100形4両のうち、2100・2101が関急改番でモト2700・2701となる。昭和45年(1970)にモト91・92に改番。昭和56年(1981)に廃車。

モト90形91 高安 昭和53.7.16 写真：鹿島雅美

モト90形 93

大軌が昭和5年(1930)に日本車輌で新製した無蓋電貨デトボ1600が前身。全長17,153㎜、出力111.9kW×4。関急改番でモト1700に。昭和38年(1963)にモト2731⇒昭和45年にモト90形93に。昭和51年(1976)に廃車。

モト90形93 高安検車区 昭和53.7.16 写真：鹿島雅美

モト90形 97・98

昭和35年(1960)に大阪線の20m級保線用長尺車モト2721・2722として近畿車輌で新製。昭和45年(1970)にモト97・98に改番、昭和57年(1982)に高性能化・台車交換して狭軌の南大阪線区の車両を大阪線・五位堂検修車庫へ入出場させる牽引車となり、現役を続けている。

モト90形98 橿原神宮前 平成7.8.2 写真：鹿島雅美

■名古屋線系統の電動貨車

モト90形 94・96

昭和23年(1948)にモト2711～2713を日本車輌で新製。昭和45年(1970)にモト94～96に改番(昭和59年に95が廃車)、94と96が養老線(⇒養老鉄道)の桑名台車交換場～塩浜検修車庫間の牽引車となり、今も現役。

モト90形95 高安検車区 昭和46.4 写真：丹羽満

■南大阪線系統の電動貨車

モワ26形 26・27

昭和25年(1950)製の6801系6両が昭和32年に6411系となって名古屋線へ転属、昭和34年に南大阪線に戻る。両運転台で残った6411・6414を昭和55年(1980)にモワ26・27に改番したが、荷電廃止により昭和58年に廃車となった。

モワ26形27　道明寺　昭和55.8.4　写真：毛呂信昭

大阪線の鮮魚列車

「鮮魚電車」の前面表示

「鮮魚列車」は伊勢の海で揚がった新鮮な海の幸を三重・奈良・大阪へ運ぶ行商人のために、「伊勢志摩魚行商組合連合会」への貸切列車として昭和38年(1963)9月に運転を開始した。早朝に宇治山田発、主要駅停車で大阪上本町へ向かい、日中は高安区で入念な清掃・消臭、夕刻に松阪までの下り便となって明星区へ帰る。歴代の車両は次のとおり。

■初期の車両　荷物電車や1400系、2200系などが使われていた。

●モワ10・600系の初代鮮魚列車　昭和58年(1983)からモ1400形・ク1500形を活用したモワ10形、クワ50形、およびモ1420形・モ2250形・ク3120形・旧奈良電ク1320形を改造したモ600形・ク500形で運用された。

初代鮮魚列車のモ600、ク500
高安　平成1.3　写真：大西友三郎

●Ⅱ代目鮮魚列車に1480系　平成元年(1989)に初期の高性能車モ1482＋モ1481＋ク1591の3連が専用車として就役。電動車は昭和36年(1961)製という古強者(ふるつわもの)だったが、10年にわたって役目を果たした。

Ⅱ代目鮮魚列車の1480系　ク1591
明星検車区　平成10.3.29　写真：丹羽 満

●Ⅲ代目鮮魚列車は2680系　平成13年(2001)に老朽化した1481Fに代わり、昭和46年(1971)製の元通勤クロスシート車モ2684＋モ2683＋ク2782が改装のうえ引き継ぎ、現在に至っている。利用者は全盛時の1/4程度である。

Ⅲ代目鮮魚列車の2680系　鶴橋　平成25.5.17　写真：福田静二

■ 電気機関車

デ1形 1・2 名養

　旧伊勢電デキ501形501・502で、昭和2年(1927)川崎造船所製の軸配置B-Bの凸型機。関急改番後、デ1・2となり、1は養老線で昭和46年(1971)廃車。2は塩浜工場で入換機となり、昭和50年(1975)に廃車。山形交通、東急電鉄に同型機があった。

デ1形1
西大寺
昭和42.7.23
写真：藤本哲男

デ1形 3〜5 南大

　旧吉野鉄道が大正12〜13年(1923〜24)にスイスのブラウン・ボベリ社から輸入したB-B、凸型電機の1〜3号機で、特異な顔立ちだった。関急改番で3〜5になり、南大阪線区にいたが、昭和34年(1959)に改軌して大阪線に転属、デ81形を経てデ35形に改番、昭和51年(1976)に廃車となった。

デ1形4
六田
昭和30.4.26
写真：高橋 弘

デ1形 6・7 名養

　大正12年(1923)揖斐川電気が日本車輌で新製した1・2号機。B-Bの箱型機で全長10,589mm、85.8kW×4。伊勢電合併で506・507、関急改番でデ6・7となる。養老線で過ごし、昭和46年(1971)廃車。

デ1形7
西大垣
昭和45.10.4
写真：犬伏孝司

デ1形 8・9 伊

　伊賀電気鉄道が大正15年(1926)に川崎造船所で新製したB-Bの凸型機で、全長8,436mm、56.0kW×4。関急改番でデ8・9となり、伊賀線から出ることなく昭和42年(1967)に9、昭和50年(1975)に8が廃車となった。

デ1形8
西名張
昭和33.1.26
写真：鹿島雅美

デ11形 11・12 名養

　伊勢電が昭和3年(1928)に英国イングリッシュ・エレクトリック社＋ノース・ブリティッシュ・ロコモティブ社で新製したB-B、箱型、左右非対称前面の511・512。関急改番でデ11・12となり、昭和34年(1959)に名古屋線から養老線へ。昭和58〜59年(1983〜84)に廃車。秩父・青梅・総武・東武に同型機があった。

デ11形11
西大垣
昭和42.7.23
写真：藤本哲男

デ21形 21 名

　伊勢電が昭和4年(1929)に日本車輌・東洋電機で新製した521が前身。B-B、箱型で、全長10,252mm、112kW×4。関急改番でデ21となり、名古屋線改軌後も同線に在籍した。デ31と養老線車両の牽引を担当していたが、モト90形と交代して昭和58年(1983)に廃車。

デ21形21
西大垣
昭和33.1.19
写真：鹿島雅美

デ25形 25 名養

関西急行鉄道時代の昭和19年(1944)に日本車輌・東洋電機で新製した戦時型凸型電機。11,050㎜、128kW×4。豊川54（⇒国鉄ED30）と同型。昭和34年(1959)の名古屋線改軌で養老線へ移り、平成3年(1991)に廃車となった。

デ25形25
西大垣
昭和42.7.23
写真：藤本哲男

デ31形 31〜33 名養南

昭和23年(1948)三菱重工業製の全長10,800㎜、B-B、128kW×4の箱型電機。同型機が大井川鐵道、神戸電鉄にあった。31は伊賀線、32は名古屋線、33は南大阪線の配置だった。後に31・33は養老線へ移転し、平成12年(2000)に廃車。32は名古屋線から動かず、現在も塩浜検修車庫の入換機として健在だが、車籍がなく機械扱い。

デ31形33
西大垣
昭和45.10.4
写真：藤本哲男

デ35形 35〜37 大

「デ1形3〜5」の項参照。

デ40形 45・46 北

特殊狭軌線用の電機として昭和6年(1931)に北勢鉄道が日本車輌で21・22を新製⇒三重交通71・72⇒近鉄45・46となったもの。46は内部・八王子線に転じて昭和45年(1970)廃車、45は昭和54年(1979)に廃車。

デ40形45
北大社
昭和53.5.28
写真：鹿島雅美

デ51形 51・52 南

吉野鉄道が昭和4年(1929)に川崎車輌で2両を新製したもの。全長10,354㎜、149kW×4、B-B、前面は3つ折り、向かって左に扉。側面には小さな丸窓が7個並んでいた。昭和50年(1975)に52、昭和59年(1984)に51が廃車となった。

デ51形51
六田
昭和27.9.10
写真：鹿島雅美

デ61形 61〜64 南養

大阪鉄道が昭和2年(1927)に三菱造船所でデキA1001形として4両新製。昭和18年(1943)関急合併でデ61〜64となる。標準的な凸型B-B機で、10,152㎜、97kW×4。昭和45〜46年(1970〜71)に61・62が養老線へ転出、昭和48年に63も伊賀線に転じたが、2年後に戻る。昭和59年(1984)までに廃車となった。

デ61形61
西大垣
昭和46.7.25
写真：犬伏孝司

デ71形 71 南

昭和19年(1944)の関西急行鉄道と南海鉄道の合併で近畿日本鉄道が成立後、旧南海の電機ED5116号機が南大阪線に転属し、昭和22年(1947)の南海分離後も近鉄に残ったもの。古市工場の入換専用機で、昭和63年(1988)に廃車となった。大正11年(1922)藤永田造船所製の典型的な南海タイプの凸型電機で、全長11,480㎜、B-B型、出力75kW×4。昭和50年(1975)以降は車籍がなく、機械扱いだった。

デ71形71
古市
昭和31.7.26
写真：鹿島雅美

221

近鉄関連の合併・廃止・譲渡された路線と車両たち

信貴山急行電鉄

【鋼索線】信貴山口～高安山間1.3km(⇒現存)
【鉄道線】高安山～信貴山門間2.1km(⇒廃止)

　昭和5年(1930)12月15日、鋼索線と山上の鉄道線(軌間1067㎜、車両5～7)を同時開業した。昭和12年(1937)9月に6号車が谷底転落廃車。昭和19年1月、鋼索線・鉄道線ともに運転休止(会社は近鉄に合併)。昭和32年(1957)3月、鋼索線を復活し、鉄道線は廃止となる。

　鉄道線の車両は5・7が南大阪線へ移ってモ5251・5252に改番、昭和21年(1946)に伊賀線へ転属した(伊賀線の項P.202参照)。

信貴生駒電鉄

【鉄道線】王寺～生駒間12.4km(⇒近鉄生駒線)
【鋼索線】信貴山下～信貴山間1.7km(⇒廃止)

　大正11年(1922)5月16日、王寺～山下間と鋼索線を開業。昭和2年(1927)4月1日、生駒まで全通。昭和36年(1961)大和鉄道を合併、昭和39年10月1日、合併で近鉄生駒線となる(東信貴鋼索線は利用減で昭和58年廃止)。

　信貴生駒電鉄時代の在籍車は、デハ100形3両、デハ1形4両、モ11(旧大軌モ52)、デハ51形2両。不足分は近鉄からモ200形を借り入れていた。

晩年は伊賀線で活躍してた元信貴山急行の5251・5252
　　　　　西名張　昭和36.5.26　写真：藤原 寛

信貴生駒電鉄のデハ51形52、現・阪急千里線が出自で、ボウ集電、バッファ連結器で、当時は休車　山下 昭和27.9.10　写真：鹿島雅美

■ 統廃合で消えた社・路線

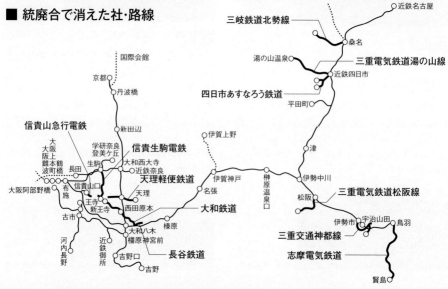

大和鉄道

田原本(旧)〜桜井間17.6km(廃止)
西田原本〜新王寺間10.1km(⇒近鉄田原本線)

　大正7年(1918)4月26日、田原本(旧)〜新王寺間開通。軌間1067㎜、蒸気運転。大正12年(1923)5月2日、田原本〜桜井町間が開通(昭和3年に桜井駅まで延長)。大正14年に大軌が大和鉄道を系列化、その名義で名張〜宇治山田間の免許を取得し、大軌系の参宮急行電鉄が桜井〜宇治山田間(現・大阪線)を建設した。

　昭和19年(1944)に田原本〜桜井間を運転休止(昭和33年廃止)。田原本〜新王寺間は昭和23年に改軌・電化。昭和36年(1961)の信貴生駒電鉄合併を経て昭和39年10月1日に近鉄田原本線となる。改軌前の大和鉄道にはタンク機6、ガソリン動車7、客車10両があった。

現在の西田原本駅、大和鉄道時代には中間駅だったが、部分廃止で終着駅として残る
平成28.3.27
写真:福田静二

長谷鉄道

桜井〜初瀬間5.6km(廃止)

　古刹の長谷寺詣で(初瀬詣で)のため初瀬軌道が明治42年(1909)12月に桜井〜初瀬間5.6kmを開業。軌間1067㎜、蒸気動車、2軸客車、蒸機、ガソリン動車を順次導入した。大正4年(1915)長谷鉄道に事業譲渡、昭和3年(1928)1月8日、合併で大軌長谷線となる。利用減で昭和13年(1938)2月1日に廃止。

天理軽便鉄道

新法隆寺〜平端間4.3km(廃止)
平端〜天理間4.5km(⇒近鉄天理線)

　天理軽便鉄道が天理教本部への短絡線として大正4年(1915)2月7日に新法隆寺〜天理間を開業。軌間762㎜、蒸気運転。大正10年(1921)1月、大軌に合併。平端〜天理間は改軌・電化して大軌天理線となる。残りは大軌⇒近鉄法隆寺線となったが、昭和20年(1945)2月に休止、昭和27年(1952)4月に廃止。車両は蒸機3、客車・貨車各10、ガソリン動車2両があった。

三重交通神都線

伊勢市駅前〜内宮前間6.7km(廃止)
本町〜古市口間1.3km(一方通行区間 廃止)
古市口〜二見間6.6km　　　(廃止)
中山〜二軒茶屋間0.6km　　(廃止)

　明治36年(1903)8月5日、宮川電気が本町〜二見間で電車営業を開始。明治37年2月に「伊勢電気鉄道」と改称(「伊勢電」とは別)、明治38〜大正3年(1905〜14)に計15.2kmの路線網が完成。昭和3年(1928)朝熊登山鉄道(鉄道線と鋼索線)を合併。数回の改称後、昭和14年(1939)に「神都交通」となる。

　昭和19年(1944)2月に統合で「三重交通」神都線となる(朝熊線は昭和19年1月に休止)。伊勢神宮参拝客、観光客に奉仕していたが、観光バスとマイカー増加により昭和36年(1961)1月に廃止。車両は昭和初期のボギー車6形式が名鉄岐阜市内線、豊橋鉄道市内線、山陽電軌、南海和歌山市内線の各社に譲渡された。

外宮前のモ541形541、廃止後は豊橋鉄道市内線に移り、モ600形となった　　昭和34　写真:奥井宗夫

志摩電気鉄道

鳥羽～賢島間24.5km（現・近鉄志摩線）

　昭和4年(1929)7月23日に志摩電気鉄道が鳥羽～賢島間を開業。軌間1067mm、750V、単線。13m級の電車6両を投入。昭和19年(1944)2月11日、戦時統合で三重交通志摩線となる。三重電気鉄道を経て昭和40年(1965)近鉄に合

志摩電の看板車両モ5961形5961、昭和33年製のカルダン車で、急行に使用された
　　　　　　白木～松尾　昭和44.5.4　写真：藤本哲男

始発の鳥羽駅でのモニ5920形5922、志摩電の創業時に新造された　　　　　　昭和44.7.3　写真：早川昭文

併。昭和45年3月に標準軌化と1500V化が完成し鳥羽線と接続。このときに13m級の車両と戦後製ロングシート車は全廃、残存の車両はモ5211⇒サ5941、モ5411⇒サ5945、ク3502⇒サ5931、モ5401⇒サ5961に改造、すべて養老線へ転属した（養老線の項P.211参照）。

三重電気鉄道松阪線

松阪～大石間20.2km（廃止）

　大正元年(1912)8月17日に松阪軽便軌道が松阪～大石間20.2kmを開業。蒸気運転、軌間762mm。大正2年8月に平生町～大口間2.8kmの大口支線が開通した。大正8年7月に「松阪鉄道」と改称、昭和2年(1927)11月の電化により

昭和3年1月に「松阪電気鉄道」と改称。
　統合により昭和19年(1944)2月に「三重交通松阪線」となる。戦後は利用減で昭和33年(1958)12月に大口線を廃止、昭和39年(1964)2月に「三重電気鉄道松阪線」となったが、同年12月14日に廃止。電機デ61は廃車、客車4両が三重線に転出、8両が廃車となった。

モ202＋サ422　松阪線の電化時に造られた。廃止後は内部・八王子線に転属　　　　　昭和39.7.15　写真：藤原 寛

凸型電機デ61が付随車を牽く列車も見られた
　　　　　　　松阪　昭和39.7.15　写真：藤原 寛

三重電気鉄道湯の山線

近鉄四日市〜湯の山温泉間15.4km（現存）

　大正2年（1913）に四日市鉄道が諏訪（現・近鉄四日市付近）〜湯ノ山間15.4kmを軌間762㎜・蒸気運転で開業。大正5年に関西本線・四日市駅まで1.3kmを延長、大正10年（1921）に直流600Vで電化した。昭和2年（1927）に四日市〜諏訪間を廃止。昭和6年3月に三重鉄道に合併、昭和19年（1944）2月、戦時統合で三重交通となる。内部・八王子・湯の山3線は「三重線」となり、湯の山〜内部間で直通運転を開始。
　昭和39年（1964）2月に三重電気鉄道湯の山線となり、1435㎜軌間に改軌した。昭和40年（1965）4月1日に合併で近鉄湯の山線となる。
　合併後は名古屋・上本町から「湯の山特急」が運行されたが、時代の変化で平成10年（1998）3月に廃止され、線内特急も平成16年（2004）3月に廃止された（平成21年〔2009〕から夏期のみ名古屋からの「湯の山温泉サマーライナー」を運転）。通常は通勤路線である。

近畿日本四日市駅で発車を待つ湯の山行き（当時駅名は湯ノ山）　モニ210形212　　昭和38　写真：丹羽 満

御在所岳を望んで交換する。三重電鉄時代に1435㎜に改軌された　　中菰野　昭和29.9.20　写真：高橋 弘

近鉄内部線・八王子線 ➡ 四日市あすなろう鉄道

近鉄四日市〜内部間5.7km（現存）
日永〜西日野間1.3km（現存）

　旧三重軌道⇒三重鉄道が大正元〜11年（1912〜22）に開業した内部線・八王子線は762㎜軌間。蒸気運転から戦中に電化した路線で、三重交通 ⇒ 三重電気鉄道を経て昭和40年（1965）に近鉄に合併した。戦後は多数の電動車・付随車を投入し、ナロー界の先端を進んでいた。しかし、昭和49年（1974）に水害で西日野〜伊勢八王子間1.6kmを廃止、マイカー攻勢で全線の利用減が進んだ。平成25年（2013）に近鉄と四日市市が公有民営化で合意、平成27年（2015）から「四日市あすなろう鉄道」による運行が開始された。

電機51号が付随車103＋311を牽く八王子線、この区間は昭和49年の水害により廃止となった
　　　　　西日野〜室山　昭和33.11.7　写真：高橋 弘

内部線終点の内部駅、車庫設備もあった。鈴鹿方面へ延長する計画もあった　　　　昭和51.9.19　写真：高橋 弘

| 近鉄北勢線 ➡ 三岐鉄道北勢線 |

西桑名〜阿下喜間20.4km（現存）

　北勢鉄道は大正3年（1914）4月5日に大山田（現・西桑名）〜楚原間14.5kmを762㎜軌間で開業し、昭和6年（1931）7月に六石〜阿下喜間が開通して全通、この日に電化も完成した。昭和9年（1934）6月に社名を「北勢電気鉄道」と改称、昭和19年2月に「三重交通」が発足、三重交通北勢線となる。戦後は利用増により電動車、付随車が多数投入された。

　昭和39年（1964）2月に「三重電気鉄道」となり、昭和40年4月1日に合併で「近鉄北勢線」となる。近鉄時代の昭和52年（1977）には新造車19両が投入された。しかし、利用減が続き、平成12年（2000）以降、近鉄と沿線自治体や県との間で協議が続いた。沿線市町の三岐鉄道への運行依頼を同社が了承し、平成15年（2003）4月1日から「三岐鉄道北勢線」として運行を開始、現在に至っている。

湯の山線から転属、3車体連接の200形
　　　　　　　昭和41.1.29　写真：高橋 弘

両運転台の電車が付随車を牽いていた時代、終点の阿下喜では機回しを行った　　昭和41.1.29　写真：高橋 弘

その後の200形、4両編成となり塗装が改められた。現在もリバイバルカラーになり健在だ　平成8　北大社　写真：丹羽 満

藤原岳を望んで北勢線の小さな列車が行く　　　　　　　　　　　　　　　　上笠田〜麻生田　昭和48.3.3　写真：高橋 弘

資料編 ①

現有車両 編成表 (平成28年7月7日現在)

特急型車両

← 大阪難波・大阪上本町・京都　　　近鉄名古屋・賢島 →

編成記号	編　成　車　番						検車区
12200系　74両							
N53			12253	12353			明星
N54			12254	12354			明星
N55			12255	12355			富吉
NS33	12233	12133	12033	12333			明星
NS34	12234	12134	12034	12334			明星
NS35	12235	12135	12035	12335			明星
NS36	12236	12136	12036	12336			明星
NS37	12237	12137	12037	12337			明星
NS38	12238	12138	12038	12338			明星
NS39	12239	12139	12039	12339			明星
NS40	12240	12140	12040	12340			明星
NS44	12244	12144	12044	12344			明星
NS45	12245	12145	12045	12345			明星
NS46	12246	12146	12046	12346			明星
NS47	12247	12147	12047	12347			明星
NS49	12249	12129	12029	12349			明星
NS50	12250	12130	12030	12350			富吉
NS51	12251	12131	12031	12351			富吉
NS52	12252	12152	12052	12352			富吉
NS56	12256	12156	12056	12356			富吉
30000系　60両　(ビスタEX)							
V01	30201	30101	30151	30251			西大寺
V02	30202	30102	30152	30252			西大寺
V03	30203	30103	30153	30253			西大寺
V04	30204	30104	30154	30254			西大寺
V05	30205	30105	30155	30255			西大寺
V06	30206	30106	30156	30256			西大寺
V07	30207	30107	30157	30257			西大寺
V08	30208	30108	30158	30258			西大寺
V09	30209	30109	30159	30259			西大寺
V10	30210	30110	30160	30260			西大寺
V11	30211	30111	30161	30261			西大寺
V12	30212	30112	30162	30262			西大寺
V13	30213	30113	30163	30263			西大寺
V14	30214	30114	30164	30264			西大寺
V15	30215	30115	30165	30265			西大寺
21000系　72両　(アーバンライナー plus)							
UB01			21701	21801			富吉
UB02			21702	21802			富吉
UB03			21703	21803			富吉
UL01	21101	21201	21301	21401	21501	21601	富吉
UL02	21102	21202	21302	21402	21502	21602	富吉
UL03	21103	21203	21303	21403	21503	21603	富吉
UL04	21104	21204	21304	21404	21504	21604	富吉
UL05	21105	21205	21305	21405	21505	21605	富吉
UL06	21106	21206	21306	21406	21506	21606	富吉
UL07	21107	21207	21307	21407	21507	21607	富吉
UL08	21108	21208	21308	21408	21508	21608	富吉
UL09	21109	21209	21309	21409	21509	21609	富吉
UL10	21110	21210	21310	21410	21510	21610	富吉
UL11	21111	21211	21311	21411	21511	21611	富吉
21020系　12両　(アーバンライナー next)							
UL21	21121	21221	21321	21421	21521	21621	富吉
UL22	21122	21222	21322	21422	21522	21622	富吉

編成記号	編　成　車　番						検車区
23000系　36両　(伊勢志摩ライナー)							
IL01	23101	23201	23301	23401	23501	23601	高安
IL02	23102	23202	23302	23402	23502	23602	高安
IL03	23103	23203	23303	23403	23503	23603	高安
IL04	23104	23204	23304	23404	23504	23604	高安
IL05	23105	23205	23305	23405	23505	23605	高安
IL06	23106	23206	23306	23406	23506	23606	高安
22600系　32両　(Ace)							
AF01	22601	22701	22801	22901	※		高安
AF02	22602	22702	22802	22902	※		高安
AT51	22651			22951	※		高安
AT52	22652			22952	※		高安
AT53	22653			22953			西大寺
AT54	22654			22954			西大寺
AT55	22655			22955			西大寺
AT56	22656			22956			明星
AT57	22657			22957			明星
AT58	22658			22958			明星
AT59	22659			22959			富吉
AT60	22660			22960			富吉
AT61	22661			22961			富吉
AT62	22662			22962			富吉

※阪神電鉄乗入れ対応

編成記号	編　成　車　番						検車区
50000系　15両　(しまかぜ)							
SV01	50101	50201	50301	50401	50501	50601	高安
SV02	50102	50202	50302	50402	50502	50602	高安
SV03	50103	50203	50303	50403	50503	50603	高安
20000系　4両　(「楽」団体専用車)							
PL01	20101	20201	20251	20151			高安
15200系・15400系　16両　(団体専用車)							
PN03	15203	15103					東花園
PN04	15204	15104					明星
PN05	15205	15155	15255	15105			東花園
PN06	15206	15156	15256	15106			明星
PN51	15401	15301		※			明星
PN52	15402	15302		※			明星

※「かぎろひ」クラブツーリズム専用列車

編成記号	編　成　車　番				検車区
12400系　12両					
NN01	12401	12551	12451	12501	明星
NN02	12402	12552	12452	12502	明星
NN03	12403	12553	12453	12503	明星
12410系　20両					
NN11	12411	12561	12461	12511	東花園
NN12	12412	12562	12462	12512	東花園
NN13	12413	12563	12463	12513	東花園
NN14	12414	12564	12464	12514	東花園
NN15	12415	12565	12465	12515	富吉
12600系　8両					
NN51	12601	12751	12651	12701	富吉
NN52	12602	12752	12652	12702	富吉
22000系　86両　(ACE)					
AL01	22101	22201	22301	22401	東花園
AL02	22102	22202	22302	22402	東花園
AS03	22103			22403	明星
AS04	22104			22404	明星
AL05	22105	22205	22305	22405	明星
AL06	22106	22206	22306	22406	東花園

編成記号	編成車番				検車区
AL07	22107	22207	22307	22407	明星
AS08		22108	22208	22408	明星
AS09		22109	22209	22409	富吉
AL10	22110	22210	22310	22410	西大寺
AL11	22111	22211	22311	22411	明星
AL12	22112	22212	22312	22412	西大寺
AS13			22113	22413	富吉
AL14	22114	22214	22314	22414	西大寺
AL15	22115	22215	22315	22415	明星
AL16	22116	22216	22316	22416	西大寺
AL17	22117	22217	22317	22417	明星
AL18	22118	22218	22318	22418	西大寺
AL19	22119	22219	22319	22419	明星
AL20	22120	22220	22320	22420	明星
AS21			22121	22421	富吉
AS22			22122	22422	西大寺
AS23			22123	22423	富吉
AS24			22124	22424	西大寺
AS25			22125	22425	富吉
AS26			22126	22426	西大寺
AS27			22127	22427	富吉
AS28			22128	22428	西大寺

編成記号	編成車番			検車区
16000・16010系　10両				
Y07		16007	16107	古市
Y08		16008	16151	古市
Y51		16051	16108	古市
Y09		16009	16109	古市
Y11		16011	16111	古市
16400系　4両				
YS01		16501	16401	古市
YS02		16502	16402	古市
16600系　4両				
YT01		16701	16601	古市
YT02		16702	16602	古市
26000系　8両　(さくらライナー)				
SL01	26401	26301	26201	26101	古市
SL02	26402	26302	26202	26102	古市
16200系　3両　(青の交響曲)				
SY01		16301	16251	16201	古市

一般型車両

■大阪・名古屋・山田線系統
← 大阪上本町・近鉄名古屋　　　　伊勢中川・賢島 →

編成記号	編成車番			検車区
2000系　36両				
XT01	2101	2001	2002	富吉
XT02	2102	2003	2004	富吉
XT03	2103	2005	2006	富吉
XT04	2104	2007	2008	富吉
XT05	2105	2009	2010	富吉
XT06	2106	2011	2012	富吉
XT07	2107	2013	2014	明星
XT08	2108	2015	2016	富吉
XT09	2109	2017	2018	富吉
XT10	2110	2019	2020	富吉
XT11	2111	2021	2022	富吉
XT12	2112	2023	2024	富吉

編成記号	編成車番			検車区
2680系　3両				
X82	2782	2683	2684	高安
2050系　6両				
RC51	2151	2051	2052	明星
RC52	2152	2053	2054	明星
1000系・1010系　27両				
T04	1104	1054	1004	明星
T05	1105	1055	1005	明星
T06	1106	1056	1006	明星
T07	1107	1057	1007	明星
T08	1108	1058	1008	明星
T11	1111	1061	1011	明星
T13	1113	1063	1013	明星
T15	1115	1065	1015	明星
T16	1116	1066	1016	明星
2410系・2430系　44両				
W10		2510	2410	高安
W12		2512	2412	高安
W13		2513	2413	高安
W14		2514	2414	高安
W15		2515	2415	高安
W16		2516	2416	高安
W17		2517	2417	高安
W18		2518	2418	高安
W19		2519	2419	高安
W20		2520	2420	高安
W21		2521	2421	高安
W22		2522	2422	高安
W23		2523	2423	高安
W24		2524	2424	高安
W25		2525	2425	高安
W26		2526	2426	高安
W27		2527	2427	高安
W28		2528	2428	高安
W37		2537	2431	高安
W38		2538	2432	高安
W41		2541	2441	高安
W42		2542	2442	高安
2410・2430系　24両				
AG29	2529	2457	2557	2429	高安
AG30	2530	2458	2558	2430	高安
AG31	2531	2451	2551	2437	高安
AG32	2532	2452	2552	2438	高安
AG33	2533	2453	1977	2433	高安
AG43	2543	2463	1976	2443	高安
2430系・2444系　27両				
G34	2534	2454	2434	富吉
G35	2535	2455	2435	富吉
G36	2536	2456	2436	富吉
G39	2539	2459	2439	富吉
G40	2540	2460	2440	富吉
G44	2544	2464	2444	富吉
G45	2545	2465	2445	富吉
G46	2546	2466	2446	富吉
G47	2547	2467	2447	富吉
1420・1422系　14両				
VW21		1521	1421	高安
VW22		1522	1422	高安

編成記号	編成車番	検車区
VW23	1523　1423	高安
VW24	1524　1424	高安
VW25	1525　1425	高安
VW26	1526　1426	高安
VW27	1527　1427	高安

編成記号	編成車番	検車区
1430・1435・1436・1437・1440系　30両		
VW31	1531　1431	高安
VW32	1532　1432	高安
VW33	1533　1433	富吉
VW34	1534　1434	富吉
VW35	1535　1435	高安
VW36	1536　1436	高安
VW37	1537　1437	明星
VW38	1538　1438	明星
VW39	1539　1439	高安
VW40	1540　1440	明星
VW41	1541　1441	高安
VW42	1542　1442	高安
VW43	1543　1443	高安
VW44	1544　1444	高安
VW45	1545　1445	高安

編成記号	編成車番	検車区
1220・1230・1240・1233・1253・1259系　46両		
VC21	1321　1221	高安
VC22	1322　1222	高安
VC23	1323　1223	高安
VC31	1331　1231	明星
VC32	1332　1232	明星
VC40	1340　1240	明星
VC42	1342　1242	富吉
VC43	1343　1243	富吉
VC47	1347　1247	富吉
VC48	1348　1248	富吉
VC53	1353　1253	高安
VC54	1354　1254	高安
VC55	1355　1255	高安
VC56	1356　1256	高安
VC57	1357　1257	高安
VC59	1359　1259	明星
VC60	1360　1260	富吉
VC61	1361　1261	高安
VC65	1365　1265	明星
VC66	1366　1266	明星
VC67	1367　1267	明星
VC68	1368　1268	明星
VC69	1369　1269	明星

編成記号	編成車番	検車区
9000系　16両		
FW01	9101　9001	明星
FW02	9102　9002	明星
FW03	9103　9003	富吉
FW04	9104　9004	富吉
FW05	9105　9005	明星
FW06	9106　9006	富吉
FW07	9107　9007	明星
FW08	9108　9008	明星

編成記号	編成車番	検車区
1201系　20両		
RC01	1301　1201	明星
RC02	1302　1202	明星
RC03	1303　1203	明星
RC04	1304　1204	明星
RC05	1305　1205	明星

編成記号	編成車番	検車区
RC06	1306　1206	明星
RC07	1307　1207	明星
RC08	1308　1208	明星
RC09	1309　1209	明星
RC10	1310　1210	明星

編成記号	編成車番	検車区
1810系　4両		
H26	1926　1826	富吉
H27	1927　1827	富吉

編成記号	編成車番	検車区
電動貨車　6両		
MF97	97　98	高安
MF96	94　96	富吉
MF24	25　24	明星

編成記号	編成車番	検車区
2800系　59両		
AX01	2901　2851　2801	明星
AX02	2902　2852　2802	明星
AX03	2903　2853　2803	明星
AX04	2904　2854　2804	明星
AX05	2905　2855　2955　2805	高安
AX06	2906　2856　2956　2806	高安
AX07	2907　2857　2957　2807	高安
AX08	2908　2858　2958　2808	高安
AX09	2909　2859　2809	明星
AX10	2910　2860　2960　2810	高安
AX11	2911　2861　2961　2811	富吉
AX12	2912　2812	富吉
AX13	2913　2863　2963　2813	富吉
AX14	2914　2814	富吉
AX15	2915　2865　2965　2815	富吉
AX16	2916　2866　2966　2816	高安
AX17	2917　2867　2967　2817	明星

編成記号	編成車番	検車区
2610系　68両		
X11	2711　2661　2761　2611	明星
X12	2712　2662　2762　2612	明星
X13	2713　2663　2763　2613	明星
X14	2714　2664　2764　2614	明星
X15	2715　2665　2765　2615	明星
X16	2716　2666　2766　2616	明星
X17	2717　2667　2767　2617	明星
X18	2718　2668　2768　2618	明星
X19	2719　2669　2769　2619	明星
X20	2720　2670　2770　2620	明星
X21	2721　2671　2771　2621	富吉
X22	2722　2672　2772　2622	明星
X23	2723　2673　2773　2623	明星
X24	2724　2674　2774　2624	明星
X25	2725　2675　2775　2625	明星
X26	2726　2676　2776　2626	富吉
X27	2727　2677　2777　2627	富吉

編成記号	編成車番	検車区
1400・1200・2430系　24両		
FC01	1501　1401　1402　1502	高安
FC03	1503　1403　1404　1504	高安
FC05	1505　1405　1406　1506	高安
FC07	1507　1407　1408　1508	明星
FC92	2592　2461　1381　1211	富吉
FC93	2593　2462　1382　1212	富吉

編成記号	編成車番	検車区
8810系　4両		
FC11	8911　8811　8812　8912	高安

編成記号	編成車番				検車区
	9200系 12両				
FC51	9301	9311	9201	9202	高安
FC52	9302	9312	9203	9204	高安
FC53	9303	9313	9205	9206	高安
	5200・5209・5211系 52両				
VX01	5101	5201	5251	5151	明星
VX02	5102	5202	5252	5152	富吉
VX03	5103	5203	5253	5153	富吉
VX04	5104	5204	5254	5154	明星
VX05	5105	5205	5255	5155	明星
VX06	5106	5206	5256	5156	明星
VX07	5107	5207	5257	5157	富吉
VX08	5108	5208	5258	5158	富吉
VX09	5109	5209	5259	5159	富吉
VX10	5110	5210	5260	5160	富吉
VX11	5111	5211	5261	5161	富吉
VX12	5112	5212	5262	5162	富吉
VX13	5113	5213	5263	5163	富吉
	1620系 26両				
VG21	1721	1671	1771	1621	高安
VG22	1722	1672	1772	1622	高安
VG23	1723	1673	1773	1623	高安
VG24	1724	1674	1774	1624	高安
VG25	1725	1675	1775	1625	高安
VF41	1741	1651	1751	1691	1791	1641	高安
	5800系 16両				
DF11	5311	5411	5511	5611	5711	5811	高安
DG12	5312			5612	5712	5812	富吉
DF13	5313	5413	5513	5613	5713	5813	高安
	5820系 12両				
DF51	5351	5451	5551	5651	5851	5751	高安
DF52	5352	5452	5552	5652	5852	5752	高安
	9020系 2両				
EW51		9151	9051		高安

■奈良・京都線系統

← 大阪難波・京都　　　　　　　橿原神宮前・天理・奈良 →

編成記号	編成車番			検車区
	1233・1249・1252系 54両			
VE33		1233	1333	東花園
VE34		1234	1334	東花園
VE35		1235	1335	東花園
VE36		1236	1336	東花園
VE37		1237	1337	東花園
VE38		1238	1338	西大寺
VE39		1239	1339	西大寺
VE41		1241	1341	西大寺
VE44		1244	1344	西大寺
VE45		1245	1345	西大寺
VE46		1246	1346	西大寺
VE49		1249	1349	西大寺
VE50		1250	1350	西大寺
VE51		1251	1351	西大寺
VE52		1252	1352	西大寺
VE58		1258	1358	西大寺
VE62		1262	1362	西大寺
VE63		1263	1363	西大寺
VE64		1264	1364	西大寺
VE70		1270	1370	西大寺
VE71		1271	1371	東花園
VE72		1272	1372	東花園
VE73		1273	1373	東花園
VE74		1274	1374	東花園
VE75		1275	1375	東花園
VE76		1276	1376	東花園
VE77		1277	1377	東花園
	9020系 38両			
EE21		9021	9121	東花園
EE22		9022	9122	東花園
EE23		9023	9123	東花園
EE24		9024	9124	東花園
EE25		9025	9125	東花園
EE26		9026	9126	東花園
EE27		9027	9127	東花園
EE28		9028	9128	東花園
EE29		9029	9129	東花園
EE30		9030	9130	東花園
EE31		9031	9131	東花園
EE32		9032	9132	東花園
EE33		9033	9133	東花園
EE34		9034	9134	東花園
EE35		9035	9135	東花園
EE36		9036	9136	東花園
EE37		9037	9137	東花園
EE38		9038	9138	東花園
EE39		9039	9139	東花園
	8400系 21両			
B09	8409	8459	8309	西大寺
B11	8411	8461	8311	西大寺
B12	8412	8462	8312	西大寺
B13	8413	8463	8313	西大寺
B14	8414	8464	8314	西大寺
B15	8415	8465	8315	西大寺
B16	8416	8466	8316	西大寺
	8000系 6両			
B78	8078	8278	8578	東花園
B79	8079	8279	8579	東花園
	電動貨車 2両			
MF78		78	77	西大寺
	8400系 24両			
L02	8352	8402	8452	8302	東花園
L03	8353	8403	8453	8303	東花園
L04	8354	8404	8454	8304	東花園
L06	8356	8406	8456	8306	東花園
L07	8357	8407	8457	8307	東花園
L08	8358	8408	8458	8308	東花園
	8000系 28両			
L81	8721	8081	8221	8581	東花園
L83	8723	8083	8223	8583	東花園
L84	8724	8084	8224	8584	東花園
L86	8726	8086	8226	8586	東花園
L88	8728	8088	8228	8588	東花園
L89	8729	8089	8229	8589	東花園
L90	8730	8090	8230	8590	東花園
	8600系 86両			
X51	8151	8601	8651	8101	東花園
X52	8152	8602	8652	8102	東花園

編成記号	編成車番					検車区
X53	8153	8603	8653	8103		東花園
X54	8604	8154	8654	8104		東花園
X55	8605	8155	8655	8105		東花園
X56	8606	8156	8656	8106		東花園
X57	8607	8157	8657	8107		東花園
X58	8608	8158	8658	8108		東花園
X59	8609	8159	8659	8109		東花園
X60	8610	8160	8660	8110		東花園
X61	8611	8161	8661	8111		東花園
X62	8162	8612	8662	8112		東花園
X63	8613	8163	8663	8113		東花園
X64	8614	8164	8664	8114		東花園
X65	8615	8165	8665	8115		東花園
X66	8616	8166	8666	8116		東花園
X67	8617	8177	8667	8117		東花園
X68	8618	8168	8668	8118		東花園
X69	8619	8169	8670	8170	8669	8119	西大寺
X71	8621	8171	8671	8121		東花園
X72	8622	8172	8672	8122		東花園
8800系　8両						
FL02	8902	8802	8801	8901		東花園
FL04	8904	8804	8803	8903		東花園
8810系　28両						
FL14	8914	8814	8813	8913		東花園
FL16	8916	8816	8815	8915		東花園
FL18	8918	8818	8817	8917		東花園
FL20	8920	8820	8819	8919		東花園
FL22	8922	8822	8821	8921		東花園
FL24	8924	8824	8823	8923		東花園
FL26	8926	8826	8825	8925		東花園
9200系　4両						
FL54	9208	9207	9314	9304		東花園
1021・1026・1031系　40両						
VL21	1021	1171	1071	1121		西大寺
VL22	1022	1172	1072	1122		西大寺
VL23	1023	1173	1073	1123		西大寺
VL24	1024	1174	1074	1124		西大寺
VL25	1025	1175	1075	1125		西大寺
VL31	1031	1181	1081	1131		西大寺
VL32	1032	1182	1082	1132		西大寺
VL33	1033	1183	1083	1133		西大寺
VL34	1034	1184	1084	1134		西大寺
VL35	1035	1185	1085	1135		西大寺
1026系　24両						
VH26	1026	1176	1076	1196	1096	1126	西大寺
VH27	1027	1177	1077	1197	1097	1127	西大寺
VH28	1028	1178	1078	1198	1098	1128	西大寺
VH29	1029	1179	1079	1199	1099	1129	西大寺
5800系　30両						
DH01	5801	5701	5601	5501	5401	5301	西大寺
DH02	5802	5702	5602	5502	5402	5302	西大寺
DH03	5803	5703	5603	5503	5403	5303	西大寺
DH04	5804	5704	5604	5504	5404	5304	西大寺
DH05	5805	5705	5605	5505	5405	5305	西大寺
5820系　30両						
DH21	5721	5821	5621	5521	5421	5321	西大寺
DH22	5722	5822	5622	5522	5422	5322	西大寺

編成記号	編成車番					検車区
DH23	5723	5823	5623	5523	5423	5323	西大寺
DH24	5724	5824	5624	5524	5424	5324	西大寺
DH25	5725	5825	5625	5525	5425	5325	西大寺
9820系　60両						
EH21	9721	9821	9621	9521	9421	9321	西大寺
EH22	9722	9822	9622	9522	9422	9322	西大寺
EH23	9723	9823	9623	9523	9423	9323	西大寺
EH24	9724	9824	9624	9524	9424	9324	西大寺
EH25	9725	9825	9625	9525	9425	9325	西大寺
EH26	9726	9826	9626	9526	9426	9326	西大寺
EH27	9727	9827	9627	9527	9427	9327	西大寺
EH28	9728	9828	9628	9528	9428	9328	西大寺
EH29	9729	9829	9629	9529	9429	9329	西大寺
EH30	9730	9830	9630	9530	9430	9330	西大寺
3200系　42両						
KL01	3701	3801	3301	3401	3201	3101	西大寺
KL02	3702	3802	3302	3402	3202	3102	西大寺
KL03	3703	3803	3303	3403	3203	3103	西大寺
KL04	3704	3804	3304	3404	3204	3104	西大寺
KL05	3705	3805	3305	3405	3205	3105	西大寺
KL06	3706	3806	3306	3406	3206	3106	西大寺
KL07	3707	3807	3307	3407	3207	3107	西大寺
3220系　18両						
KL21	3721	3821	3621	3521	3221	3121	西大寺
KL22	3722	3822	3622	3522	3222	3122	西大寺
KL23	3723	3823	3623	3523	3223	3123	西大寺
7000系　54両						
HL01	7101	7201	7301	7401	7501	7601	東花園
HL02	7102	7202	7302	7402	7502	7602	東花園
HL03	7103	7203	7303	7403	7503	7603	東花園
HL04	7104	7204	7304	7404	7504	7604	東花園
HL05	7105	7205	7305	7405	7505	7605	東花園
HL06	7106	7206	7306	7406	7506	7606	東花園
HL07	7107	7207	7307	7407	7507	7607	東花園
HL08	7108	7208	7308	7408	7508	7608	東花園
HL10	7110	7210	7310	7410	7510	7610	東花園
7020系　24両						
HL21	7121	7221	7321	7421	7521	7621	東花園
HL22	7122	7222	7322	7422	7522	7622	東花園
HL23	7123	7223	7323	7423	7523	7623	東花園
HL24	7124	7224	7324	7424	7524	7624	東花園

■南大阪線系統

← 大阪阿部野橋　　　　　　　　　　　　　吉野 →

編成記号	編成車番					検車区
6600系　8両						
FT01	6701	6601				古市
FT02	6702	6602				古市
FT03	6703	6603				古市
FT04	6704	6604				古市
6400・6407・6413・6419・6422・6432系　66両						
MI01	6501	6401				古市
MI02	6502	6402				古市
MI03	6503	6403				古市
MI04	6504	6404				古市
MI05	6505	6405				古市
MI06	6506	6406				古市
MI07	6507	6407				古市
MI08	6508	6408				古市

編成記号	編成車番	検車区
MI09	6509　6409	古市
MI10	6510　6410	古市
MI11	6511	古市
MI12	6512　6412	古市
MI13	6513　6413	古市
MI14	6514　6414	古市
MI15	6515　6415	古市
MI16	6516　6416	古市
MI17	6517　6417	古市
MI18	6518　6418	古市
MI19	6519　6419	古市
MI20	6520　6420	古市
MI21	6521　6421	古市
MI22	6522　6422	古市
MI23	6523　6423	古市
MI24	6524　6424	古市
MI25	6525　6425	古市
MI26	6526　6426	古市
MI27	6527　6427	古市
MI28	6528　6428	古市
MI29	6529　6429	古市
MI30	6530　6430	古市
MI31	6531　6431	古市
MI32	6532　6432	古市
MI33	6533　6433	古市

編成記号	編成車番	検車区
6820系　4両		
AY21	6921　6821	古市
AY22	6922　6822	古市

編成記号	編成車番	検車区
6020系　86両		
C23	6122　6024　6023	古市
C25	6123　6026　6025	古市
C29	6125　6163　6030　6029	古市
C31	6126　6032　6031	古市
C33	6127　6034　6033	古市
C35	6128　6036　6035	古市
C39	6130　6166　6040　6039	古市
C41	6131　6042　6041	古市
C43	6132　6167　6044　6043	古市
C45	6133　6168　6046　6045	古市
C47	6134　6169　6047	古市
C49	6135　6170　6050　6049	古市
C51	6136　6171　6052　6051	古市
C53	6137　6054　6053	古市
C55	6138　6056　6055	古市
C57	6139　6058　6057	古市
C59	6140　6060　6059	古市
C61	6141　6062　6061	古市
C63	6142　6064　6063	古市
C65	6143　6066　6065	古市
C67	6144　6068　6067	古市
C69	6145　6172　6070　6069	古市
C71	6146　6072　6071	古市
C73	6147　6074　6073	古市

編成記号	編成車番	検車区
C75	6148　6076　6075	古市
C77	6149　6078　6077	古市
6200系　35両		
U01	6301　6351　6202　6201	古市
U03	6302　6352　6204　6203	古市
U05	6303　6206　6205	古市
U07	6304　6208　6207	古市
U09	6305　6210　6209	古市
U11	6306　6212　6211	古市
U13	6307　6353　6214　6213	古市
U15	6308　6354　6216　6215	古市
U17	6309　6355　6218　6217	古市
U19	6310　6220　6219	古市
6620系　28両		
MT21	6721　6671　6771　6621	古市
MT22	6722　6672　6772　6622	古市
MT23	6723　6673　6773　6623	古市
MT24	6724　6674　6774　6624	古市
MT25	6725　6675　6775　6625	古市
MT26	6726　6676　6776　6626	古市
MT27	6727　6677　6777　6627	古市
100系　10両（伊賀鉄道）		
SE51	101　201	上野市
SE52	102　202	上野市
SE53	103　203	上野市
SE54	104　204	上野市
SE55	105　205	上野市
600系　12両（養老鉄道）		
D01	601　551　501	大垣
D02	602　552　502	大垣
D04	604　504	大垣
D06	606　506	大垣
610系　9両（養老鉄道）		
D11	611　571　511	大垣
D12	612　512	大垣
D13	613　513	大垣
D14	614　514	大垣
620系　12両（養老鉄道）		
D21	521　561　621	大垣
D23	523　563　623	大垣
D24	524　564　624	大垣
D25	525　565　625	大垣
四日市あすなろう鉄道　15両		
U61	161　181　261	内部
U62	162　182　262	内部
U63	163　121　263	内部
U64	114　122　264	内部
U65	115　124　265	内部

■生駒鋼索線　6両
宝山寺1号線　コ11形　11「ブル」・12「ミケ」
宝山寺2号線　コ3形　3「すずらん」・4「白樺」
山　上　線　コ15形　15「ドレミ」・16「スイート」

■西信貴鋼索線　4両
コ7形　7「ずいうん」・8「しょうりん」
コニ7形　7・8（貨車）

■葛城山索道線
1「はるかぜ」・2「すずかぜ」

注：一般型車両は路線系統別に配列しているため、同系列車両を分割して構成してある。

資料編②

形式別車庫別　現有車両一覧　（平成28年7月7日現在）

■特急型車両

形式		車種	東花園	西大寺	高安	明星	富吉	古市	計
大阪・名古屋・奈良・京都線系統（標準軌）									
50000系	ク50100	Tc			3				3
	モ50200	M			3				3
	モ50300	M			3				3
	サ50400	T			3				3
	モ50500	M			3				3
	ク50600	Tc			3				3
					18				18
23000系	ク23100	Tc			6				6
	モ23200	M			6				6
	モ23300	M			6				6
	モ23400	T			6				6
	モ23500	M			6				6
	ク23600	Tc			6				6
					36				36
22600系	モ22600	Mc		3	4	3	4		14
	モ22800	M			2				2
	ク22900	Tc		3	4	3	4		14
	サ22700	T			2				2
				6	12	6	8		32
22000系	モ22100	Mc	3	9		10	6		28
	モ22300	M	3	5		7			15
	モ22300	M	3	5		7			15
	モ22400	Mc	3	9		10	6		28
			12	28		34	12		86
21000系	モ21000	Mc				11			11
	モ21200	M				11			11
	モ21304	M				11			11
	モ21404	M				11			11
	モ21500	M				11			11
	モ21600	Mc				11			11
	モ21700	Mc				3			3
	モ21800	Mc				3			3
						72			72
21020系	ク21120	Tc				2			2
	モ21220	M				2			2
	モ21320	M				2			2
	サ21420	T				2			2
	モ21520	M				2			2
	ク21620	Tc				2			2
						12			12
30000系	モ30200	Mc	15						15
	モ30250	Mc	15						15
	サ30100	T	15						15
	サ30150	T	15						15
			60						60
12600系	モ12600	Mc					2		2
	モ12650	M					2		2
	ク12700	Tc					2		2
	サ12750	T					2		2
							8		8

形式		車種	東花園	西大寺	高安	明星	富吉	古市	計
12410系	モ12410	Mc	4				1		5
	モ12460	M	4				1		5
	ク12510	Tc	4				1		5
	サ12560	T	4				1		5
			16				4		20
12400系	モ12400	Mc				3			3
	モ12450	M				3			3
	ク12500	Tc				3			3
	サ12550	T				3			3
						12			12
12200系	モ12200	Mc				15	5		20
	モ12020	M				13	4		17
	ク12300	Tc				15	5		20
	サ12120	T				13	4		17
						56	18		74
南大阪・吉野線系統（狭軌）									
26000系	モ26100	Mc						2	2
	モ26200	M						2	2
	モ26300	M						2	2
	モ26400	Mc						2	2
								8	8
16000系	モ16000	Mc						3	3
	モ16050	M						1	1
	ク16100	Tc						3	3
	サ16150	T						1	1
								8	8
16010系	モ16010	Mc						1	1
	ク16010	Tc						1	1
								2	2
16400系	モ16400	Mc						2	2
	ク16500	Tc						2	2
								4	4
16600系	モ16600	Mc						2	2
	ク16700	Tc						2	2
								4	4
16200系	モ16201	Mc						1	1
	モ16251	M						1	1
	ク16301	Tc						1	1
								3	3
団体専用車（標準軌）									
20000系	モ20200	Mc			1				1
	モ20250	Mc			1				1
	ク20100	Tc			1				1
	ク20150	Tc			1				1
					4				4
15400系	モ15400	Mc				2			2
	ク15300	Tc				2			2
						4			4
15200系	モ15400	Mc	2			2			4
	モ15250	M	1			1			2
	ク15100	Tc	2			2			4
	サ15150	T	1			1			2
			6			6			12
合計			34	94	70	118	134	29	479

■一般型車両

大阪線・名古屋・山田線系統（標準軌）

形式		車種	高安	明星	富吉	計
9020系	モ9020	Mc	1			1
	ク9150	Tc	1			1
			2			2
9000系	モ9000	Mc		5	3	8
	ク9100	Tc		5	3	8
				10	6	16
9200系	モ9200	Mc	3			3
	モ9200	M	3			3
	ク9300	Tc	3			3
	サ9310	T	3			3
			12			12
5820系	モ5420	M	2			2
	モ5620	M	2			2
	モ5820	M	2			2
	ク5350	Tc	2			2
	ク5750	Tc	2			2
	サ5550	T	2			2
			12			12
5800系	モ5800	Mc	2		1	3
	モ5600	M	2		1	3
	モ5400	M	2			2
	ク5300	Tc	2		1	3
	サ5500	T	2			2
	サ5710	T	2		1	3
			12		4	16
5211系	モ5211	M			3	3
	モ5261	M			3	3
	ク5111	Tc			3	3
	ク5161	Tc			3	3
					12	12
5209系	モ5209	M			2	2
	モ5259	M			2	2
	ク5109	Tc			2	2
	ク5159	Tc			2	2
					8	8
5200系	モ5200	M		4	4	8
	モ5250	M		4	4	8
	ク5100	Tc		4	4	8
	ク5150	Tc		4	4	8
				16	16	32
2800系	モ2800	Mc	6	6	5	17
	モ2850	M	6	6	3	15
	ク2900	Tc	6	6	5	17
	サ2950	T	6	1	3	10
			24	19	16	59
2610系	モ2610	Mc		14	3	17
	モ2660	M		14	3	17
	ク2710	Tc		14	3	17
	サ2760	T		14	3	17
				56	12	68
2410系	モ2410	Mc	20			20
2430系	モ2430	Mc	12		3	15
	モ2450	M	10		5	15
	ク2510	Tc	20			20
	ク2530	Tc	12		3	15
	ク2590	Tc			2	2
	サ2550	T	4			4

形式		車種	高安	明星	富吉	計
			78		13	91
2444系	モ2444	Mc			2	2
	モ2464	M			2	2
	ク2544	Tc			2	2
					6	6
1970系	サ1970	T	2			2
			2			2
2050系	モ2050	Mc		2		2
	モ2050	M		2		2
	ク2150	Tc		2		2
				6		6
8810系	モ8810	M	2			2
	ク8910	Tc	2			2
			4			4
1400系	モ1400	M	6	2		8
	ク1500	Tc	6	2		8
			12	4		16
1440系	モ1440	M		3		3
	ク1540	Tc		3		3
				6		6
1437系	モ1437	Mc	6			6
	ク1537	Tc	6			6
			12			12
1436系	モ1436	Mc	1			1
	ク1536	Tc	1			1
			2			2
1435系	モ1435	Mc	1			1
	ク1535	Tc	1			1
			2			2
1430系	モ1430	Mc	2		2	4
	ク1530	Tc	2		2	4
			4		4	8
1422系	モ1422	Mc	6			6
	ク1522	Tc	6			6
			12			12
1420系	モ1420	Mc	1			1
	ク1520	Tc	1			1
			2			2
1259系	モ1259	Mc		6		6
	ク1359	Tc		6		6
				12		12
1254系	モ1254	Mc	1			1
	ク1354	Tc	1			1
			2			2
1253系	モ1253	Mc	5		1	6
	ク1353	Tc	5		1	6
			10		2	12
1240系	モ1240	Mc		1		1
	ク1340	Tc		1		1
				2		2
1233系	モ1233	Mc			4	4
	ク1333	Tc			4	4
					8	8
1230系	モ1230	Mc	2			2
	ク1330	Tc	2			2
			4			4
1220系	モ1220	Mc	3			3
	ク1320	Tc	3			3
			6			6

形式	車種	高安	明星	富吉	計
1200系	モ1200	Mc		2	2
	サ1380	T		2	2
				4	4
1201系	モ1201	Mc	10		10
	ク1301	Tc	10		10
			20		20
2000系	モ2000	Mc	1	11	12
	モ2000	M	1	11	12
	ク2100	Tc	1	11	12
			3	33	36
1810系	モ1810	Mc		2	2
	ク1910	Tc		2	2
				4	4
1620系	モ1620	Mc	6		6
	モ1650	M	1		1
	モ1670	M	6		6
	ク1720	Tc	6		6
	サ1750	T	1		1
	サ1770	T	6		6
			26		26
1010系	モ1010	Mc		4	4
	モ1060	M		4	4
	ク1110	Tc		4	4
				12	12
1000系	モ1000	Mc		5	5
	モ1050	M		5	5
	ク1100	Tc		5	5
				15	15
鮮魚専用車	モ2680	Mc	1		1
	モ2680	M	1		1
	ク2780	Tc	1		1
			3		3
合計			239	185	148	572

形式	車種	西大寺	東花園	計
奈良線・京都線系統（標準軌）				
5820系	モ5420	M	5		5
	モ5620	M	5		5
	モ5820	M	5		5
	ク5320	Tc	5		5
	ク5720	Tc	5		5
	サ5520	T	5		5
			30		30
5800系	モ5800	Mc	5		5
	モ5600	M	5		5
	モ5400	M	5		5
	ク5300	Tc	5		5
	サ5500	T	5		5
	サ5710	T	5		5
			30		30
1031系	モ1031	Mc	4		4
	モ1081	M	4		4
	ク1131	Tc	4		4
	サ1181	T	4		4
			16		16
1026系	モ1026	Mc	5		5
	モ1076	M	5		5
	モ1096	M	4		4
	ク1126	Tc	5		5
	サ1176	T	5		5
	サ1196	T	4		4
			28		28
1021系	モ1021系	Mc	5		5
	モ1071	M	5		5
	ク1121	Tc	5		5
	サ1171	T	5		5
			20		20
1252系	モ1252	Mc	6	7	13
	ク1352	Tc	6	7	13
			12	14	26
1249系	モ1249	Mc	3		3
	ク1349	Tc	3		3
			6		6
1233系	モ1233	Mc	6	5	11
	ク1333	Tc	6	5	11
			12	10	22
9820系	モ9420	M	10		10
	モ9620	M	10		10
	モ9820	M	10		10
	ク9320	Tc	10		10
	ク9720	Tc	10		10
	サ9520	T	10		10
			60		60
9200系	モ9200	Mc		1	1
	モ9200	M		1	1
	ク9300	Tc		1	1
	サ9310	T		1	1
				4	4
9020系	モ9020	Mc		19	19
	ク9120	Tc		19	19
				38	38
8810系	モ8810	M		14	14
	ク8910	Tc		14	14
				28	28

形式	車種	高安	富吉	明星	西大寺	計
電動貨車						
モワ20	Mc			2		2
モト75	Mc				2	2
モト90	Mc	2	2			4
合計		2	2	2	2	8

形式		車種	西大寺	東花園	計
8800系	モ8800	M		4	4
	ク8900	Tc		4	4
				8	8
8600系	モ8600	Mc	1	16	17
	モ8600	M		4	4
	モ8650	M	2	20	22
	ク8100	Tc	1	20	21
	ク8150	Tc		4	4
	サ8150	T	2	16	18
			6	80	86
8400系	モ8400	Mc	7		7
	モ8400	M		6	6
	モ8450	M	7	6	13
	ク8300	Tc	7	6	13
	ク8350	Tc		6	6
			21	24	45
8000系	モ8000	Mc		2	2
	モ8000	M		7	7
	モ8210	M		7	7
	モ8250	M		2	2
	ク8500	Tc		9	9
	ク8710	Tc		7	7
				34	34
3220系	モ3220	M	3		3
	モ3620	M	3		3
	モ3820	M	3		3
	ク3120	Tc	3		3
	ク3720	Tc	3		3
	サ3520	T	3		3
			18		18
3200系	モ3200	M	7		7
	モ3400	M	7		7
	モ3800	M	7		7
	ク3100	Tc	7		7
	ク3700	Tc	7		7
	サ3300	T	7		7
			42		42
7000系 けいはんな線	モ7200	M		9	9
	モ7400	M		9	9
	モ7500	M		9	9
	ク7100	Tc		9	9
	ク7600	Tc		9	9
	サ7300	T		9	9
				54	54
7020系 けいはんな線	モ7220	M		4	4
	モ7420	M		4	4
	モ7520	M		4	4
	ク7120	Tc		4	4
	ク7620	Tc		4	4
	サ7220	T		4	4
				24	24
合計			301	318	619

南大阪線系統（狭軌）

形式		車種	古市	計
6620系	モ6620	Mc	7	7
	モ6670	M	7	7
	ク6720	Tc	7	7
	サ6770	T	7	7
			28	28
6432系	モ6432	Mc	10	10
	ク6532	Tc	10	10
			20	20
6422系	モ6422	Mc	2	2
	ク6522	Tc	2	2
			4	4
6419系	モ6419	Mc	3	3
	ク6519	Tc	3	3
			6	6
6413系	モ6413	Mc	6	6
	ク6513	Tc	6	6
			12	12
6407系	モ6407	Mc	6	6
	ク6507	Tc	6	6
			12	12
6400系	モ6400	Mc	6	6
	ク6500	Tc	6	6
			12	12
6600系	モ6500	Mc	4	4
	ク6700	Tc	4	4
			8	8
6200系	モ6200	Mc	10	10
	モ6200	M	10	10
	ク6300	Tc	10	10
	サ6530	T	5	5
			35	35
6020系	モ6020	Mc	26	26
	モ6020	M	26	26
	ク6120	Tc	26	26
	サ6160	T	8	8
			86	86
6820系	モ6820	Mc	2	2
	ク6920	Tc	2	2
			4	4
合計			227	227
総合計				1905

鋼索線・索道線

路線名		車種	計
生駒索道線	宝山寺1号線	コ 11	2
	宝山寺2号線	コ 3	2
	山上線	コ 15	2
西信貴鋼索線		コ 7	2
		コニ7 ※	2
葛城山索道線		1・2 ※	2
合計			12

※は機器扱い

奈良・京都線系統　昇圧改造車改番表

　昭和44年(1969)9月の奈良・京都・橿原・天理・生駒・田原本線の600V⇒1,500V昇圧に合わせて、在来の小型車600・400系と一部奈良電気鉄道引き継ぎ車が新600系・新400系に改造・改番のうえ、しばらく使用された。編成は4連の新600系、2連の新400系に分かれていた。

❶昇圧・再編後の「新600系」4両編成車

モ600形601〜623　モ650形651〜673
ク500形501〜523　ク550形551〜573

cM	M	Tc	Tc	旧番
601	651	501	551	(602・501・603・601)
602	652	502	552	(604・502・505・617)
603	653	503	553	(606・503・608・619)
604	654	504	554	(612・504・623・637)
605	655	505	555	(614・505・609・404)
606	656	506	556	(616・508・618・405)
607	657	507	557	(622・511・645・406)
608	658	508	558	(624・513・625・412)
609	659	509	559	(626・554・611・415)
610	660	510	560	(628・555・621・417)
611	661	511	561	(648・556・629・418)
612	662	512	562	(649・557・640・419)
613	663	513	563	(652・558・643・639)
614	664	514	564	(654・559・655・414)
615	665	515	565	(656・412・657・401)
616	666	516	566	(658・552・661・420)
617	667	517	567	(646・507・638・421)
618	668	518	568	(647・506・664・422)
619	669	519	569	(632・509・631・423)
620	670	520	570	(634・510・633・424)
621	671	521	571	(636・514・627・630)
622	672	522	572	(642・551・610・615)
623	673	523	573	(644・553・620・634)

❷昇圧・再編後の「新400系」2両編成車

モ400形401〜411　ク300形301〜311

cM	Tc	旧番
401	301	(607・<u>571</u>)
402	302	(613・<u>572</u>)
403	303	(<u>671</u>・<u>573</u>)
404	304	(<u>672</u>・<u>574</u>)
405	305	(641・<u>591</u>)
406	306	(650・<u>592</u>)
407	307	(651・<u>593</u>)
408	308	(653・<u>595</u>)
409	309	(<u>455</u>・<u>355</u>)
410	310	(662・402)
411	311	(663・408)

※下線の車両は奈良電引継ぎ車

　新600系は昭和46〜51年(1971〜76)に、新400系は昭和50〜52年(1975〜77)に廃車となった(409Fのみ昭和62年廃車)。

あとがき

　初めて大軌(現・近鉄)の電車に乗ったのは昭和16年(1941)頃と記憶している。祖父が桜井の古刹の住職だったので、両親または父と度々東京から訪れていた。幼時の眼ながら布施の分岐点や大軌のデボ1300形、参急のデ2200形の姿、桜井駅の様子などは今でもはっきり憶えている。

　戦後は自分の足で、中学時代の昭和27年(1952)から近年まで、近鉄や阪急を主体に関西の私鉄めぐりにはかなりの時間を費やしてきた。その間の見聞録も相当な量に上るが、1社に限定しての著述はしたことがなかった。このたびは本書のお話をいただいて、ある箇所では興奮して筆が進み、ある箇所では調査事項が多くて筆が鈍った。それを繰り返しながらまとめたのが本書である。新味を出したいことも多々あったが、規模の大きい近鉄だけに、紙数の都合もあって機器類の解説が簡略になった。

　小生も今では杖を友としており、行動範囲が狭まっている。本書の貴重な写真の発掘と各位からのご提供に関しては、JTBパブリッシングの大野雅弘氏、鉄道研究家の福田静二氏の献身的なご協力を賜った。藤井信夫氏、鹿島雅美氏の文献からは多くの知識とご教示をいただいた。また、昭和30年代以降の『鉄道ピクトリアル』誌は関連の豆記事に至るまで参照させていただいた。感謝しつつ各位に厚く御礼を申し上げるとともに、読者各位には楽しんでいただけることを願っている。

平成28年8月　三好好三

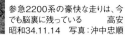

参急2200系の豪快な走りは、今でも脳裏に残っている　高安
昭和34.11.14　写真：沖中忠順

著者プロフィール
三好好三【みよし よしぞう】

昭和12年(1937)東京市世田谷区生まれ。国学院大学文学部卒業、高校教師を経て乗り物エッセイスト・コラムニスト。主な著書に『鉄道ライバル物語 関東vs関西』『昭和30年代バス黄金時代』『中央線 街と駅の120年』『京浜東北線 100年の軌跡』(以上、JTBパブリッシング)、『昭和の鉄道』(小学館)、『よみがえる東京 都電が走った昭和の街角』(学研パブリッシング)、『京王線・井の頭線 昭和の記憶』『京成電鉄 昭和の記憶』(以上、彩流社)など多数。

参考文献

『近畿日本鉄道100年のあゆみ』平成22年12月 近畿日本鉄道
『鉄道ピクトリアル』近鉄関連各号 鉄道図書刊行会
『鉄道ファン』近鉄関連各号 交友社
『関西の鉄道』近鉄特集各号 関西鉄道研究会
『日本鉄道旅行地図帳』今尾恵介
　　近鉄関連各号 平成20年 新潮社
『近鉄特急』上・下 田淵 仁
　　平成16年 JTBパブリッシング
『近畿日本鉄道 特急車』車両発達史シリーズ2 藤井信夫
　　平成4年 関西鉄道研究会
『近畿日本鉄道 一般車1』車両発達史シリーズ8 藤井信夫
　　平成20年 関西鉄道研究会
『東への鉄路』上・下 本木正次 平成13年 学陽社
『近鉄時刻表』2016年3月19日ダイヤ変更号 近畿日本鉄道

百科サイト「Wikipedia」一部のデータ確認で検索使用

協力
近畿日本鉄道株式会社

編集
福田静二

デザイン
株式会社ケーアンドティ

編集協力
吉津由美子、毛呂信昭

写真撮影・資料提供(五十音順)
犬伏孝司、大津 宏、大西友三郎、沖中忠順
奥井宗夫、奥野利夫、鹿島雅美、兼先 勤
佐竹保雄、高田隆雄、高橋 弘、竹田辰男
谷口孝志、徳田耕一、中島忠夫、永野茂生
中村靖徳、中林英信、丹羽 満、野崎昭三
羽村 宏、早川昭文、林 基一、福田静二
藤本哲男、藤原 寛、明星 昭、毛呂信昭
湯口 徹、吉川文夫、涌田 浩、和気隆三
西尾克三郎コレクション

キャンブックス 近鉄電車

著　者　三好好三
発行人　秋田　守
発行所　JTBパブリッシング
　　　　〒162-8446 東京都新宿区払方町25-5
　　　　http://www.jtbpublishing.com/

○内容についてのお問い合わせは
　JTBパブリッシング
　MD事業部
　☎03・6888・7845

○図書のご注文は
　JTBパブリッシング　出版販売部直販課
　☎03・6888・7893

印刷所　JTB印刷

©Yoshizo Miyoshi 2016
禁無断転載・複製 163401
Printed in Japan 374420
ISBN 978-4-533-11435-9 C2065

○落丁・乱丁はお取り替えいたします。
○旅とおでかけ旬情報
　http://rurubu.com/

読んで楽しむビジュアル本 キャンブックス

鉄道

- 鉄道廃線跡を歩く Ⅰ〜Ⅹ 完結編
- 私鉄の廃線跡を歩く Ⅰ〜Ⅳ
- 台湾鉄道の旅
- 全国歴史保存鉄道
- 世界のLRT
- 遙かなりC56／全国森林鉄道
- 地形図でたどる鉄道史
- 時刻表でたどる鉄道史 東日本編
- 時刻表でたどる鉄道史 西日本編
- 時刻表でたどる特急・急行史
- 時刻表でたどる夜行列車の歴史
- 時刻表でたどる新幹線発達史
- 時刻表に見る世界のハイスピードトレイン
- 時刻表に見る《国鉄・JR》電化と複線化発達史
- 《国鉄・JR》列車編成史
- 戦中・戦後の鉄道
- 東京駅歴史探見
- 札幌市電が走る街 今昔
- 山手線オレンジ色の電車 今昔50年
- 中央線ウグイス色の電車 今昔50年
- 都電が走った街 今昔
- 玉電が走った街 今昔Ⅰ／Ⅱ
- 横浜市電が走った街 今昔
- 名古屋市電が走った街 今昔
- 京都市電が走った街 今昔
- 大阪市電が走った街 今昔
- 伊予鉄が走る街 今昔
- 土佐電鉄が走る街 今昔
- 広電が走る街 今昔
- 長崎「電車」が走る街 今昔
- 熊本市電が走る街 今昔
- 鹿児島市電が走る街 今昔

- 日本の路面電車 Ⅰ
- 東京 電車のある風景 今昔Ⅱ
- 名古屋近郊 電車のある風景 今昔Ⅰ／Ⅱ
- 名鉄600V線の廃線跡を歩く
- 名鉄電車 昭和ノスタルジー
- 関西 鉄道考古学探見
- 関西 電車のある風景 今昔Ⅰ
- 東海道新幹線Ⅱ 改訂新版
- 東海道線黄金時代 電車特急と航空機
- 山陽新幹線
- ジョイフルトレイン図鑑
- 関西新快速物語
- 小田急の駅 今昔・昭和の面影
- 小田急ロマンスカー
- 箱根登山鉄道125年のあゆみ
- 伊豆急50年のあゆみ
- 総武線120年の軌跡
- 京成の駅 今昔・昭和の面影
- 京急電車の運転と車両探見
- 京急クロスシート車の系譜
- 京急の車両
- 京急1000形 半世紀のあゆみ
- 京急の駅 今昔・昭和の面影
- 東急の駅 今昔・昭和の面影
- 東急ステンレスカーのあゆみ
- 東急電車まるごと探見
- 西武鉄道まるごと探見
- 京王電鉄まるごと探見
- 武蔵野線まるごと探見
- 大手私鉄比較探見
- 関東私鉄比較探見 東日本編／西日本編
- 関西私鉄比較探見
- 名鉄 名称列車の軌跡
- 名鉄パノラマカー
- 名鉄パノラマカー 栄光の半世紀

- 日本のパノラマ展望車
- 名鉄の廃線を歩く
- 名鉄600V線の廃線を歩く
- 名鉄電車 昭和ノスタルジー
- 名鉄昭和のスーパーロマンスカー
- 名鉄特急 上／下
- 近鉄の廃線を歩く
- 近鉄特急 上／下
- 阪神電車
- 南海電車
- 琴電・古典電車の楽園
- 琴電100年のあゆみ
- キハ47物語／キハ58物語
- キハ82物語
- DD51物語
- 711系物語
- 485系物語／103系物語
- 415系物語
- 111・113系物語／205系物語
- 115系物語
- ブルートレイン
- 寝台急行「銀河」物語 直流電車編
- 国鉄急行電車物語
- 国鉄特急電車物語
- 日本の電車物語 旧性能電車編
- 日本の電車物語 新性能電車編
- 九州特急物語
- 幻の国鉄車両
- ローカル私鉄車輌20年
- 国鉄・JR 特急列車100年
- 国鉄鋼製客車 Ⅰ／Ⅱ
- 全国鉄道博物館
- 国鉄 特急列車100年
- 国鉄・JR 悲運の車両たち
- 国鉄準急列車物語

- 鉄道連絡船細見／軽便鉄道時代
- 時刻表1000号物語
- 永遠の蒸気機関車 Cの時代
- 鉄道メカニズム探究
- 知られざる鉄道決定版
- 国鉄・JR 関西圏近郊電車発達史
- 昭和30年代の鉄道風景
- 京浜東北線100年の軌跡
- 東海道新幹線50年の軌跡
- 西武電車 特急電車から高速バス路線バスまで
- 上野発の夜行列車・名列車
- 最後の国鉄直流電車
- 東武電車
- 相模鉄道
- 東海道線近郊型電車のあゆみ
- 小田急通勤型電車のあゆみ
- さよなら急行列車

〈キャンDVDブックス〉
- 京急おもしろ運転徹底探見
- 東急おもしろ運転徹底探見
- 小田急おもしろ運転徹底探見
- 黒岩保美 蒸気機関車の世界
- 追憶 新幹線0系
- ③本州編 ②本州編〈其の壱〉
- ①北海道編 〈其の弐〉・九州編
- SLばんえつ物語号の旅
- 西の鉄路を駆け抜けた ブルートレイン&583系

交通

- 絵葉書に見る交通風俗史
- 横浜大桟橋物語
- YS-11物語
- 747ジャンボ物語

るるぶの書棚 http://rurubu.com/book/
TEL 03-6888-7893 FAX 03-6888-7823

回想の近鉄電車 ② 我が心の2200・6301系時代

参宮急行電鉄2200系→近鉄2200系　モニ2302ほか宇治山田行き急行　　高安付近　昭和32.12.15　写真：髙橋 弘

近鉄2227系
モ2230ほか
宇治山田行き急行
伊勢中川付近
昭和43.11.18
写真：早川昭文

参宮急行電鉄2200
系→近鉄2200系
モニ2303ほか
宇治山田行き急行
長谷寺～榛原
昭和44.11.18
写真：犬伏孝司